Leadership Branding

Christina Grubendorfer

Leadership Branding

Wie Sie Führung wirksam und Ihr Unternehmen
zu einer starken Marke machen

 Springer Gabler

Christina Grubendorfer
LEA Leadership Equity Association GmbH
Berlin
Deutschland

ISBN 978-3-8349-2986-0   ISBN 978-3-8349-3706-3 (eBook)
DOI 10.1007/978-3-8349-3706-3

Die Deutsche Nationalbibliothek verzeichnet diese Publikation in der Deutschen Nationalbibliografie; detaillierte bibliografische Daten sind im Internet über http://dnb.d-nb.de abrufbar.

Springer Gabler

Lektorat: Manuela Eckstein, Gabi Staupe
Einbandentwurf: KünkelLopka GmbH, Heidelberg

Gedruckt auf säurefreiem und chlorfrei gebleichtem Papier.

Springer Gabler ist eine Marke von Springer DE. Springer DE ist Teil der Fachverlagsgruppe Springer Science+BusinessMedia
www.springer-gabler.de

Für Helena Viktoria

Vorwort von Prof. Dr. Christoph Burmann

Es herrscht in Wissenschaft und Praxis mittlerweile Einigkeit über die hohe Bedeutung von Marken für den Unternehmenserfolg. Umso mehr erstaunt es, dass die Rolle der Führungskräfte in der Markenentwicklung ebenso wie Fragen der nach innen gerichteten Markenführung erst in jüngster Zeit aufgegriffen wurden. Immer noch gibt es sehr viele Praktiker und Wissenschaftler, die Markenführung ausschließlich aus der Perspektive des Marktes betrachten. Das greift viel zu kurz. Auch das moderne Marketing wird heute nicht mehr nur als einseitig marktorientierte Unternehmensführung verstanden, sondern als markt- und kompetenzorientierte Unternehmensführung. Insoweit folgt das Marketing und die Markenführung der Theorieentwicklung in der Betriebswirtschaftslehre, in der heute neben der klassischen Marktorientierung die „competence-based theory of the firm" im Mittelpunkt steht. Die Art und Weise, wie in einem Unternehmen geführt wird, gehört in jedem Fall zu den für eine Markenentwicklung wichtigen Parametern. Der Blick nach innen ist deshalb doppelt wichtig. Man kann es auch anders sagen: Wer Markenführung heute nur mit Blick auf Nachfrager, Wettbewerber und Absatzmittler (egal mit wie vielen „multi-channels") betreibt, der errichtet im Markt Potemkin'sche Fassaden. Erfolg hat nur derjenige, der hinter einer schönen Fassade stabile Strukturen auf solidem Fundament baut. Dazu bedarf es einer klaren Markenidentität und einer markenspezifischen Unternehmens- und Mitarbeiterführung! Das ist schwere Arbeit, die man nicht einfach an eine Werbeagentur delegieren kann. Es handelt sich hierbei vielmehr um Organisationsentwicklung. Ohne Fleiß kein Preis. Das gilt hier wie in anderen Lebensbereichen. Anders gewendet: Ohne harte interne Markenarbeit droht die schnelle Imitation durch Wettbewerber oder zumindest der Verlust der Glaubwürdigkeit.

Der geneigte Leser merkt an dieser Stelle, dass sich Christina Grubendorfer mit ihrem Buch eines wirklich wichtigen und von mir außerordentlich geschätzten Themas angenommen hat. Buch und Thema verdienen deswegen Beachtung. Vor allem auch deshalb, weil es hier gelungen ist, wichtige Erkenntnisse zur internen Führung von Marken gut verständlich und jederzeit nachvollziehbar aufzubereiten. Deswegen wünsche ich den Lesern viel Spaß bei der Lektüre und Christina Grubendorfer viel Erfolg mit ihrem Buch!

Bremen, im Februar 2012   Christoph Burmann

Inhaltsverzeichnis

> Leadership Branding ist ein markenstrategisch fundierter Organisationsentwicklungsprozess mit dem Ziel, ein gemeinsames und unternehmensspezifisches Führungsverständnis zu entwickeln, das den Unternehmenserfolg fördert und die Unternehmensmarke stärkt.
>
> LEA Leadership Equity Association, 2010 (wikipedia.de)

Die Idee für das vorliegende Buch bekam ich Ende 2007. Eine Redakteurin fragte mich im Auftrag der Zeitschrift Harvard Business Manager:

- Was ist eine „Leadership Brand"?
- Wie lässt sich dieses Konzept von Corporate Branding und Employer Branding abgrenzen?

Ihre Frage stellte auf Folgendes ab: In der klassischen Markentheorie wird zwischen der Unternehmensmarke (Corporate Brand) und der Produkt- oder Leistungsmarke (Product Brand) einer Firma unterschieden. Zudem hat sich für den Personalbereich auch der Begriff der Arbeitgebermarke (Employer Brand) etabliert. Der Ausdruck Leadership-Marke, den die Berater Dave Ulrich und Norm Smallwood in ihrer Publikation „Leadership Brand" verwenden, war zu diesem Zeitpunkt dagegen noch weitgehend unbekannt (Ulrich und Smallwood 2007).

Führungskräfte spielen in der Markenentwicklung eine große Rolle. Führungskräfte sind Unternehmensvertreter und damit Repräsentanten des Arbeitgebers. Von ihnen hängt es ab, ob eine Arbeitgebermarke stark werden kann: Werden die Arbeitgeberversprechen gehalten oder nicht? Von einer „Leadership Brand" hatte ich bis dahin nichts gehört. Den Ansatz von Dave Ullrich und Norm Smallwood konnte ich zwar nicht teilen, da dort ein veraltetes Markenverständnis zugrunde gelegt wurde, allerdings wurde ich angeregt, dieses Thema selbst aufzugreifen und für die unternehmerische Praxis weiterzuentwickeln. Das vor Ihnen liegende Buch orientiert sich an den Leadership Branding-Konzepten von (Gad 2003; Ulrich und Smallwood 2007), die ich stark weiterentwickelt habe. Dieses erweiterte Konzept soll Unternehmen dabei helfen, Führung und Marke in einen wirksamen

Zusammenhang zu bringen. Verstehen Sie die Definitionen und Thesen als Anregung zur Diskussion. Gerne können Sie mir Ihre Anregungen und Ergänzungen mitteilen. Ich freue mich auf den weiteren Diskurs.

1.1   Was haben Marke und Führung miteinander zu tun?

Marke und Führung sind beides Instrumente für erfolgreiche Organisationen. Marke und Führung haben ähnliche Aufgaben: Orientierung geben, Vertrauen stiften, Sinn vermitteln, Bindung herstellen. Vor allem aber sollen sie handlungsleitend wirken. Sie sollen Menschen beeinflussen. Da ist es nicht verwunderlich, dass beide Instrumente auch in engem organisationalen Zusammenhang stehen. Denn Marken werden von Führung ganz entscheidend geprägt und können wiederum ohne Führung nicht stark werden. Marke und Führung sind zunächst mal nur abstrakte Begriffe, die erst durch Personen lebendig und wirksam werden.

Googelt man die Begriffe „Marke" und „Führung", so erhält man über drei Millionen Treffer zu „Markenführung", womit Aufbau und Weiterentwicklung einer Marke über die Zeit hinweg gemeint ist. Neu ist hingegen der Gedanke, dass Unternehmens- und Mitarbeiterführung für die Entwicklung einer Marke von entscheidender Bedeutung sind und umgekehrt. Ist Führung an der Unternehmensmarke ausgerichtet, so wird Führung produktiv. Und durch markenspezifische Führung wird eine Unternehmensmarke erst glaubwürdig und stark. Damit dies gelingen kann, müssen Führung und Marke als zwei Seiten derselben Medaille betrachtet werden, wie Abb. 1.1 zeigt.

Im Folgenden erläutere ich mein Verständnis von Marke, auf das ich im vorliegenden Buch immer wieder zurückgreife.

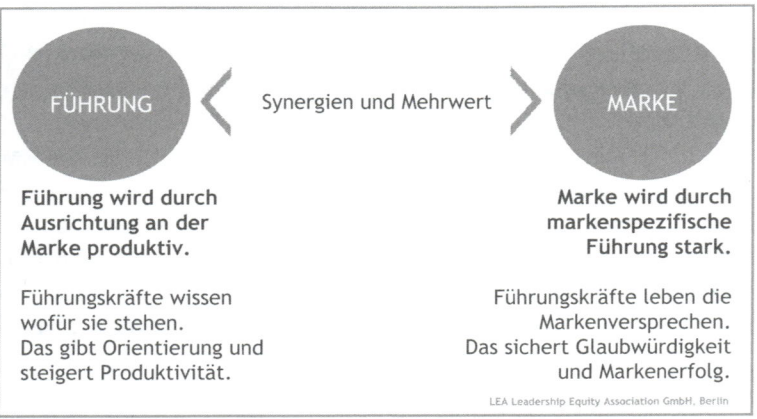

Abb. 1.1 Führung und Marke — zwei Seiten derselben Medaille (eigene Darstellung)

Beispiel

Mithilfe der Marke gelingt es, die wesentlichen Aspekte eines Unternehmens in den Blick zu bekommen. Auf diese Weise unterstützt die Marke die strategische Unternehmensführung. Sie gibt Orientierung und ermöglicht konsequente Entscheidungen. Marke entsteht an der Schnittstelle zwischen „innen" (Markenidentität) und „außen" (Markenimage). Dabei ist Marke nichts Konstantes und formiert sich ständig neu. Hauptschlagader der Marke ist die Markenidentität, somit muss eine Marke immer von „innen nach außen" entwickelt werden, um glaubwürdig zu sein. Glaubwürdigkeit ist das höchste Gut einer Marke, denn nur dann wird eine Marke (z. B. für eine Kauf- oder Arbeitsplatzentscheidung) verhaltensrelevant. Durch Markenversprechen entstehen Markenerwartungen. Die Erwartungen müssen mit markenkonsistentem Verhalten erfüllt werden, um authentische Markenerlebnisse zu erzeugen.

Führungskräfte bekommen durch eine so verstandene Marke eine klare Orientierung für ein gemeinsames und zur Strategie des Unternehmens passendes Führungsverständnis und können dadurch auch als Führungsmannschaft zusammenwachsen. Eine Marke hat das Potenzial, in Unternehmen ein gemeinsames und unternehmensspezifisches Führungsverständnis zu prägen. Die Führungskräfte müssen die Marke als Fixpunkt ihres Handelns akzeptieren, um eine wertschöpfende Ausrichtung der Marke zu erreichen. Führung wird durch die Ausrichtung an Markenwerten unternehmensspezifisch fokussiert und damit produktiv. Wir leben in einer transparenten, vernetzten Welt, in der Konsumenten viel kritischer beobachten (können), was ein Unternehmen tut. Das ist eine völlig andere Situation als noch vor zehn, fünfzehn Jahren. Die Grenzen zwischen innen und außen sind immer schwieriger zu markieren, die Übergänge werden fließend. Unternehmen tun gut daran, ihre Versprechen zu halten. Führungskräfte in Politik und Wirtschaft haben eine hohe Verantwortung. Marke schafft es, Führung in den Fokus zu bringen und bekommt dadurch mehr Sichtbarkeit. Durch Marke wird Führung und die darin liegende Verantwortung transparent. Auf Basis einer Markenpositionierung lassen sich Ansprüche an die Führung des Unternehmens ableiten:

- Wie muss geführt werden, um den Markenversprechen gerecht zu werden?
- Was ist im Sinne der Markenwerte authentisches Führungsverhalten?

Führung wird durch die Beantwortung dieser Fragen leichter beobachtbar und so auch veränderbar. Führung verliert auf diese Weise den gefährlichen Mythos der Unantastbarkeit.

Vor ein paar Jahren war Marke für viele Unternehmen lediglich ein Marketinginstrument, heute dagegen ist sie oft ein essenzieller Beitrag zur langfristigen Existenzsicherung. Für den Erfolg einer Marke ist es aber von elementarer Bedeutung, dass Führungskräfte verstehen, wofür die Marke steht, denn nur so kann eine Marke erfolgreich sein und ihre Position stärken und behaupten. Entscheidend ist, dass die jeweiligen Führungskräfte eines Unternehmens hinter der Marke stehen, sich mit ihr identifizieren und die Marke leben. Bekannte Unternehmen, die über eine starke Führungskultur und eine bekannte

Marke verfügen, sind beispielsweise Apple, Google und General Electric. Sie gehören zu den wertvollsten Marken der Welt.

Die Führungskultur ist somit bereits bei der Entwicklung einer Markenpositionierung von großer Bedeutung. Führung ist ein entscheidender Bestandteil der Unternehmenskultur und prägt wie kaum etwas anderes die Identität einer Organisation. Marke und Führung stärken sich gegenseitig, wenn sie gemeinsam entwickelt werden. Im umgekehrten Fall arbeiten beide gegeneinander.

▸   Führung und Marke stärken sich gegenseitig: Führung wird durch Orientierung
    an der Marke produktiv. Marke wird durch markenspezifische Führung stark.

Leider wird dieser Gedanke in den Unternehmen noch zu wenig umgesetzt. Es ist noch ein gutes Stück Pionierarbeit notwendig, um Leadership Branding, das Zusammendenken von Führung und Marke, theoretisch und praktisch zu fundieren. Im vorliegenden Buch stelle ich Ihnen nun meine Erfahrungen vor.

1.2   Die Wurzeln des Leadership Branding

Erstmalig öffentlich gemacht wurde der Begriff Leadership Branding sehr wahrscheinlich durch Thomas Gad (2003), der unter anderem den berühmten Nokia-Slogan „Connecting People" kreiert hat. "I have based my thinking on the idea that branding is entrepreneurial and thus well connected with leadership. Branding is an economical way to ‚reproduce' oneself, as an entrepreneur and also as a leader — an efficient and simpler way to lead" (beyondbranding.com). Für einen Unternehmensgründer ist Marke eine gute Möglichkeit, sich selbst zu „reproduzieren", und zudem ein effizienter und einfacher Weg, ein Unternehmen zu führen, da die Marke die Gründeridee vermittelt. Gad begründet den Zusammenhang zwischen den beiden Konzepten „Leadership" und „Branding" mit seiner Beobachtung, dass hinter sehr erfolgreichen Marken häufig besondere Persönlichkeiten stehen, wie dies beispielsweise bei Ingvar Kamprad, Gründer der schwedischen Möbelhauskette IKEA, der Fall ist. Die Marke IKEA wird in den Geschichten, die über Ingvar Kamprad erzählt werden, für die Zuhörer lebendig. In Interviews, sagt man, erzähle er gerne, dass er so lange nach einem Parkplatz suche, bis er einen kostenfreien gefunden habe. Auch zum Friseur gehe er nicht, der sei zu teuer und das könne schließlich ebenso gut seine Ehefrau erledigen. Flüge buche er nur Economy Class und sein Auto müsste jetzt mindestens 20 Jahre alt sein, heißt es auf Facebook. Von einem meiner Mitarbeiter habe ich gehört, Kamprad stelle beim Besuch eines seiner Einrichtungshäuser den Mitarbeitern stets die Frage, wie Dinge noch einfacher „hantiert" werden könnten. "You can do so much in 10 minutes' time. 10 minutes, once gone, are gone for good … Divide your life into 10 minute units and sacrifice as few of them as possible in meaningless activity", (detailverliebt.de).

Gads Idee, dass die Marke an die Stelle eines Gründers tritt, ist gut. Die Herkunft einer Marke hat einen großen Einfluss auf die Markenidentität. Eine Marke wird häufig in Bezug auf ihren Ursprung wahrgenommen und interpretiert (Burmann und Feddersen

2007a). Gads Verständnis von Leadership Branding ist allerdings sehr auf einzelne Personen, meist Gründer oder „Gallionsfiguren" großer Unternehmen, gerichtet, die eine starke Innenwirkung haben. Die es verstehen, die Mitarbeiter von ihren Ideen zu überzeugen und sie zu begeistern. Doch was ist mit all den anderen Führungskräften in einem Unternehmen? Wenn Marke eine Möglichkeit ist, Gründerenergie zu „reproduzieren", so heißt das ja nichts anderes, als die Idee des Unternehmens zu „verkörpern" und sie umzusetzen. Diese Aufgabe haben allemal auch die Führungskräfte eines Unternehmens, denn sie bieten eine ebenso gute Reproduktionsfläche. Wofür gibt es denn Führungskräfte? Sie sollen die Unternehmensidee multiplizieren und transportieren. Dies ist vor allem in solchen Unternehmen besonders wichtig, die nicht so markante Gründer wie z. B. Ingvar Kamprad haben. Dies dürfte meistens der Fall sein. In der Regel gibt es keine herausragenden „Gallionsfiguren" im Top-Management, und Gründer sind in den meisten Fällen nicht (mehr) leibhaftig präsent. Wenn stattdessen an der Spitze ein Managementteam mit unterschiedlichen charismatischen Köpfen steht, ist dies sogar besser für das Unternehmen. Denn hängen Wohl und Wehe eines Unternehmens zu stark von einzelnen Personen ab, so kann das auch ganz schnell gefährlich werden. Als Josef Ackermann einen Schwächeanfall erlitt, brachen die Aktienkurse der Deutschen Bank ein, am 15. Januar 2009 binnen drei Stunden genau um eine halbe Milliarde Euro ein. Da half auch nicht die Beteuerung des Pressesprechers, Herr Ackermann habe lediglich etwas Falsches gegessen. Nach dem Rückzug von Steve Jobs, der wie kein anderer für die begeisternde Reinkarnation eines Unternehmens stand, fiel der Apple-Kurs auf den tiefsten Stand seit zwei Jahren. Diese beiden Beispiele verdeutlichen, was es bedeutet, wenn das Vertrauen in den Firmenerfolg unmittelbar mit der Vitalität einzelner Firmenbosse verknüpft ist. Chefs an der Spitze bekannter Marken verkörpern das Geschäftsmodell. Und das sollten sie auch. Allerdings nicht ausschließlich. Gefährlich wird es nämlich genau dann, wenn eine einzige Person Sinnbild für den Erfolg eines Unternehmens geworden ist. Verlässt diese Person das Unternehmen oder wird krank, so hat das mitunter radikale Auswirkungen auf den Unternehmenswert (Grubendorfer 2009).

Der Einfluss des Managerverhaltens auf die Reputation und den Erfolg eines Unternehmens ist groß. So konnte Rolke (2004) empirisch nachweisen, dass in der Außenwahrnehmung eine Korrelation zwischen dem CEO Image und dem Corporate Brand Image besteht. Zudem haben Image und Bekanntheit des Vorstandsvorsitzenden starken Einfluss auf die Medienberichterstattung, so die Ergebnisse einer Befragung von 137 Kommunikationsverantwortlichen der 500 umsatzstärksten Unternehmen in Deutschland (Rolke und Freda 2006). Das Gleiche ist natürlich auch für die Innenwirkung zutreffend. Die Markenwahrnehmung der Mitarbeiter hängt in erster Linie damit zusammen, ob und wie sich die Geschäftsleitung in Worten und Taten im Sinne der Marke verhält (Ehren 2005). Zudem spielt der CEO im Unternehmen eine wichtige Rolle bei der Vermittlung der Unternehmensstrategie und -ziele sowie bei der Vermittlung von Wertschätzung, Motivation, Orientierung und emotionalen Bindung der Mitarbeiter (Rolke und Freda 2006). So positiv diese Erkenntnis sein mag, so bitter ist die Kehrseite der Medaille. Nicht zur Marke passende Aussagen oder Handlungen eines Vorstands können dem Unternehmen nachhaltig schaden. Es gibt zahlreiche Beispiele in der Presse, wie sich das Verhalten einzelner Verantwortlicher negativ auf das Unternehmensimage auswirkt. Von der Schmach, die das Verhalten des Chefs für die eigene Belegschaft bedeutet, ist hier ganz zu schweigen. Ohne dass nun die vielen Fälle von Korruption, Fehlleistungen, Steuerhinterziehung, Lug und Betrug aufgezählt werden müssen, mag an dieser Stelle jedem eine andere Person in den Sinn kommen. Doch nicht immer sind diese negativen Auswirkungen selbst verschuldet und zu vermeiden. Die Markenidentität bleibt nach so manchem Wechsel als leere Hülle zurück, wie die Citibank nach dem Wechsel von Christine Licci zur HVB oder Easyjet nach dem Abschied des Gründers Haji-Ionnou. Zudem lässt sich der Rückzug eines charismatischen Leaders nicht immer gut planen. Josef Hattig, früherer CEO der Brauerei Beck & Co., formuliert dies so: „Ist die Marke der Boss oder der Boss die Marke?" Der Verbraucher spricht mit der Marke, nicht mit dem Boss, deshalb ist die Marke der Boss (vgl. Zeplin 2006, S. 125).

Für die Definition von Leadership Branding sind US-amerikanische Konzepte, die einzelne Führungspersonen als Marken begreifen, nicht besonders hilfreich (Fields et al. 2008). Der Begriff „Leadership Brand" wird dort im Sinne eines „Personal Branding" von Topmanagern verstanden: „Leadership Branding bedeutet, dass der Leader zur wiedererkennbaren öffentlichen Person wird. Es impliziert, dass sein Image eng mit seinem oder ihrem authentischen Selbst verbunden ist, so dass öffentliche Kommunikation mühelos und aufrichtig möglich ist"[1] (compass-intl.com/branding). Trotz des großen Einflusses, den einzelne Top-Manager auf das Image eines Unternehmens haben können und sollen, ist es jedoch unabdingbar, die ganze Führungsmannschaft ins Blickfeld zu rücken. Auch bei Gad bleibt die Frage offen, inwiefern sich sein Anspruch auf die Gesamtheit der Führungskräfte eines Unternehmens bezieht, da er nur von „Leadern" und dem „Top-Management" spricht. „Grundsätzlich können zwei Ebenen der Führung unterschieden werden (Abb. 1.2): Die Makroebene bezieht sich auf die Rolle des CEO und der Geschäftsführung im Markenmanagementprozess, während es auf der Mikroebene um die direkte Mitarbeiterführung der Führungskräfte der gesamten Organisation geht" (vgl. Burmann et al. 2007, S. 18).

Es ist nachvollziehbar, dass sich Gad in erster Linie mit dem Top-Management beschäftigt, da die Sichtbarkeit einer Führungskraft auch abhängig ist von ihrem Platz in der Hierarchie. Zudem ist davon auszugehen, dass die kulturprägende Kraft eines Managers umso stärker ist, je weiter oben in der Hierarchie er platziert ist. „Wenn „die da oben" schon nicht wissen, was sie tun sollen, wie sollen es dann „die da unten" wissen"? Dennoch reicht es nicht aus, sich beim Leadership Branding auf das Top-Management zu beschränken, denn Führungskräfte haben per se einen Vorteil – es wird auf sie geschaut. Diesen Vorteil gilt es in Nutzen für die Organisation zu verwandeln. Das geht nur, wenn alle Führungskräfte im Sinne des Unternehmens handeln.

---

[1] "Leadership branding does mean that the leader has a recognizable public persona. It implies that the leader's public persona is intimately aligned with his or her authentic self, so that public communications feel effortless and sincere."

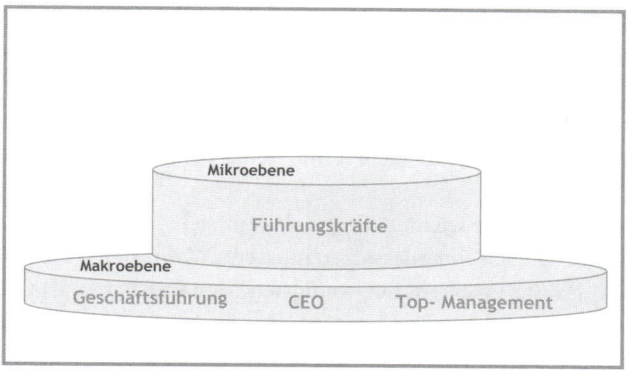

Abb. 1.2 Makro- und Mikroebene der Führung (eigene Darstellung)

▶   Beim Leadership Branding geht es um alle Führungskräfte eines Unternehmens.

Eine skandinavische Studie weist laut Gad darauf hin, dass Top-Manager der meisten großen internationalen Unternehmen den Hauptteil ihrer Zeit damit verbringen, die Umsetzung der Unternehmensstrategie zu kontrollieren. Der Grund dafür, dass so viel Kontrolle nötig sei, läge darin, dass die Idee des Unternehmens sehr schlecht in den Köpfen der Mitarbeiter verankert sei. „Das Problem in den meisten Unternehmen ist, dass die Leute da draußen in der Firma, die für zahlreiche Prozesse verantwortlich sind, sowohl intern als auch extern, einschließlich der Interaktion mit anderen Akteuren wie Kunden, Investoren und Lieferanten, nur vage Vorstellungen von der Geschäftsstrategie des Unternehmens haben. Branding ist ein einfacher Weg, um in einem Unternehmen eine Brücke über diese Kommunikationslücke zu bauen"[2] (Gad, brandrevival.net). Demnach kann die Marke für die Arbeit der Top-Manager hilfreich sein; die Marke übernimmt die Rolle des orientierenden Hilfsmittels. Nach Gads Beobachtung steigt die Wirtschaftlichkeit eines Unternehmens immens, wenn es markengetrieben ist und innerhalb der Organisation bekannt ist, wofür das Unternehmen steht – auch weil sich das Management dann viel besser auf die zukünftige Entwicklung konzentrieren könne, statt seine Zeit mit Kontrolle zu verbringen. In den meisten Unternehmen sei die Distanz zwischen der Unternehmensidee und dem täglichen operativen Geschäft sehr groß. Es brauche Werkzeuge, um diese „Management Communication Gap" (Gad 2003) zu schließen. Die Entwicklung einer Marke sei ein erster wichtiger Schritt und Leadership Branding die passende Methode, um ein „Alignment" (engl.: Abgleich) zwischen dem Unternehmen und seinem Top-Management herzustellen. Die Idee des Unternehmens sei folglich an alle Stakeholder zu kommunizieren: Mitarbeiter,

---

[2] "The problem in most companies is that the people out there in the company, who are supposed to perform numerous processes, internally as well as externally, including interaction with other stakeholders; such as customers, investors and suppliers, have only vague ideas of the company business strategy. Branding is a simple way to bridge this communication gap in a company."

Käufer und Nutzer von Produkten und Dienstleistungen, Investoren, Lieferanten und die Öffentlichkeit. Das geht jedoch nur, wenn die Führungskräfte in Übereinstimmung mit der Idee des Unternehmens handeln: „Das heutige Problem von Führung ist, dass es in der Regel eine große Kluft zwischen den Unternehmensabsichten, der Unternehmensmarke und einzelnen Führungspersönlichkeiten und deren Personal Brands gibt"[3] (Gad 2003, S. 198).

Eine Marke beantwortet die wichtige Frage: „Wofür stehst du?" Dies ist eine Frage, mit der sich auch Top-Manager auseinandersetzen müssen: „Wofür stehst du als Person?" Doch genau hier liegt das größte Problem. Die wenigsten Manager haben das für sich geklärt. Die Antworten auf diese Frage sind meistens unklar und voller Widersprüche. Noch unklarer oder gar widersprüchlich ist oft die Beziehung zwischen der eigenen Position und der Positionierung des Unternehmens. Doch nur wer weiß, wofür er steht und inwiefern seine Position zu der des Unternehmens passt, kann ein Unternehmen zum Erfolg führen. Wer als Manager hingegen diese Fragen nicht beantworten kann, erzeugt Misstrauen und Verunsicherung – und kann nicht (marken-)authentisch sein. Alan Mulally, der 2006 Tom Ford als CEO von Ford ablöste, gab vor Journalisten zu, dass er einen Lexus LS430 fahre, weil er, nachdem er sich alle Autos auf dem Markt angesehen hatte, zu dem Schluss gekommen war, dass Lexus das beste Auto sei. Da fragten sich die Mitarbeiter wohl zu recht, ob Mulally der richtige Mann war, um Ford wieder nach vorne zu bringen (motorauthority. com).

Gad fordert in erster Linie Selbstreflexion der eigenen Einstellung und einen Abgleich mit der Markenpositionierung des Unternehmens, für das der Top-Manager tätig ist. Gäbe es hier keine Übereinstimmung, so könne die Führungskraft nicht erfolgreich für das Unternehmen tätig sein. „Um den unternehmerischen Geist über das Management-Team eines größeren Unternehmens zu reproduzieren, ist es notwendig, die persönlichen Agenden der Mitglieder des Management-Teams mit den Fragestellungen des Unternehmens zu verbinden"[4] (Gad, brandrevival.net). Laut Gad verpflichteten sich viele Unternehmen, Kundennutzen und Shareholder Value zu produzieren. Doch in der Realität verhielten sich Top-Manager oft genau entgegengesetzt. Sie machten ihren Kunden etwas vor, kassierten dicke Boni und Gehälter, sogar dann, wenn ihr Unternehmen kurz vor der Zahlungsunfähigkeit stehe. Sie empfänden keine Loyalität gegenüber ihren Mitarbeitern, auch wenn die Unternehmensstrategie betone, wie wichtig die Menschen seien, die für das Unternehmen arbeiteten. Und nicht zuletzt betrögen sie die Investoren um ihre Ausschüttung. Ziel müsse es sein, die größtmögliche Kohärenz zwischen dem Selbstverständnis des Unternehmens (what a company stands for) und dem Führungsverständnis der Manager (what I stand for as a leader of this company) herzustellen. Das ist nach Gad (2003) die Essenz des Lea-

---

[3] "The problem of leadership today is that there is usually a great divide between the corporate intentions and the corporate brand and individual leader personalities and personal brands."

[4] "In order to recreate the entrepreneurial spirit in the management team of a larger company it's necessary to connect personal agendas of the members of the management team with the corporate issues of the company."

dership Branding: „Dies ist, wofür wir als Unternehmen stehen, und das ist, wofür ich als Führungskraft dieses Unternehmens stehe. Wie Sie sehen können, ist es miteinander verknüpft und durch Taten belegbar"[5] (S. 184).

▶   Die Passung zwischen der Positionierung des Unternehmens und dem Selbst-
     verständnis einzelner Manager ist erfolgskritisch für ein Unternehmen.

Gad sieht die Verantwortung für diese Kohärenz allein bei der einzelnen Führungskraft. Wo aber bleibt die Verantwortung des Unternehmens? Aufgabe des Unternehmens ist es, allen Führungskräften folgende Fragen zu stellen: Wofür stehst Du? Und passt das zu dem, wofür wir als Unternehmen stehen? Auch setzt Gad voraus, dass das Unternehmen bereits eine Antwort auf die Frage hat, wofür es steht, also seine Unternehmensmarke entwickelt und sich positioniert hat. Das ist im deutschsprachigen Raum bisher nicht immer der Fall. Viele Unternehmen beginnen jetzt erst, sich als Marke zu verstehen, andere blicken immer noch skeptisch auf die Notwendigkeit einer Positionierung als Marke. Das macht es schwierig, die Frage zu beantworten, ob die Führungskräfte eines Unternehmens eigentlich die passenden sind. Umgekehrt wäre die Frage auch richtiger: „Passt die Markenpositionierung zu unserer Führung?" Das ist in vielen Unternehmen sicherlich schon allein deshalb nicht der Fall, weil Führung gar nicht bei der Erarbeitung der Markenpositionierung berücksichtigt wurde. Das wäre aber unbedingt notwendig, da Führung die Identität eines Unternehmens stark prägt.

Zusammenfassend prägt bei Gad (2003) eine Person (Gründer oder charismatischer Leader) das Unternehmen und damit die Marke. Wird das Unternehmen zu groß, so muss die Marke an die Stelle dieser Person treten und die Frage beantworten, wofür das Unternehmen steht. In Folge müssen sich die Top-Manager des Unternehmens fragen, ob ihre eigene Position dazu passt. Nur wenn sie diese Frage mit „Ja" beantworten können, sind sie motiviert und in der Lage, das Unternehmen erfolgreich zu führen. Ansonsten sollten sie es lieber verlassen. „Die Marke ist eigentlich fast immer eine Manifestation der Führungsqualitäten eines Unternehmens. Aber auch umgekehrt könnte die Marke dabei helfen, dass Führungskräfte auch zu jenen guten, modernen Leadern werden, die das Geschäftsleben heute verlangt"[6] (Gad, brandrevival.net).

Gads Konzept von Leadership Branding ist ein guter Startpunkt, greift jedoch zu kurz. Insbesondere die Verantwortung des Unternehmens für eine markenspezifische Führung und der Blick auf alle Führungskräfte als Repräsentanten der Marke fehlen in seinen Ausführungen. Beides ist jedoch elementar für einen erfolgreichen Leadership Branding Prozess.

---

[5] "This is what our company stands for and this is what I stand for as one of the leaders of this company. As you can see, it's linked together and proven by action".
[6] "The brand is actually almost always becoming the manifestation of the qualities of leadership of a company. But also the other way around, the brand could be there to help leaders to become those good, modern leaders that business life of today requires."

1.3   Wir brauchen eine Redefinition von Leadership

Statt über Führung oder Management, wird in Unternehmen heute viel über Leadership gesprochen. Scheinbar soll hier ein Unterschied gemacht werden, um zu sagen: „Wir müssen hier umdenken. Mit den bisherigen Denkweisen und Verhaltensmustern kommen wir nicht weiter." Vielleicht ist dies auch eine Bankrotterklärung traditioneller Managementschulen? Schaut man sich die Fülle an Diskussionen über Führung vs. Leadership an, lässt sich zusammenfassend sagen, dass Leadership einen höheren Anspruch an die Führungskraft proklamiert als Führung. Während im Zusammenhang mit Führung immer wieder von „zielbezogener Einflussnahme" (von Rosenstiel 1991; Neuberger 2002) die Rede ist, so geht es beim Leadership darum, andere Menschen von einer Idee zu begeistern.

Es ist in diesem Zusammenhang viel von Paradigmenwechsel die Rede. Führung war gestern, heute ist Leadership. Nun scheint aber auch Leadership nicht mehr auszureichen, um zu beschreiben, was heute von Führungskräften erwartet wird. Stimmen mehren sich, die nach einer „Redefinition von Leadership" verlangen (Kruse 2009). Führungskräfte müssten vor allem die Kultur eines Unternehmens prägen und vermitteln. Dies sei für viele ein ganz neuer Aspekt. „Die Kultur in einem Unternehmen wird durch die Führungskräfte bestimmt. Sie können gerne mal versuchen, das umgekehrt zu machen", so Kruse (2009). „Wenn Unternehmen versuchen, Wertesysteme von unten nach oben zu klären, machen sie, systemisch gesehen, einen Fehler. Werte müssen von oben geprägt werden. Das wird immer wieder anders versucht." Vor allem in Personalabteilungen werde dieser Wunsch häufig geäußert, doch Erfahrungsberichte zeigten, dass dies oft mit einer blutigen Nase oder sogar mit rollenden Köpfen ende. Am Ende verantworte sich ein Unternehmen gegenüber dem Kapital. Kapitaleigner seien demnach in der Verantwortung, Wertemuster zu etablieren und Kultur zu prägen. Das gehe nicht „von unten".

In welchem Zusammenhang stehen die Themen Kultur und Leadership? Kultur versetzt uns in die Lage, in extrem komplexen Umwelten zu überleben. Der unternehmerische Alltag ist schon längst hochkomplex geworden. Die Kultur ist Fundament und Rahmen für Bedeutungen. Denn was bedeutet es, wenn sich ein Unternehmen als „innovativ" bezeichnet? Für den einen mag dieses Wort für technisch ausgefeilte Lösungen und für den anderen für kundennahe Produkte stehen. Wichtig ist, dass diese verschiedenen Bedeutungen diskutiert und in Einklang gebracht werden. In kleinen Unternehmen funktioniert das noch sehr gut. Das ist wohl auch der Grund dafür, warum inhabergeführte, kleinere Unternehmen oft eine sehr stark spürbare, an die Person des Eigners gekoppelte Kultur haben. Bei 1000 Mitarbeitern ist Kulturprägung aber nicht mehr nur über das Vorleben des Eigners lösbar, hier müssen andere Techniken ins Spiel kommen. Größere Unternehmen müssen sich die Frage stellen, wie sie mit der Belegschaft im Austausch über Bedeutungen bleiben können – zum Beispiel der Bedeutung von Werten. Und das heißt nicht, ein Leitbild zu zeichnen und dann mit hoch erhobenem Zeigefinger auf die Mitarbeiter zuzugehen. Werte lassen sich nicht ausrufen und mit einem Appell verkünden: Ihr müsst ab jetzt Nachhaltigkeit leben! Kruse (2009) zieht zur Erklärung die Neuropsychologie heran: „Denn schließlich ist der Adressat nicht der Kortex, also das bewusste Denken, sondern das limbische System, das für die unbewussten und fest verankerten Wertesysteme zuständig ist. Das heißt, es soll etwas verändert werden, was dem Einzelnen gar nicht bewusst zugänglich ist. Das geht nicht über Leitbilder und erhobene Zeigefinger. Sondern es braucht Lernräume, deren implizites Wertemuster ein anderes ist". Nehmen wir das Beispiel Internet. Durch die sehr verbreitete Nutzung von sozialen Netzwerken hat sich für viele Menschen der Begriff „Privatleben" verändert. In den Sechzigerjahren war es üblich, dass eine Führungskraft die Mitarbeiter auf gar keinen Fall zu privaten Familienfeiern einlädt und in der Firma nicht über private Probleme spricht. Heute nutzen viele Führungskräfte soziale Medien wie XING, LinkedIn oder Facebook. Früher wäre es undenkbar gewesen, private Fotos aller Welt zugänglich zu machen, wie es im Facebook-Zeitalter heute selbstverständlich passiert. Das Verständnis von Privatleben hat sich durch die Nutzung von Social Media bei vielen implizit geändert. Wertemuster werden nicht auf die Schnelle verändert und auch nicht mit einer Hochglanzbroschüre. Es müssen Erlebnisse geschaffen werden, die Wertemuster vermitteln. Und dies ist das „neue Leadership", die Aufgabe der Führungskräfte. Durch Leadership sollen Erlebnisse geschaffen werden, die Werte vermitteln und Kultur prägen. Ohne zu viel vorweg zu nehmen – systemisch gesehen passiert das durch Führung übrigens ganz automatisch (mehr dazu in Kap. 2).

Führungskräfte können nur dann eine Unternehmenskultur prägen, wenn sie ein entsprechendes Selbstverständnis als „Kulturpräger" haben. Das mag für die eine oder andere Führungskraft ein befremdlicher Gedanke sein. Doch braucht es diese Erkenntnis, um gewünschte Veränderungen in der Organisation anzustoßen. Erfreulicherweise gibt es immer wieder einzelne Führungskräfte, die sich durch ihren revolutionären Geist, charakterliche Stärke und ein großes Maß an Selbstreflexion auszeichnen und den Mut haben, die nötigen Erkenntnisprozesse innerhalb einer Organisation anzustoßen und voranzutreiben. Und genau diese Initialzünder braucht es auch, sonst passiert nämlich – nichts. Hat eine Organisation das Glück, über diese Spezies in den eigenen Reihen eine Initialzündung hinzubekommen, so besteht die Chance, die dahinter stehende Führung und die Werte zu thematisieren.

1.4   Führungskräfte müssen Sinnstifter sein

Beispiel

Ein Junge zieht aufs Land und kauft bei einem alten Bauern einen Esel für 100 Dollar. Der Bauer verspricht, den Esel am nächsten Tag vorbeizubringen. Am nächsten Tag fährt der Bauer auf den Hof: „Tut mir leid, Junge, ich habe schlechte Nachrichten für Dich, der Esel ist tot." Der Junge antwortet: „Dann gib mir mein Geld zurück." Der Bauer zuckt mit den Schultern: „Geht nicht. Ich hab' das Geld bereits ausgegeben." Darauf der Junge: „Nun gut, dann lad den Esel halt trotzdem aus." Der alte Bauer fragt: „Was willst du damit machen?" Der Junge: „Ich werde ihn in einer Lotterie verlosen." Bauer: „Quatsch, man kann doch einen toten Esel nicht verlosen." Junge: „Klar kann ich das. Ich sag einfach keinem, dass der Esel tot ist." Einen Monat später trifft der Alte den Jungen wieder und fragt ihn: „Wie ist das mit dem toten Esel denn so gelaufen?" Junge: „Ich hab' ihn verlost. Ich hab' 500 Lose zu 2 Dollar das Stück verkauft und 1000 Dollar eingenommen." Bauer: „Wie das denn? Hat sich denn keiner beschwert?" Junge: „Klar, der Mann, der den Esel gewonnen hat. Dem habe ich einfach seine 2 Dollar zurückgegeben." (Quelle: unbekannt)

Vermehrt wird gefordert, dass die Wirtschaft und vor allem die Manager sich nicht zu sehr von Gier antreiben lassen sollten. Doch in den vergangenen Jahrzehnten wurde die Steigerung des persönlichen Wohlstands eine immer wichtigere Motivation für die Leistungsträger in der Wirtschaft. In den Siebzigerjahren war das gesellschaftliche Projekt Wirtschaftswunder abgeschlossen. Nun arbeitete jeder daran, sich selbst zu verwirklichen, und für die meisten bedeutete dies die Mehrung persönlichen materiellen Wohlstandes. In der Folge verloren gemeinsame Werte an Verbindlichkeit. Aber nicht nur in den Lamentos rund um die letzte Wirtschaftskrise wird deutlich, dass materielle Gewinne als Antrieb für Gesellschaft und Wirtschaft auf Dauer zu wenig sind. Studien weisen darauf hin, dass die Arbeitszufriedenheit zum geringeren Teil an die Entlohnung und zum größeren Teil an Aspekte wie Sinn in der Arbeit, Kollegialität und Wertschätzung gekoppelt ist. Viele Angestellte sind jedoch unzufrieden mit ihrer Arbeit, ihren Vorgesetzten oder mit ihrem Arbeitgeber (siehe z. B. Gallup Engagement Index 2011 oder die Studie der Ruhr-Universität Bochum, 2010). Wirtschaft und Unternehmen leiden unter einem „Sinn-Vakuum" (vgl. Schmitz und Grubendorfer 2010). Wenn Unternehmen sich nicht nur an größtmöglicher Profitabilität orientieren und die Mitarbeiter wieder mit größerer Motivation an die Arbeit gehen sollen, bedarf es eines Schubes an neuem Sinn und neuen „Sinnvermittlern".

CEOs, Vorstände und Führungskräfte sollten ihren Mitarbeitern den Sinn in ihrer Arbeit vermitteln. Das bedeutet, sowohl eine klare Richtung und Orientierung zu geben als auch Begeisterung zu erzeugen. So sieht auch der Abtprimas der Benediktiner Dr. Notker Wolf Leadership als „mehr". Während sich solides Management damit befasst, die vorgegebenen Ziele des Unternehmens zu erreichen, geht es beim Leadership darum, die Menschen einzubeziehen. „Unter normalen Umständen muss ich sehen, dass unsere Klöster sich für ihr Ideal begeistern und es (…) umsetzen, (…) in Schulen und Krankenhäusern. Wie eine Schule konkret geführt wird, ist nicht Sache des Abtprimas. Es geht hierbei um das benediktinische Erziehungsprofil. (…) Die Benediktinerinnen reagieren noch sensibler auf allen Zentralismus. Sie brauchen zwar auch eine Zusammenarbeit, aber mehr eine geistliche. (…) Sie arbeiten selbständig, erwarten aber vom Abtprimas jeweils Orientierung und Animation. Er muss das Ganze im Auge behalten und die Weiterentwicklung stimulieren. (…) Die Führungsperson muss die Firmenphilosophie im Auge behalten und weiterentwickeln (zfo 2010, S. 180–181).

Leadership ist die Fähigkeit, Sinn zu stiften, und hat die Aufgabe, ein System lebendig zu halten. Führungskräfte werden in Zukunft mehr und mehr als Sinnstifter und Vernetzer agieren, nicht mehr nur als Organisatoren (Kruse 2010). Diese Forderung an Führungs-

Abb. 1.3 Drei Quellen für Sinnempfinden (eigene Darstellung)

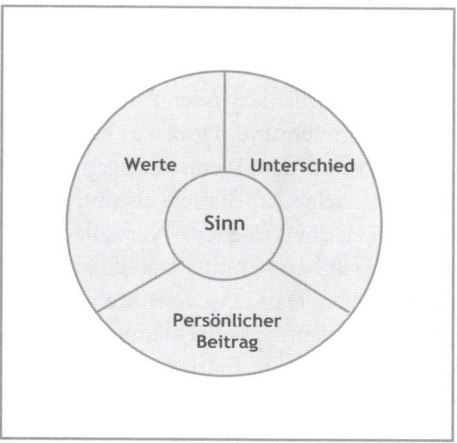

kräfte ist nicht ganz neu, doch Führungskräfte tun sich schwer damit und oft bleibt es bei halbherzigen Lippenbekenntnissen. So kann kein Sinn entstehen oder vermittelt werden. Nicht alle Führungskräfte haben eine so klare Bestimmung wie der Abtprimas der Benediktiner. Hier setzt Leadership Branding an und nimmt die Marke zu Hilfe: Indem Führung an der Marke ausgerichtet wird, lässt sich ein Sinn viel leichter vermitteln. Durch Leadership Branding finden Führungskräfte in der Marke die Antwort auf die Frage nach dem Sinn.

Sinn speist sich aus drei Quellen (Abb. 1.3): Unterschied, Werteorientierung und wirksamer persönlicher Beitrag zu Idealen (Schmitz und Grubendorfer 2010). In allen drei Punkten kann Leadership Branding das klassische Führungshandwerk wesentlich bereichern. Eine prägnante Marke sagt klar, wofür ein Unternehmen steht, und prägt im Idealfall ein kontinuierliches und konsistentes Handeln im Sinne der Marke.

Sinn durch Unterschied: Es ist nicht egal, was ich tue. Es macht einen Unterschied, wofür ich mich entscheide. Deswegen entscheide ich mich bewusst für etwas, aber damit auch gegen etwas anderes. Sinn entsteht zu großen Teilen aus der Abgrenzung gegen die Optionen, die ich ausschließe, weil sie für mich „keinen Sinn machen". Auch eine Marke entsteht aus dem Unterschied: Eine markante Positionierung setzt voraus, dass sie sich fokussiert und damit auch sagt, was sie nicht ist. Ein Unternehmen, das sich alle Optionen offen halten möchte, wird nie eine Marke werden. Leadership Branding impliziert, dass Führungskräfte einen genauso klaren Unterschied machen und eine zur Marke passende Position beziehen. In ihrem Führungsverständnis, ganz im Sinn einer Markenpositionierung, treffen sie auch eine klare Entscheidung für das, was nicht ist, und handeln entsprechend. Wenn Führungskräfte nicht klar und konsistent handeln, kann bei Mitarbeitern kein Gefühl von Sinn entstehen. Vielmehr werden diese sich zynisch und desillusioniert von einem Unternehmen abwenden, wenn sie beobachten müssen, dass Führungskräfte auf Dauer gegen die Versprechen der Marke handeln.

Sinn durch Werteorientierung

Die meisten Menschen handeln nach eigenen Wertvorstellungen wie z. B. Gerechtigkeit, Harmonie, Ehrlichkeit oder Fairness. Sie tun bestimmte Dinge nicht, weil sie diese als falsch empfinden und damit das eigene Selbstbild z. B. als faire und ehrliche Person infrage stellen würden. Wenn die eigenen Werte im Arbeitsumfeld verletzt werden, wird ein Mitarbeiter seine Arbeit nicht als sinnvoll empfinden. Er wird den Eindruck haben, mit seiner Tätigkeit die Welt eher zu verschlechtern als zu verbessern. Ein Führungsverhalten, das Mitarbeitern Sinn vermittelt, sollte für möglichst viele Mitarbeiter im Einklang mit deren Werten stehen. Da Menschen unterschiedliche Werte haben, kann dies nur funktionieren, wenn sich in einem Unternehmen Menschen zusammenfinden, die ähnliche Wertevorstellungen haben. Auch hier spielt die Marke wieder eine entscheidende Rolle. Wenn ein Unternehmen sich klar positioniert und sagt, für welche Werte es steht, werden sich in diesem Unternehmen eher Mitarbeiter sammeln, die ähnlich denken und handeln. Die Marke wirkt dabei wie ein kultureller Filter. So dürften bei einer klar umweltbewusst positionierten Marke wie dem Ökostromanbieter Naturstrom Menschen mit höheren Erwartungen an Umweltschutzstandards arbeiten als bei einem konventionellen Energieerzeuger wie RWE, E.ON, Vattenfall oder EnBW. Entsprechend müssen Führungskräfte bei Naturstrom den Wert der Umweltfreundlichkeit besonders konsequent vermitteln und vorleben, wollen sie ihren Mitarbeitern nicht den Sinn ihrer Arbeit nehmen.

Sinn durch persönlichen Beitrag.

Menschen wollen etwas bewirken. Sie wollen an Ergebnissen mitarbeiten, die sie für sinnvoll halten, die sie faszinieren und die entsprechend ihrem Weltbild die Welt besser machen oder zu einem größeren Ganzen beitragen. Hier liegt eine weitere Ursache für das Sinn-Vakuum, das an vielen Stellen der Wirtschaft entstanden ist: Viele Unternehmen bleiben die Antwort schuldig, was sie der Welt geben wollen. Warum braucht die Gesellschaft den x-ten „Me-too-Anbieter" in einer Produktkategorie? Glücklich kann sich wohl schätzen, wer in einem Unternehmen arbeitet, dessen Leistung nicht austauschbar ist und der sagen kann: Der Welt würde etwas fehlen, wenn es meine Arbeit nicht gebe. Eine Führungskraft sollte in ihrem Handeln Antworten geben können:

- Was gibt unsere Marke der Welt?
- Welche Versprechen geben wir und wie können wir sie halten?

Für Führungskräfte heißt das, die Versprechen und den Anspruch der Marke für die Mitarbeiter nachvollziehbar und greifbar zu machen – am besten über Handlungen. Im Idealfall sollte eine Führungskraft jede Handlung im Tagesgeschäft über Markenwerte begründen können; beispielsweise: Ich benutze so oft wie möglich den Zug, statt mit Flugzeug oder Auto zu reisen, und zahle damit auf unseren Markenwert „umweltbewusst" ein. Für die Mitarbeiter sollte idealerweise immer transparent sein, warum eine Handlung im Sinne der Marke ist, und wie sie dazu beiträgt, die Versprechen der Marke zu erfüllen. Selbstverständlich ist es wenig sinnvoll, wenn jede Führungskraft sich ihre eigenen Geschichten konstruiert – hier sind unternehmensweit abgestimmte Antworten gefragt.

Doch wie ist es um die Sinnvermittlung durch Führungskräfte in Unternehmen bestellt? So zeigte eine Studie des Fraunhofer-Instituts für Arbeitswirtschaft und Organisation aus dem Jahr 2006, dass nur 20 % der Befragten glaubten, dass Führungskräfte in ihrem Unternehmen Werte und Normen vermitteln. Wahrscheinlich wird deshalb auch der Beitrag von gemeinsamen Werten und Normen zum Unternehmenserfolg so gering eingeschätzt. Hier sahen nur rund ein Viertel der Befragten einen Zusammenhang.

Im Leadership Branding liegt ein vielversprechender Hebel, um das Sinn-Vakuum in der Wirtschaft zu überwinden. Führungskräfte haben durch diesen Prozess die Chance, die Kraft der Marke und ihre Rolle als Sinnstifter zu entdecken. Aus der Fokussierung auf die Marke entsteht Transparenz und daraus wiederum kann Sinnempfinden entstehen. Die erfolgreiche Realisierung von Leadership Branding ist nicht trivial, sie erfordert eine mutige Markenstrategie, die Hand in Hand geht mit einem Prozess der Organisationsentwicklung, der Führungskräfte und Mitarbeiter mitnimmt, sodass am Ende alle sagen: Das ist meine Marke und dies ist sinnvoll!

▶   Führungskräfte werden durch Leadership Branding zu Sinnstiftern.

1.5   Gemeinsames Führungsverständnis statt Führung im Alleingang

Wie kann Führung produktiv werden? Indem alle Führungskräfte in einem Unternehmen dasselbe Ziel verfolgen? Oder indem jede Führungskraft das tut, was sie für richtig hält? Was passiert, wenn Führungskräfte ihren individuellen Fokus setzen? Was passiert, wenn die Vertriebsleiterin das Thema Kontrolle in den Vordergrund stellt, der Forschungs- und Entwicklungsleiter das Thema Freiheit aber wichtiger findet? Im schlimmsten Fall entwickeln die Bereiche eine eigene Kultur und erzeugen damit schmerzhafte Schnittstellenproblematiken. In der Produktion nimmt man es nicht so genau mit Entwicklungszeiten, denn ganz nach dem Prinzip Freiheit soll sich jeder kreativ austoben. Dies stößt den Vertriebskollegen immer wieder auf, denn sie müssen dafür gerade stehen, dass Lieferzeiten, die sie den Kunden versprochen haben, auch exakt eingehalten werden. Sie sind ein genaues Arbeiten gewohnt, denn im Vertrieb geht Kontrolle über Vertrauen und Fehler werden hart sanktioniert. Die Auswirkungen auf die Effizienz und Qualität der Arbeit der beiden Bereiche sind leicht auszumalen. Unterschiede im eigenen Führungsanspruch sind in Unternehmen an der Tagesordnung. Und scheinbar heißt Führungskraft zu sein für viele auch gleichzeitig, ihr eigenes Ding machen zu können, ja, sogar zu müssen, denn schließlich müsse man als Führungskraft Profil zeigen, sonst sei man gleich wieder „weg vom Fenster". So die Auffassung des Mitglieds der Geschäftsleitung einer Unternehmensberatung. Doch so lassen sich Führungsenergien nicht bündeln, vielmehr wird so Beliebigkeit erzeugt. Denn in Summe schaffen viele verschiedene Profile ein undurchsichtiges Muster. Man denke nur an zehn verschiedene Autoreifen, die im gleichen Abstand über einen feuchten Lehmboden rollen. Ist danach ein klares Reifenprofil im Matsch erkennbar? Wohl kaum. Um gemeinsam „Führungskraft" zu entwickeln, müssen eindeutige, wiederkehrende und verbindliche Muster in

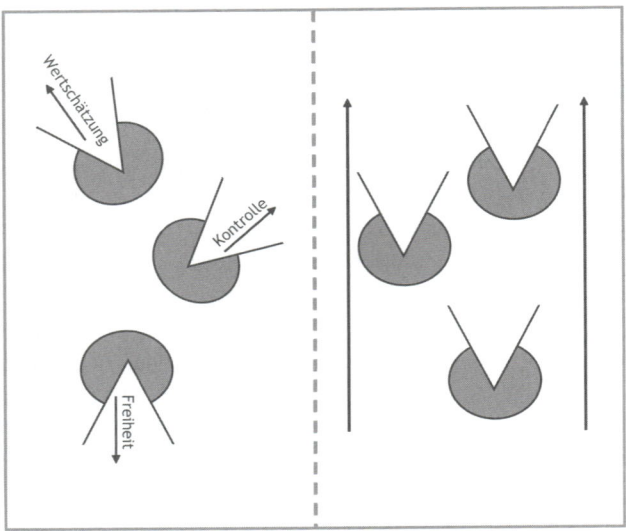

Abb. 1.4 Individueller Fokus versus gemeinsames Führungsverständnis (eigene Darstellung)

die Kommunikation gelangen. Das kann nur gelingen, wenn sich Führungskräfte darüber austauschen, welche Werte bzw. Haltungen sie vertreten und diese in der Organisation auch vor dem Hintergrund der Unternehmensstrategie und -marke auf Nützlichkeit geprüft werden. Denn es geht um viel mehr als darum, individuelle Interessen auszutarieren, es geht um den Unternehmenserfolg.

Betrachtet man das Führungsverständnis einer Führungskraft (das Selbstverständnis, mit dem sie führt) als Scheinwerfer, der sein Licht auf einen ganz bestimmten Aspekt wirft, und stellt sich vor, jede Führungskraft würde mit ihrem Scheinwerfer in eine selbst gewählte Richtung leuchten, so wird ab einer bestimmten Anzahl von Führungskräften das Licht ein bisschen in alle Richtungen leuchten, aber in keine Richtung als gebündelter Lichtstrahl. Alles Mögliche ist damit ein bisschen beleuchtet, nichts so richtig hell. Der Raum aller Möglichkeiten ist damit eröffnet und es beginnt das Fest der Beliebigkeit. Kann eine solche Beleuchtung einen Weg weisen? Sicherlich nicht. Um Strahlkraft zu entwickeln, sollten alle Führungskräfte mit ihren Scheinwerfern in dieselbe Richtung leuchten. So weisen sie den Weg für alle Aktivitäten und Entscheidungen im Unternehmen, bündeln ihre Energie und werden gemeinsam zur Führungskraft, wie Abb. 1.4 veranschaulicht.

1.6   Führung und Marke – zwei Seiten derselben Medaille

Vor allem aus dem US-amerikanischen Raum kommen Ansätze, die Führung in einer prägnanten Form selbst als Marke bezeichnen (Ulrich und Smallwood 2007). Hierfür wird der

Abb. 1.5 Die Unternehmensmarke (Corporate Brand)
adressiert alle Stakeholder (eigene Darstellung)

Begriff „Leadership Brand" verwendet, was sich mit „Führungsmarke" übersetzen lässt. Die
Einführung eines weiteren Markenbegriffs, einer „Leadership Brand", ist in ihrer Nützlichkeit zu diskutieren. Wie viele Marken soll ein Unternehmen führen? Die Unternehmensmarke (Corporate Brand), die Arbeitgebermarke (Employer Brand) und dann auch noch
eine Führungsmarke (Leadership Brand)?

Statt die Komplexität weiter zu erhöhen und mit immer neuen Markenbegriffen den
Blick aufs Wesentliche zu verstellen, sollte das Ziel eigentlich sein, die Aufmerksamkeit aller
Akteure auf etwas Gemeinsames zu fokussieren. Denn genau das ist doch die Funktions-
weise von Marke: Fokussierung! Es braucht nur eine Marke zu geben, die Unternehmensmarke (Corporate Brand). Eine Unternehmensmarke wirkt in alle Märkte und adressiert
alle verschiedenen Zielgruppen (Stakeholder): Mitarbeiter und Bewerber im Arbeitsmarkt,
Kunden und Lieferanten im Absatzmarkt, Investoren und Shareholder im Finanzmarkt,
Politik, Presse und allgemeine Öffentlichkeit im Meinungsmarkt (Abb. 1.5). Trotz der verschiedenen Märkte gibt es nur eine Unternehmensmarke und nicht etwa für jeden Markt
eine andere. Wichtig für die Kraft einer Marke ist eine konsistente Komposition der Botschaften an die verschiedenen Stakeholder. Das ist schon alleine deshalb nötig, weil wir in
einer vernetzten Welt und im Kommunikationszeitalter leben und jede Botschaft in einen
Markt auch gleichzeitig in alle anderen Märkte abstrahlt.

Employer Branding

Die Einführung weiterer Markenbegriffe wie beispielsweise „Arbeitgebermarke" ist dabei
lediglich als Kunstgriff zu verstehen und soll verdeutlichen, dass sich der Erfolg eines Unternehmens auf dem Arbeitsmarkt markenstrategisch entscheiden lässt. Die Arbeitgebermarke ist dabei aber keine eigene, von der Unternehmensmarke getrennt zu betrachtende
Marke, sondern sie ist lediglich Ausdruck der Unternehmensmarke im internen und externen Arbeitsmarkt. Gibt es in einem Unternehmen beispielsweise große Schwierigkeiten,
Mitarbeiter zu rekrutieren oder zu binden, so ist es sinnvoll, „das Gesicht" der Unterneh-

mensmarke auf dem Arbeitsmarkt zu betrachten und das Unternehmen als attraktiven Arbeitgeber zu entwickeln und zu positionieren (Employer Branding). Dabei geht es aber weniger um die Entwicklung einer neuen und eigenständigen Marke. Employer Branding kann niemals schadlos ohne Bezug auf die Unternehmensmarke erfolgen, denn die Arbeitgebermarke ist Teil der Unternehmensmarke und dieser ganz klar unterstellt. Botschaften über den Arbeitgeber müssen die Unternehmensmarke stärken. Genau so verhält es sich mit Botschaften in Finanzmarkt, Absatzmarkt und Meinungsmarkt. Sinnvoll ist es, ein ganzheitliches Verständnis von Markenentwicklung sicherzustellen, das die Komplexität des Konstrukts Marke berücksichtigt.

Was ist vor dem Hintergrund dieses ganzheitlichen Markenverständnisses eine „Leadership Brand"? Die entscheidende Frage, die sich in diesem Zusammenhang stellt, lautet: Wofür stehen die Führungskräfte eines Unternehmens? (Ulrich und Smallwood 2007). Die Führungskräfte des Warenhauskonzerns Wal-Mart seien dafür bekannt, unerbittlich die Kosten zu managen, die Führungskräfte von Apple hingegen stünden für kreatives Denken, das spitzentechnologische Produkte und Services ermögliche. Verkörpern die Führungskräfte die Versprechen des Unternehmens an Kunden und Investoren? Wenn ja, habe das Unternehmen eine „Leadership Brand", die die Führungskräfte des Unternehmens hervorhebt und das Unternehmen von anderen unterscheidet.

Die beiden HR-Berater haben mit ihrem Konzept „Leadership Brand" den Zusammenhang zwischen Marke und Führung ins Bewusstsein der HR-Fachcommunity gebracht. Dies ist zu würdigen. Eher verwirrend ist es dagegen, die Entwicklung einer weiteren Marke zu propagieren, denn dadurch wird der Begriffsdschungel immer dichter und der Blick auf das Wesentliche verstellt. Meiner Ansicht nach braucht es nur die Unternehmensmarke zu geben. Aber diese sollte identitätsbasiert entwickelt werden, also das Selbstbild der Organisationsmitglieder darüber abbilden, wer sie sind, was sie ausmacht, was sie können usw. (mehr dazu in Kap. 2). Das heißt gleichzeitig auch, dass Führung wesentlicher Bestandteil einer Marke sein muss, da Führung die Identität einer Organisation entscheidend mitprägt. Wenn das gelingt, erübrigt sich die Frage, wie es eine Organisation schaffen kann, dass ihre Führungskräfte die Markenversprechen einhalten. Doch weil die Realität noch weit davon entfernt sein dürfte und Unternehmensmarken wohl meistens noch nicht mit dem Bewusstsein dafür entwickelt werden, wie wichtig die Führungskultur für die Positionierung einer Marke ist, braucht es eine Brücke, um die Lücke zwischen Marke und Führung zu schließen, die Entwicklung eines markenspezifischen Führungsverständnisses. Und so verstehe ich Leadership Branding hauptsächlich.

Die Argumente, die Ulrich und Smallwood vorbringen, um ihr Konzept einer „Leadership Brand" zu legitimieren, lassen sich leicht widerlegen. Das Beratungsunternehmen McKinsey ist dafür bekannt, analytische und smarte Strategen bereitzustellen (Furkel 2007). Da es sich um ein Beratungsunternehmen handelt und die „Ware" stark abhängig von den beratenden Personen ist, sagt Letzteres allerdings mehr über die Unternehmensmarke aus, als dass hier von einer „Führungsmarke" die Rede sein sollte. Unbeantwortet bleibt nämlich trotzdem die Frage, *wie* bei McKinsey geführt wird, um Mitarbeiter zu „analytischen und smarten Strategen" zu entwickeln. Welches Führungsverständnis eint die Führungsriege bei McKinsey? Welches Führungsverständnis ist notwendig, um die Unternehmensstrategie von McKinsey zum Leben zu erwecken? Wie müssen sich Führungskräfte verhalten, damit alle Mitarbeiter die Versprechen der Marke McKinsey halten? In der Beantwortung dieser Fragen steckt großes Potenzial. Doch nur weil über McKinsey bekannt ist, dass dort „analytische und smarte Strategen" arbeiten, ist das noch lange kein Beweis, dass Marke und Führung bei McKinsey im Sinne eines Leadership Branding Hand in Hand gehen.

Ulrich und Smallwood raten Unternehmen, sich als „Leadership Brand" am Markt zu positionieren und ihr Führungsverständnis vor allem nach außen zu kommunizieren, um sich dadurch Marktvorteile zu verschaffen. Mal angenommen, es gäbe bei McKinsey ein gemeinsames Führungsverständnis, und angenommen, es sei öffentlich bekannt, wie bei McKinsey geführt wird – dann wäre das sicherlich nützlich für die Rekrutierung neuer Führungskräfte, da gleich klar wäre, welcher Typ von McKinsey gesucht wird. Was Ulrich und Smallwood mit „Leadership Brand" bezeichnen, meint eigentlich den „Leadership-Fit" einer Organisation. Um nicht einen weiteren Markenbegriff einzuführen, finde ich das auch passender.

Bevor jedoch die Frage nach dem „Leadership-Fit" beantwortet werden kann, ist die Rolle der Führungskräfte in der Markenentwicklung zu betrachten: erstens im Sinne einer zur Führungskultur passenden Markenpositionierung und zweitens im Sinne eines zur Marke passenden Führungsverständnisses.

Marken beinhalten Versprechen, Versprechen wecken Erwartungen. Wir sind enttäuscht, wenn unsere Erwartungen nicht erfüllt werden, sei es als Kunde, als Investor, als Mitarbeiter, Bewerber oder Teil der Gesellschaft. Es geht darum, geleistete Versprechen zu halten. Wie kann das gelingen? Zum einen sicherlich dadurch, dass nichts versprochen wird, was nicht auch gehalten werden kann. Bevor ein Unternehmen sich als Marke positioniert, sollte es deshalb unbedingt einen Blick auf seine Führungskräfte werfen. „Wie führen wir?", ist eine essenzielle Frage für die Entwicklung einer Marke. Denn Führung prägt Unternehmenskultur und muss darum wesentlicher Bestandteil der Markenidentität sein. Führung sollte als wichtige Komponente bei der Markenentwicklung berücksichtigt werden (mehr dazu in Kap. 2), ist aber selbst keine eigene Marke.

Ist eine Unternehmensmarke bereits entwickelt, so können die damit verbundenen Versprechen nur durch eine sich der Markenversprechen ganz bewussten Führung des Unternehmens und durch ebenso markenspezifisch ausgerichtete Führungskräfte gehalten werden. Der Prozess, Führung und Marke in Einklang zu bringen, ist nie abgeschlossen, sondern muss immer wieder ins Bewusstsein der Beteiligten geholt werden. Eine Marke ist nichts Statisches. Einmal zur starken Marke geworden heißt nicht, für immer Marke zu bleiben. Marken können unerwartet in sehr kurzer Zeit massiven Schaden erleiden, z. B. durch die Macht der Online-Foren, die nicht zu unterschätzen ist. So ging der Aktienkurs der amerikanischen Fluggesellschaft United Airlines in wenigen Tagen in den Keller, nachdem der Country-Sänger Dave Carroll in seinem Song und Video „United Breaks Guitars", das er auf Youtube einstellte, seinem Ärger über seine beim Verladen stark beschädigte 3500 Dollar teure Gitarre Luft machte. Das Video wurde bis heute ca. 12 Millionen mal

Abb. 1.6 Führungskräfte tragen die Marke in die Welt (eigene Darstellung)

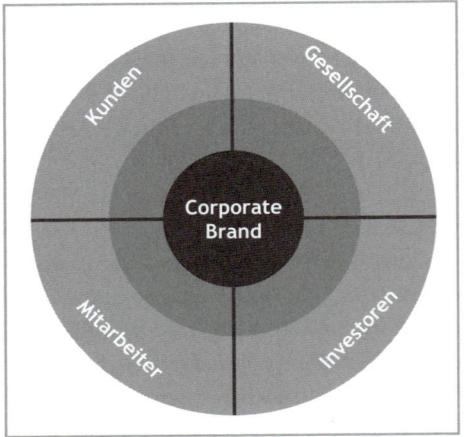

angesehen. Die Wirkung des Videos war so unglaublich groß, dass der Fall nun wiederum als Paradebeispiel dafür vermarktet wird, welchen Einfluss Social Media auf Kundenservice haben. United Airlines setzen den Song jetzt sogar für Mitarbeiterschulungen ein (www. unitedbreaksguitars.com).

Leadership Branding

Führungskräfte sind der Transmissionsriemen zwischen einer Markenpositionierung und den verschiedenen Zielgruppen einer Marke. Das bedeutet, dass Führung die Kraft der Marke in die Märkte „überträgt" (Abb. 1.6). Wenn Manager mit ihrem Führungsverhalten auf die Marke einzahlen, dann wird das Unternehmen als glaubwürdig und ehrlich empfunden. Und sie selbst als Repräsentanten des Unternehmens auch.

Es soll deshalb vorrangig von Leadership *Branding* gesprochen werden, weil nicht der Aufbau einer weiteren Marke gemeint ist. Durch das Wählen der Verbform „Branding" wird der Fokus auf den kontinuierlichen Prozess der wechselseitigen Beeinflussung von Marke und Führung gelenkt.

▸   Es wird von „Leadership Branding" statt „Leadership Brand" gesprochen, weil es sich hierbei nicht um den Aufbau einer eigenen Marke handelt, sondern um den Synchronisationsprozess zwischen Corporate Brand und Führung.

Ulrich und Smallwood (2007) vertreten ein überholtes Markenverständnis: Ihrer Auffassung nach muss eine „Leadership Brand" die Antwort auf Investoren- und Kundenerwartungen sein. Die beiden Berater postulieren ein rein zielgruppengetriebenes Markenkonzept, dessen zentrale Fragen lauten: Wie wollen unsere Kunden uns sehen, und wie müssen wir uns verhalten, um diese Erwartungen zu erfüllen? „Wir definieren effektive Führung für eine Firma durch die Frage: Was wünschen sich Kunden, wofür diese Firma bekannt sein sollte? Was müssen unsere Führungskräfte wissen, tun und liefern, dass

die von Kunden gewünschte Identität Realität wird?[7]" (globalleadersevents.com). „Was wir
unter Unternehmensmarke verstehen: Wie möchte das Unternehmen von seinen Kunden
beschrieben werden?"[8] (Harvard Business Publisher, 8.02). „Sie müssen einfach nur ihre besten Kunden fragen: Worin soll dieses Unternehmen gut sein?"[9] (Harvard Business
Publisher, 6.35). Entscheidend für die Entwicklung einer „Leadership Brand" sind damit
nach Ulrich und Smallwood die Erwartungen und Wünsche der externen Zielgruppen des
Unternehmens. Führung soll dann entlang dieser Erwartungen entwickelt werden: „Die
Definition von Führung sollte an die Kundenerwartungen gebunden sein"[10] (Harvard Business Publisher, 3.10). Den Erwartungen der externen Zielgruppen soll entsprochen werden – über dazu passende Führungseigenschaften und Verhaltensweisen. Als Antwort auf
die Kundenwünsche soll ein Unternehmen spezifische Führungskompetenzen formulieren, die zur gewünschten Differenzierung am Markt führen (Ulrich und Smallwood 2007,
20 ff.). „Auf der Basis dieser externen Sichtweise entwickeln wir ein Führungsmodell, das
konsistent die Kundenerwartungen berücksichtigt"[11] (Harvard Business Publisher, 7.02).

Ganz davon abgesehen, dass das Markenimage, also die externe Sicht auf eine Marke,
kaum messbar ist, sodass jede Ausrichtung auf Kundenwünsche ein vages Unterfangen dar-
stellt, ist dieses reine „Outside-in"-Verständnis von Marken überholt: Die Markenpositionierung wird hier einseitig zum Spielball der (externen) Konsumenten und gefährdet damit
die originäre Markenidentität. Zudem ist diese Sichtweise auch gefährlich. Unternehmen,
die sich vorrangig auf der Basis von Zielgruppenpräferenzen als Marke positionieren und
Dinge über sich kommunizieren, die allein dem Zweck dienen, ein ganz bestimmtes Bild
von sich zu etablieren, riskieren ihre Glaubwürdigkeit und laufen Gefahr, dass ihre Führungsspitze als Betrüger und die Mitarbeiter als inkompetent wahrgenommen werden.
Darüber hinaus besteht ein weiteres Problem mit dem Ansatz, die Führung (wie auch die
Unternehmensmarke) von außen nach innen zu entwickeln. Mal angenommen, die Anforderungen (Kundenwünsche) an die Führung eines Unternehmens sind weit weg von der
gelebten Führungswirklichkeit im Unternehmen. Wie lange soll es dauern, die Führungskräfte zu einer Mannschaft aufzubauen, die ein Führungsverständnis lebt, das eventuell
diametral zu ihren Werten steht – oder doch sehr weit entfernt ist von dem, was sie bisher
unter Führung verstanden haben? Ulrich und Smallwood denken da recht mechanistisch,
was ihren Optimismus hinsichtlich eines solchen Vorgehens nachvollziehbar macht. Bei
ihnen scheinen Organisationen wie Maschinen zu funktionieren: „Wie machen Sie das?
Sie machen eine klare Ansage, wofür die Führungsmarke stehen soll, beurteilen die Führungskräfte danach, wie gut sie das schon abbilden, und dann investieren Sie Geld, Budget

---

[7] "We define effective leadership for a firm by asking: What would customers want this firm to be
known for? What do our leaders need to know, do and deliver to make that customer-desired identity
happen?"
[8] "What we mean by firm brand: How want this company their target customers to describe them."
[9] "All you have to do is to go to your best customer and you listen to them: What are the sort of things
that you want this firm to be good in doing?"
[10] "The definition of leadership should be tied to customer expectations."
[11] "Based on that external view we build a leadership model consistent with customer expectations."

und Ressourcen in den Aufbau dieser Führungsmarke, womit auch Training gemeint sein kann.“[12] (Harvard Business Publishing 10.48). In ihren Publikationen findet sich kein Wort darüber, dass Führungskräfte die „Leadership Brand“ ja zunächst mal mit eigener Bedeutung füllen müssen, um sie überhaupt authentisch vertreten und leben zu können. Sie wird einfach „übergestülpt“ – und fertig. Doch Organisationen sind keine triviale Maschine, sondern ein lebendiges soziales System, so dass die Entwicklung und Implementierung eines markenspezifischen Führungsverständnisses eher einer Abenteuerreise gleicht. Für diese gibt es zwar einen Routenplan, doch es ist nicht absehbar, welche Wege aufgrund der politischen Lage im Reiseland und des Wetters begehbar sind, in welchem Ort ein herzlicher und in welchem ein eher distanzierter Empfang zu erleben sein wird.

Kurzes Fazit

Für die Umsetzung von Leadership Branding ist es nicht hilfreich, von einer „Leadership Brand“ zu sprechen. Vielmehr handelt es sich bei Marke und Führung um die zwei Seiten derselben Medaille. Auch muss ein identitätsbasiertes Markenverständnis zugrunde gelegt werden, denn die Kraft einer Marke kommt immer von innen. Marke und Führung können gar nicht die alleinige Antwort auf externe Zielgruppeninteressen sein. Darüber hinaus sind Organisationen komplexe soziale Systeme, die sich aus ihren Mitgliedern zusammensetzen, die ebenfalls sehr komplexe soziale Systeme sind. Leadership Branding muss das berücksichtigen. Es braucht systemische Beratungskompetenz, um Unternehmen auf dem Weg zu begleiten, Führung und Marke in Einklang zu bringen.

1.7   Leitbilder und Leitlinien für den Papierkorb

In der Vergangenheit wurde häufig versucht, Führungsmannschaften über Führungsleitlinien, Leitbilder oder ähnliche Instrumente zusammenzubringen. Auch heute noch wählen viele Unternehmen diesen Weg. „Postchef Frank Appel hat im März 2009 seine Strategie 2015 vorgestellt, mit der er das Unternehmen fit für die Zukunft machen will. Der Konzern Deutsche Post DHL steht auf zwei Säulen: einem integrierten, konsequent qualitäts- und kundenorientierten internationalen Logistikgeschäft und einem starken Briefgeschäft mit dem klaren Bekenntnis zum umfassenden Versorgungsauftrag der Deutschen Post – erweitert um neue elektronische Mehrwertdienste“ (dp-dhl.com). Auf der Internetseite werden die Maßnahmen im Detail aufgelistet, die dazu beitragen sollen, dass die Deutsche Post DHL die „Post für Deutschland“ bleibt. Unter der Überschrift „Mitarbeiterführung“ findet sich: „Ein neues Leitbild, basierend auf dem Grundsatz: „Respekt und Resultate“, soll die Einbindung und das Engagement der Mitarbeiter spürbar erhöhen. Offenheit und Ver-

---

[12] "How do you make it happen? You make a good distinct statement of what your leadership brand should be, your assess people against it, then you invest in it. And the investment is to say how we put money, budget, resources against building that leadership brand. That might include training."

antwortung stehen dabei im Mittelpunkt (…)" (dp-dhl.com). Sucht man im Internet nach diesem neuen Leitbild, so wird man auch fündig:

Beispiel

Seit März 2009 verfolgt Deutsche Post DHL seine Unternehmensstrategie „Strategie 2015". Sie definiert unser Leitbild: Wir wollen Die Post für Deutschland bleiben und das Logistikunternehmen für die Welt werden.

Die Strategie 2015 wird durch unseren Handlungsauftrag unterstützt. Dieser hat vier Hauptaspekte:

- Wir wollen unsere Kunden, Mitarbeiter und Investoren erfolgreicher machen.
- Wir zeigen stets Respekt – ohne Kompromisse bei den Resultaten zu machen.
- Wir machen unseren Kunden das Leben einfacher.
- Wir wollen einen positiven Beitrag für unsere Welt leisten.

Als Kernziele unserer Strategie wollen wir:

- erste Wahl als Arbeitgeber,
- erste Wahl als Anbieter,
- erste Wahl als Investment werden.

Quelle: dp-dhl.com

Eine Untersuchung des Fraunhofer-Instituts für Arbeitswirtschaft und Organisation (2006) belegt, dass 87 % der Unternehmen mit mehr als 2500 Mitarbeitern ein schriftlich fixiertes Leitbild haben. „Obwohl Unternehmen gerade in den letzten Jahren verstärkt in die Entwicklung und Umsetzung von Leitbildern investiert haben, scheinen diese das Verhalten von Mitarbeitern und Führungskräften nur sehr bedingt zu beeinflussen" (Fraunhofer IAO 2006, S. 27). Leitbilder erreichen in vielen Unternehmen nicht die Arbeitsebene. Vor ein paar Wochen nahm ich in meiner Funktion als LEA-Geschäftsführerin[13] an einer Telefonkonferenz mit Kolleginnen und Kollegen aus Personal und Marketing einer großen, international agierenden Unternehmensberatung teil. Folgende Ausgangssituation fand ich vor: Neu entwickelte Führungsleitlinien, zehn an der Zahl, sollen im Unternehmen implementiert werden. Der Leiterin des Personalmarketings war aufgefallen, dass das ein bisschen viel sein könnte, vor allem weil doch gerade zwei neue Markenclaims etabliert werden sollten und es eine neu entwickelte Arbeitgebermarke gibt, die ja schließlich auch von den Führungskräften gelebt werden soll. Ziel unseres Telefonat war, einen Ansatz zu finden, die Führungskräfte nun nicht komplett zu verwirren und zu überfordern, sondern einen Weg zu finden, ihnen eine klare Orientierung zu geben, was von ihnen erwartet wird.

---

[13] LEA Leadership Equity Association GmbH ist eine Unternehmensberatung für Führung und Marke.

Das Ergebnis des Telefonats war für die Leiterin des Personalmarketings enttäuschend. Ihre Kollegen erkannten zwar die Notwendigkeit, die Anzahl der Botschaften an die Führungskräfte zu reduzieren, doch sie sahen aus politischen Gründen keinen Weg, dies jetzt noch zu tun, da bereits zu viele Menschen an der Entwicklung der Leitlinien beteiligt worden seien, weshalb sie nun auch genau so im Unternehmen „ausgerollt" werden müssten. Ein wunderbares Beispiel dafür, wie oft in Unternehmen Vorgehensweisen entschieden werden, die nicht sinnvoll sind – und dies wider besseres Wissen.

Inwiefern ist ein markenspezifisches Führungsverständnis anders als die Führungsleitlinien? Führungsleitlinien bestehen oft nur aus leeren Worthülsen bzw. diffusen Schlagworten, die nicht handlungsanleitend wirken können. So heißt es beispielsweise „Wir sind innovativ", „Wir wertschätzen unsere Mitarbeiter". Was soll das heißen? „Erschwerend kommt hinzu, dass sich oft Widerstände entwickeln, weil keiner versteht, warum man für sie selbstverständliche Werte in Allgemeinplätzen formulieren und in allen Besprechungszimmern aufhängen muss. Selbstverständlich heißt nun mal, dass sie sich von selbst verstehen, und humanistische Grundwerte muss man ja (eigentlich) nicht noch mal extra erklären … Das haben mir oft Frontline-Manager gesagt, die genervt waren, dass von oben nun die Ansage kommt, sie sollen ihre Mitarbeiter wertschätzend behandeln und mit ihren Kollegen zusammenarbeiten. ‚Was denn auch sonst?' haben sie mich dann gefragt", erinnert sich eine meiner Mitarbeiterinnen an ihre Zeit als „Head of HR" eines Pharmazieunternehmens. Zudem fällt es den Beteiligten oft schwer, sich auf wenige Aspekte zu fokussieren, so dass Leitbilder meistens viel zu umfangreich sind. Das kann sich dann keiner merken. Vor einiger Zeit saß ich mit einem Personalvorstand zusammen, der den berühmten „Wertewürfel" auf dem Schreibtisch stehen hatte. Ich griff danach und hielt ihn unter dem Tisch versteckt: „Was steht denn drauf?", fragte ich ihn und war nicht überrascht, dass er grinste, weil er mir die acht Sätze nicht wiedergeben konnte. So kann das auch nicht funktionieren. Trotzdem will ich die Bemühungen, Leitbilder über Symbole zu etablieren, nicht nur schlecht machen. Denn allein die Tatsache, dass da ein Würfel auf dem Tisch steht, ist ein Signal. Doch gut gemeint ist leider nicht gut genug. Von Marken können wir lernen, wie wichtig Fokussierung ist – dies ist sinnvoller, als zehn Leitlinien aufzuschreiben.

Bevor ich 2006 im Thema Marke eine neue Inspirationsquelle für meine Arbeit fand, war ich die Jahre zuvor davon überzeugt, dass die Definition eines Führungsleitbildes wichtig ist. Ein Leitbild schien mir zu beantworten, welcher Führungsstil in einem Unternehmen gewünscht ist und was von den Führungskräften erwartet wird. In den Jahren 2001 bis 2006 hatte ich es in meiner Beratungsarbeit stark mit Führungskräfteentwicklungsprogrammen zu tun. Für die Konzeption dieser Programme bekam ich selten eine zufriedenstellende Antwort auf meine Fragen nach der unternehmensspezifischen Ausrichtung, dem Kern von Führung in dem Unternehmen, für das ich das Konzept schreiben sollte. Vielmehr wurde ich oft aufgefordert, einfach mal einen Vorschlag für Inhalte, Programmschritte und Didaktik zu machen. Aus heutiger Sicht betrachtet ein unhaltbarer Zustand, denn ohne einen Einblick in die unternehmensspezifischen Besonderheiten zu bekommen, ohne die

Unternehmensziele- oder Strategie zu kennen, kann ein Konzept nicht maßgeschneidert werden. Es kann sich dann nur auf allgemeine Erkenntnisse stützen, die aus der Erfahrung mit anderen Unternehmen resultieren. Doch die Investitionen in Führungskräfteprogramme stehen in keinem Verhältnis zum Nutzen, wenn sie nicht unternehmensspezifisch entwickelt und durchgeführt werden. Dazu mehr in Kap. 6.

Überzeugend fand ich damals den Ansatz von Knut Bleicher (1993), der Leitbilder in Bezug zum St. Galler Managementmodell setzte. Dieses beschreibt die Aufgaben der Unternehmensführung auf drei Ebenen, der normativen, strategischen und operativen Ebene. Ein Leitbild ist nach Bleicher auf der normativen Ebene einzuordnen. Diese Ebene „beschäftigt sich mit den generellen Zielen der Unternehmung, mit Prinzipien, Normen und Spielregeln, die darauf ausgerichtet sind, die Lebens- und Entwicklungsfähigkeit der Unternehmung zu ermöglichen" (Bleicher 1996, S. 73). Der St. Gallener Managementansatz hebt sich von anderen Managementschulen positiv ab, weil damit gelungen ist, „der Betriebswirtschaft ein ganzheitliches Managementverständnis einzupflanzen" (…). „Die Erkenntnis, dass Betriebswirtschaftslehre und Führung nicht dasselbe sind, und dass Führung einer eigenen Lehre bedarf, legte den Grundstein zum St. Gallener Managementansatz" (Steinkellner 2005, S. 240).

Ein Leitbild soll als normatives Element eine Art Fundament sein für alle weiteren strategischen und operativen Schritte eines Unternehmens. Soweit die Theorie. In der praktischen Umsetzung hapert es jedoch gewaltig. Vergleicht man die Leitbilder sehr verschiedener Unternehmen, so finden sich große Ähnlichkeiten. Man gewinnt den Eindruck, die Beteiligten hätten voneinander abgeschrieben. Jeremy Bullmore (1997) zählte die meistbenutzten Wörter in Leitbildern von 300 Unternehmen in den USA und kam zu dem Schluss, dass die meisten Leitbilder austauschbar sind. Das Wort „Kundenservice" kam 230 Mal vor, „Kunden" 211 Mal, „Qualität" 194 Mal, „Wert" 183 Mal, „Mitarbeiter" 157 Mal, „Wachstum" 118 Mal, „Umwelt" 117 Mal, „Gewinn" 114 Mal, „Führung" 104 Mal und „der/die/das Beste" 102 Mal (Brandtner 2009). Wie soll etwas so Austauschbares normative Wirkung entfalten? Das von der Beratergruppe *Identitaeter* auf deren Website (identitaeter.at) eingerichtete Werteforum zeichnet ein ähnliches Ergebnis. Dort haben bislang 95 Firmen durchschnittschlich vier bis fünf Werte eingetragen. Am häufigsten genannt werden die Begriffe „Innovation und innovativ", „Integrity", „Motiviert", „Qualität", „Verantwortung" und „kompetent". Wie kommt es zu so viel Gemeinsamkeit?

Statt sich im Prozess der Leitbildentwicklung auf das Wesentliche zu fokussieren, wird in der Regel alles aufgelistet, was sich toll anhört, wichtig zu sein scheint, um ein bestimmtes Bild abzugeben, oder einfach gesagt werden muss, um nicht den Eindruck zu erwecken, dass man bei Nichterwähnung gar das Gegenteil davon vertritt. Die Folge von so viel Pflichtbewusstsein ist, dass Leitbilder meist sehr umfangreich sind. Man assoziiert gleich einen ganzen Katalog von Aussagen über ein Unternehmen – bei Führungsleitbildern über die Führungsgrundsätze eines Unternehmens. So ein „Leitbild gibt keine klare Richtung vor. Es ist vielmehr die Ansammlung von netten Selbstverständlichkeiten bzw. Klischees" (Brandtner 2009).

Die Leitlinien der Firma Bosch lauten beispielsweise:

Beispiel

Bosch-Leitlinien zur Führung

Was unseren Führungskräften wichtig ist

- **Zielen Sie auf Erfolg**

  Ertrag, Wachstum, Qualität, Kunden- und Prozessorientierung – das sind die Größen, an denen sich unsere Ziele ausrichten. Vermitteln Sie Ihren Mitarbeitern laufend die Unternehmensziele und machen Sie deutlich, was jeder Einzelne zu deren Erreichung beitragen kann.

- **Zeigen Sie Initiative**

  Entwickeln Sie mit Ihren Mitarbeitern neue Ideen und Strategien, die das Unternehmen voranbringen. Ermutigen Sie Ihre Mitarbeiter zu Veränderungen und Eigeninitiative und unterstützen Sie bei der Umsetzung.

- **Zeigen Sie Mut**

  Stehen Sie zu Ihren Mitarbeitern. Treffen Sie klare Entscheidungen und setzen Sie diese konsequent um. Seien Sie Vorbild und leben Sie die Bosch-Werte vor.

- **Setzen Sie Ihre Mitarbeiter ins Bild**

  Sachinformationen sind eine Selbstverständlichkeit. Aber Ihre Mitarbeiter sollten auch betriebliche Zusammenhänge und Hintergründe kennen – sie sind eine wichtige Voraussetzung für die Identifikation mit dem Unternehmen.

- **Führen Sie über Ziele**

  Übertragen Sie Aufgaben und Kompetenzen. Vereinbaren Sie klare Ziele und schaffen Sie Freiräume, damit sich Kreativität, Selbstvertrauen und Verantwortungsbewusstsein entwickeln können. So führen Sie Ihre Mitarbeiter zum Erfolg.

- **Geben Sie Feedback**

  Sehen Sie bei Ihren Mitarbeitern die Stärken und helfen Sie, diese zu nutzen und weiter auszubauen. Schauen Sie genau hin: Loben Sie – aber üben Sie auch faire, konstruktive Kritik. Fehler passieren auf allen Seiten; sprechen Sie diese sofort und offen an.

- **Schenken Sie Vertrauen**

  Ihre Mitarbeiter sind leistungsfähig und leistungsbereit. Wagen Sie es, mit wenig Kontrolle auszukommen. Ihr Vertrauen wird den unternehmerischen Schwung auslösen, den wir alle wollen.

- **Wechseln Sie die Perspektive**

  Versetzen Sie sich in die Lage der Mitarbeiter und betrachten Sie Situationen auch aus deren Perspektive. Wie würden Sie Ihre Entscheidungen aufnehmen – und welche Begründung würden Sie erwarten?

- **Gestalten Sie gemeinsam**

  Ihre Mitarbeiter denken mit. Beteiligen Sie sie an der Vorbereitung von Entscheidungen und nutzen Sie die Ideen und das Potenzial, das sich Ihnen durch die kulturelle Vielfalt im Unternehmen bietet. Arbeiten Sie mit Ihren Mitarbeitern daran, Schnittstellen in Kontaktstellen und Barrieren in neue Möglichkeiten zu verwandeln.

- **Fördern Sie Ihre Mitarbeiter**
  Beraten Sie Ihre Mitarbeiter in der beruflichen Entwicklung und begleiten Sie diese systematisch. Unterstützen Sie sie, wenn sie sich an anderer Stelle im Unternehmen weiter entwickeln können oder wollen.

Quelle: bosch-thermotechnik.de

Statt zehn oder zwölf austauschbare Leitsätze aufzuschreiben, die sich keiner merken kann und die folglich noch viel weniger handlungsleitend werden können, geht es bei der Entwicklung eines markenspezifischen Führungsverständnisses darum, den Kern zu benennen. Fokussierung auf das Wesentliche ist das beste Mittel gegen Beliebigkeit und Gedächtnisüberforderung. Der Weg zu einem starken Profil führt über Reduktion. Nur so kann eine Basis entstehen, auf der sich zuverlässige strategische Entscheidungen treffen lassen und der operative Handlungen folgen. Letzteres ist der Anspruch an eine Markenpositionierung.

Gut gemeint bedeutet nicht immer auch gut gemacht. Dies wird bei BASF deutlich. BASF gibt sich auch mit zehn bis zwölf Leitlinien nicht zufrieden:

Beispiel

BASF Leitlinien und Instrumente

Die Leitlinien konkretisieren, wie wir gemäß unseren Grundwerten im Unternehmensalltag handeln wollen. Geeignete Instrumente helfen uns, die Leitlinien in die Praxis umzusetzen.

1. Nachhaltiger Erfolg
   Leitlinien
   Wir streben eine führende Markt- und Finanzposition an, die es uns ermöglicht, die BASF erfolgreich und unabhängig mit eigener, unverwechselbarer Identität weiter zu entwickeln.
   Wir erzielen für unsere Aktionäre eine attraktive Rendite.
   Wir erwirtschaften für die BASF-Gruppe ein Ergebnis, das im Durchschnitt der Konjunkturzyklen die Kapitalkosten übersteigt.
   Wir vergüten unsere Mitarbeiter marktgerecht und leistungsbezogen mit am wirtschaftlichen Erfolg orientierten Entgelten und Sozialleistungen. Dabei stehen unsere Arbeitsbedingungen im Einklang mit international anerkannten grundlegenden Arbeitsstandards.
   Wir leisten durch unsere wirtschaftlichen Aktivitäten sowie durch die gezielte Förderung von humanitären, sozialen und kulturellen Anliegen einen positiven Beitrag zur gesellschaftlichen Entwicklung.

Der Verbund ist eine der Stärken der BASF. Wir können unsere Produkte damit kostengünstig, ressourcenschonend und umweltverträglich herstellen. Die Optimierung der Verbundstrukturen ist daher eine ständige Aufgabe.

Instrumente

Um ökonomisch langfristig erfolgreich zu sein, verfolgen wir ein umfassendes Wertmanagementkonzept. Durch Sozialleistungen sowie einer marktgerechten und leistungsorientierten Beteiligung der Mitarbeiter am Unternehmenserfolg schaffen wir Werte im Interesse unserer Mitarbeiter. Unser **Spenden und Sponsoring** Engagement schafft einen nachhaltigen Nutzen für die Gesellschaft.

2. Innovation für den Erfolg unserer Kunden

Leitlinien

Wir suchen die Herausforderungen in den Veränderungen der Märkte, der Wissenschaft und der Gesellschaft und nutzen sie als Chance zum wertsteigernden Wachstum.

Wir gestalten den wissenschaftlich-technischen Fortschritt aus führender Position mit, entwickeln zukunftsweisende Produkte, Technologien und Problemlösungen und nutzen Synergieeffekte aus unserem Forschungsverbund.

Wir entwickeln und optimieren unsere Produkte und Dienstleistungen gemeinsam mit unseren Kunden so, dass wir zur Wertsteigerung bei unseren Kunden und in unserem Unternehmen beitragen.

Wir messen regelmäßig die Kundenzufriedenheit. Hinweise unserer Kunden und Partner nutzen wir konsequent zur Verbesserung unserer Geschäftsprozesse.

Instrumente

In der Konzernforschung konzentrieren wir uns auf fünf Wachstumscluster, die Zukunftstechnologien und -märkte adressieren. Mit unserer Initiative Success beraten wir unsere Kunden zum Thema Nachhaltigkeit und tragen so zu ihrem Erfolg bei.

3. Sicherheit, Gesundheit und Umweltschutz

Leitlinien

Wir fordern und fördern das Sicherheits-, Gesundheits- und Umweltbewusstsein und streben kontinuierliche Verbesserungen durch Zielvereinbarungen an.

Wir erzeugen Produkte, die sicher herzustellen, zu verwenden, wiederzuverwerten oder zu entsorgen sind.

Wir unterstützen unsere Kunden und Lieferanten im Bemühen um einen sicheren und umweltfreundlichen Umgang mit den Produkten, die sie von uns beziehen bzw. uns liefern.

Wir minimieren die Belastung von Mensch und Umwelt bei Herstellung, Lagerung, Transport, Vertrieb, Verwendung und Entsorgung unserer Produkte.

Instrumente

Die Ziele der freiwilligen Initiative Responsible Care der chemischen Industrie haben wir uns für die gesamte BASF-Gruppe zu Eigen gemacht. In unserem Competence Center for Environment, Health and Safety sind die Zuständigkeiten für **Umwelt, Gesundheit und Sicherheit** vereint. Um die Belastung von Mensch und

Umwelt durch unsere Aktivitäten zu minimieren, haben wir uns ehrgeizige Ziele für Umwelt- und Klimaschutz sowie Transport-, Produkt- und Arbeitssicherheit gesetzt. Bei der Auswahl unserer Lieferantenspielen Arbeitssicherheits-, Umweltschutz- und Sozialstandards eine wichtige Rolle.

4. Persönliche und fachliche Kompetenz

Leitlinien

Wir fördern Diversity-Programme und wollen Mitarbeiter aus allen Kulturen und Nationalitäten gewinnen, die mit sozialer und fachlicher Kompetenz bereit sind, sich engagiert für die Ziele und Werte unseres Unternehmens einzusetzen.

Unser Führungsnachwuchs wird bevorzugt aus den eigenen Reihen herangebildet. Das Führungsteam wird systematisch anhand der folgenden vier Kriterien eingestellt, ausgewählt, entwickelt und positioniert: Wissen, Fähigkeiten, Führungskompetenz und das Handeln im Einklang mit unseren Grundwerten und Leitlinien.

Unsere Organisation, Steuerungsprozesse und Zusammenarbeit sind auf das Erreichen von Spitzenleistungen durch Einzelne und durch Teams ausgerichtet.

Wir tolerieren innerhalb der BASF-Gruppe keine Diskriminierungen wegen Nationalität, Geschlecht, Religion oder anderer persönlicher Merkmale.

Instrumente

Unseren Mitarbeitern bieten wir umfassende Weiterbildungsmaßnahmen. Um den Herausforderungen des demographischen Wandels entgegenzutreten, haben wir die Initiative Generations@Work gestartet. Die Initiative umfasst sechs Handlungsfelder: Beschäftigungsfähigkeit, nachhaltige Rekrutierung, wettbewerbsfähige Produktivität, Kulturwandel, gesellschaftliches Engagement und Finanzierung Altersversorgung. Darüber hinaus haben wir 2009 die Initiative Diversity + Inclusion gestartet. Ihr Ziel ist es, eine Unternehmenskultur zu schaffen, in der Unterschiede wertgeschätzt werden, indem [sic] sich die Verschiedenartigkeit der Kunden, Märkte und Kulturen in der eigenen Belegschaft widerspiegelt.

5. Gegenseitiger Respekt und offener Dialog

Leitlinien

Unsere Kommunikation im Unternehmen, mit unseren Geschäftspartnern, Nachbarn und gesellschaftlich relevanten Meinungsbildnern ist durch einen offenen und sachlichen Dialog geprägt.

Unsere Mitarbeiter werden rechtzeitig durch offene Information und Kommunikation, auch über Hierarchie- und Einheitsgrenzen hinweg, in Arbeits- und Entscheidungsprozesse eingebunden.

Führungskräfte und ihre Mitarbeiter oder Teams vereinbaren Ziele sowie Prioritäten und legen die Verantwortlichkeiten und Befugnisse fest.

Wir bieten Voraussetzungen, die Eigeninitiative und unternehmerisches Handeln stärken. Führungskräfte sprechen regelmäßig mit ihren Mitarbeitern über ihre berufliche Weiterentwicklung und fördern ihre Lernbereitschaft.

Wir stehen zu betrieblicher Partnerschaft mit den Arbeitnehmervertretungen und arbeiten in gegenseitiger Achtung vertrauensvoll mit ihnen zusammen. Die Form der Kooperation beachtet die international anerkannten grundlegenden Arbeitsstandards und orientiert sich an den jeweiligen Landesgegebenheiten.

Instrumente

Wir gehen fair und respektvoll mit unseren zahlreichen Anspruchsgruppen um und führen mit ihnen ein offenen **Dialog**. In den Nachbarschaftsforen an unseren Produktionsstandorten wird über aktuelle Themen diskutiert. Mit den betrieblichen Arbeitnehmervertretungen arbeiten wir partnerschaftlich zusammen.

6. Integrität

Leitlinien

Jede Führungskraft muss ihrer Vorbildfunktion gerecht werden und sich an unserer Vision und unseren Grundwerten orientieren.

Wir unterlassen Handlungen,

die ungesetzlich sind

die den fairen Wettbewerb behindern

die der Herstellung von illegalen Drogen oder chemischen Waffen dienen.

Wir verurteilen jegliche Form von Kinderarbeit sowie von Zwangs- oder Pflichtarbeit.

Die Interessen der BASF haben bei unseren Tätigkeiten Vorrang vor persönlichen Interessen. Wir schützen Firmeneigentum gegen Missbrauch.

Jede Gruppengesellschaft erstellt auf der Basis der für die BASF-Gruppe geltenden Grundwerte und Leitlinien ihren Verhaltenskodex unter Berücksichtigung der Gesetze und allgemein anerkannten Gebräuche. Sie sorgt dafür, dass alle Mitarbeiter entsprechend informiert sind und der Kodex zur Grundlage ihres Handelns wird.

Jeder Mitarbeiter hat auf der Grundlage des jeweiligen Compliance-Programms die Gelegenheit, sich in vertraulicher Weise Rat und Hilfe zu holen, wenn sich in seinem Arbeitsumwelt Hinweise auf rechtlich zweifelhafte Vorgänge ergeben.

Instrumente

Auf Basis unserer Grundwerte und Leitlinien haben wir einen für BASF-Mitarbeiter verbindlichen Verhaltenskodex erstellt. Die Einhaltung von Gesetzen und internen Regeln wird durch unser Compliance-Programm überprüft. Um die Einhaltung international anerkannter Arbeits- und Sozialstandards zu überwachen, haben wir ein Monitoringsystem eingeführt.

Wie sollen 30 (!) Leitlinien gleichzeitig umgesetzt werden bzw. wie sollen diese handlungsleitend wirksam werden? Besser sieht es da im Bereich Führung der BASF aus:

Beispiel

Leitlinien für unsere Führungskräfte:

- Für Klarheit sorgen und Realitätssinn demonstrieren
- Vorbild für Leistung und Schnelligkeit sein

- Begeisterung und Inspiration fördern und zur Entfaltung bringen
- Strategische und operative Führung demonstrieren

Quelle: bericht.basf.com

Mit der Markenpositionierung von BASF scheinen diese Führungsleitlinien dennoch wenig abgestimmt zu sein:

Beispiel

Die Markenpositionierung der BASF: Als das führende Unternehmen der chemischen Industrie erschließen wir gemeinsam mit unseren Partnern zukünftige Erfolgspotenziale.

Hierzu entwickeln und pflegen wir Partnerschaften, die von Vertrauen und gegenseitigem Respekt gekennzeichnet sind.

Mit intelligenten Lösungen tragen wir dazu bei, die Zukunft erfolgreich und nachhaltig zu gestalten.

Quelle: brandweb.basf.com

Mal angenommen, Sie sind Führungskraft bei BASF und lesen die Markenpositionierung, die Führungsleitlinien und dann eventuell auch noch die 30 allgemeinen Leitlinien. Was von all dem bleibt Ihnen im Gedächtnis? Wo ist der Fokus für die Führung? Von Leadership Branding, der Entwicklung eines markenspezifischen Führungsverständnisses, ist das sicherlich noch recht weit entfernt.

Wann sind Marken besonders erfolgreich? Wenn sie es schaffen, eindeutig und unverwechselbar für ein bestimmtes Thema zu stehen, so wie BMW für „Freude", dm für „Menschenfreundlichkeit" und Saturn für „Geiz". Im Unterschied zu einem Leitbild, in dem häufig sehr viele austauschbare und unkonkrete Aspekte benannt werden, reduzieren sich erfolgreiche Markenstrategen auf die wesentlichen Aspekte und fassen diese möglichst zutreffend und individuell in Worte. Markenpositionierung heißt immer Profilierung. Und nur so kann eine Marke auch stark werden, indem sie ein klares Profil hat, sich auf Weniges fokussiert und dieses immer und immer wieder betont. Der Begriff „Leitbild" hat sich durch die falsche Handhabung bedauerlicherweise abgenutzt, weshalb wir ihn vom Thema Leadership Branding abgrenzen, um keine falschen Assoziationen zu wecken.

Führungskräfteentwickler und Managementdenker können viel von starken Marken lernen. Indem beide Themen, Marke und Führung, zusammen gedacht werden, erschließen sich ganz neue Perspektiven und Herangehensweisen.

Und es gibt noch einen ganz wichtigen Unterschied zwischen der Entwicklung eines Führungsleitbildes und der Ausrichtung von Führung an der Marke. Personalabteilungen entwickeln oft den falschen Ehrgeiz, etwas ganz Eigenes und Neues zu erschaffen. Statt sich also an der Unternehmensmarke (so vorhanden) und der Unternehmensstrategie zu orientieren, wird im luftleeren Raum formuliert, was sich wertig und wichtig anhört. Wie viel das mit der aktuellen Marktstrategie des Unternehmens zu tun hat, scheint fast unwichtig zu sein. So kommt es dann zu folgendem problematischen Zustand: Es gibt eine Vielzahl von „Instrumenten", die normativen Charakter haben sollen, die jedoch scheinbar losgelöst nebeneinander stehen, ja, manchmal sogar in Konkurrenz treten (Marke, Werte, Leitbild, Führungsgrundsätze, Code of conduct, Kompetenzmodell usw.). Statt Führungskräften und Mitarbeitern Orientierung zu geben, stiften sie Verwirrung und werden bestenfalls ignoriert. Wie oft höre ich: „Wir haben vor zwei Jahren Werte entwickelt, aber die lebt noch keiner", oder „Selbstverständlich haben wir ein Leitbild, aber das brauchen Sie eigentlich nicht zu kennen, um eine Maßnahme für uns zu entwickeln…".

Beispiel

Vor Kurzem präsentierte ich der Personalabteilung eines Finanzdienstleisters unseren Ansatz für ein für alle Führungskräfte geplantes Event. Thema des Events sollte die Identität des Unternehmens sein. Die Gesprächsrunde war vorbildlich zusammengestellt. Neben der Leiterin der Personalentwicklung, die mich eingeladen hatte, nahmen die Personalleiterin, der Leiter Unternehmenskommunikation und ein Trainer teil. Bereits in der Vorstellungsrunde hagelte es Begriffe wie Identität, Kompetenzmodell, Basiskompetenzen, Führungskompetenzen, Führungsleitbild, Werte … Obwohl ich das ja gewöhnt bin, schwirrte mir der Kopf. Ich bat um das Wort und fragte: „Mal angenommen, ich würde mich gerade bei Ihnen als Filialleiterin bewerben und würde Sie bitten, mir in einem Wort zu sagen, wofür die Führungskräfte bei Ihnen stehen, was würden Sie antworten?" Ich schaute in nachdenkliche Gesichter und wartete ein paar Sekunden. Dann bedankte ich mich und bemerkte, dass die Reaktion als Antwort ausreiche. Nun erläuterte ich, warum ich die Frage gestellt hatte und warum es einer Filialleiterin nicht zugemutet werden könne, sich neben der hohen vertrieblichen Verantwortung noch zig Begriffe zu merken, die sowieso keine Relevanz für sie haben. Bevor das Unternehmen ein Event für alle Führungskräfte durchführen kann, sollten die Botschaften an die Führungskräfte auf ein Minimum, im Idealfall auf ein Thema reduziert werden. Zudem sollte der Zusammenhang zwischen dem Versprechen, das die Bank dem Markt gibt, und der Führung herausgearbeitet werden.

In Zusammenhang mit der Marke hat sich weithin die Erkenntnis durchgesetzt, dass Marke Chefsache ist. An der Marke wird nicht von einer Abteilung im Alleingang gearbeitet und ausprobiert. Es ist klar, dass es sich bei der Marke um ein Instrument der Unternehmensführung handelt. Indem gefragt wird, was der Kern von Führung ist und wie man sich bei der Beantwortung an der Marke orientiert, wird sichergestellt, dass die Entwicklung der Identität an der richtigen Stelle erfolgt. Das verhindert dann auch die Entstehung von Instrumenten, die alle Orientierung geben wollen und sich dann gegenseitig aushebeln.

▸ Beim Leadership Branding geht es nicht um die Entwicklung eines Leitbilds, sondern um die Fokussierung der Führungskräfte auf einen gemeinsamen Kern – so wie es eine gute Markenpositionierung vormacht.

Statt ständig neue Instrumente zu entwickeln, gilt es zu stärken, was schon da ist. Das trifft auch grundsätzlich für die Entwicklung einer Marke zu. Kultur, Werte und Idee eines Unternehmens werden nicht „kreiert", sie sind vorhanden. Die Frage ist, wie gut sie in der Organisation artikuliert und in diese eingebettet werden (Ind 2001). Wenn Werte tief in einer Organisation verankert sind, haben sie die Kraft der Authentizität (mehr dazu in Kap. 4). Sie beeinflussen die Entscheidungsfindung nicht aufgrund irgendwelcher Kommando- und Kontrollstrukturen, sondern weil die Menschen an die Ideen glauben, die hinter den Werten stehen.

1.8   Unproduktive Führung, schlechte Chefs und Managementskandale

Die Antwort auf die Frage, warum Führung nicht wertschöpfend ist, ist einfach: weil nicht im Sinne des Unternehmens geführt wird. Schaut man auf die Positivbeispiele von Unternehmen in verschiedenen Branchen, so haben sich meist diejenigen durch weltweite Präsenz und Vorbild hervorgetan, die durch eine spezifische Führung oder Unternehmenskultur geprägt sind (vgl. Frey et al. 2007). Man denke an GE, IKEA oder Google. „America's best firms propel their product and company images with a unique leadership style – a branded way to get results inside the organization and out" (bookrags.com).

Daraus kann ein positiver Zusammenhang zwischen Führung, Markenstärke und Unternehmenserfolg abgeleitet werden. Doch gelingt es in Unternehmen häufig nicht, Führungskräften diesen Zusammenhang deutlich zu machen. Es ist vielen Führungskräften gar nicht bewusst, dass ihr Verhalten auch den Markenerfolg mitbestimmt. Und dem nicht genug. Aus meiner Erfahrung als Trainerin von Führungskräften weiß ich, dass vielen Führungskräften ihre eigentliche Daseinsberechtigung nicht klar ist. Sie haben ihre Rolle als Unternehmensrepräsentanten nicht verstanden, und es ist ihnen auch nicht bewusst, wie sehr man auf sie schaut, und schon gar nicht, dass sie mit ihrem Verhalten Kultur prägen. Das Besprechen dieser Rolle und der damit verbundenen Effekte ist ein erster, wichtiger Hebel, um Führung produktiv zu machen.

Es ist wohl kein Zufall, dass heute Bücher den Markt überschwemmen, die so schillernde Titel tragen wie „Narzissten, Egomanen, Psychopathen in der Führungsetage", oder „Und morgen bringe ich ihn um. Als Chefsekretärin im Topmanagement" oder „Führer, Narren und Hochstapler", „Menschenschinder oder Manager: Psychopathen bei der Arbeit". „Offensichtlich wird das, was von außen als visionäre Kraft oder charismatische Ausstrahlung angepriesen wird, von innen nicht selten als das Gegenteil wahrgenommen: als Ausbeutung und Rücksichtslosigkeit" (vgl. Oelsnitz und Busch 2010, S. 186). Deutsche Arbeitnehmer sind heute insgesamt recht unzufrieden mit ihren Chefs. Wie sehr, zeigen die ersten Ergebnisse einer groß angelegten Online-Umfrage des Projektteams Testentwicklung der Ruhr-Universität Bochum (Bochumer Inventar zur Führungswirksamkeit), an der bisher 3500 Probanden teilgenommen haben. 56 % der Befragten sind unzufrieden mit ihrem Chef (benoteten auf einer Skala von 1 bis 9 im unteren Drittel), 23 % geben da-

bei sogar die schlechtestmögliche Bewertung, nur 20 % sind zufrieden. Gefragt wurde z. B.,
wie der Vorgesetzte mit Mitarbeitern umgehe, ob er sie vor anderen „runtermache" oder
ob er sich selbst in den Vordergrund spiele. Die Bochumer fanden auch heraus, dass die
Arbeitszufriedenheit der Mitarbeiter stark vom Vorgesetzten abhängt. Die Zufriedenheit
mit dem Chef erklärt zu 40 % die Zufriedenheit mit der Arbeit insgesamt. Menschen kommen zu Unternehmen und sie verlassen Führungskräfte. „Denn Mitarbeiter kündigen nur
in wenigen Fällen aus fachlichen Gründen oder weil ihnen keine ausreichende Perspektive
im Unternehmen geboten wird" (Hossiep und Schardien 2010). Die meisten Mitarbeiter,
die ein Unternehmen verlassen, geben ihren direkten Vorgesetzten als Grund der Kündi-
gung an. Dazu passen die Ergebnisse des jährlich durch Gallup erhobenen „Engagement
Index" (Gallup 2011). Jeder fünfte Mitarbeiter habe innerlich bereits gekündigt: Lediglich
13 % der 2000 Befragten geben eine hohe emotionale Bindung an, der überwiegende Teil
(66 %) leistet Dienst nach Vorschrift. Gallup beziffert den daraus entstehenden volkswirt-
schaftlichen Schaden zwischen 121,8 und 125,7 Milliarden Euro. Die Wechselbereitschaft
der wenig gebundenen Mitarbeiter ist sehr hoch. Gerade in Zeiten des Fach- und Führungskräftemangels muss es von Interesse sein, Mitarbeiter zu binden. Auch Gallup sieht
das Führungsverhalten als häufige Ursache für fehlende emotionale Bindung. „In vielen
Unternehmen ignorieren Führungskräfte nach wie vor die zentralen Bedürfnisse und Erwartungen ihrer Mitarbeiter teilweise oder völlig." 46 % der ungebundenen Arbeitnehmer
denken darüber nach, das Unternehmen aufgrund ihres direkten Vorgesetzten zu verlassen. 45 % dieser Gruppe würden ihren direkten Vorgesetzten entlassen, wenn sie könnten.

Es ist kaum noch nachvollziehbar, warum die Qualität von Führung in vielen Unternehmen so wenig Aufmerksamkeit erhält. Und es ist erstaunlich, wie wenig Mühe sich Unternehmen dabei geben, Führungskräfte zu finden, die wirklich zu ihnen passen und einen
guten Job machen. Dabei lassen sich die Kosten der Fehlbesetzung einer Führungskraft
leicht schätzen: Für Rekrutierung, Auswahl und Administration bis zur Einstellung lassen
sich erfahrungsgemäß pauschal 30 % eines Jahresgehalts ansetzen. Dazu kommt dann das
tatsächlich gezahlte Gehalt, die Sozialleistungen usw. Vielleicht nimmt die neu eingestellte
Führungskraft an internen Weiterbildungsmaßnahmen teil, dann sind diese Kosten ebenfalls zu berücksichtigen. Bevor es nach erkannter Fehlbesetzung zur Trennung kommt,
vergehen leicht ein bis zwei Jahre. Je nach Position fällt bei Trennung eine Abfindung an.
Die Kosten summieren sich ganz leicht auf zwei bis drei Jahresgehälter, also 300.000 bis
450.000 Euro oder sogar mehr – je nach Position. Viel dramatischer sind allerdings die
verdeckten Kosten einer Fehlbesetzung: Man denke an die Kosten von falschen Entscheidungen der fehlbesetzten Führungskraft, an Kosten durch verlorene oder unzufriedene
Kunden, Kosten durch Mitarbeiter, die das Unternehmen verlassen und bei einem Wettbewerber anheuern, Kosten durch Mitarbeiter, die frustriert nur noch Dienst nach Vorschrift
machen, Kosten durch wichtige Projekte, die ausgebremst werden, oder gar an Kosten eines
Imageschadens. Die verdeckten Kosten einer Fehlbesetzung summieren sich so ganz leicht
auf zehn bis zwölf Jahresgehälter – 1,5 bis 2 Millionen Euro. „Wer schlecht führt, fliegt",
so titelt Reinhard K. Sprenger im manager magazin 8/2008. „Der Wettbewerb der Zukunft

wird auf den Personalmärkten entschieden: Manager, denen die Mitarbeiter davonlaufen, müssen sanktioniert werden."

Doch schlechte Führung wird hingenommen, solange die Zahlen stimmen. Zu diesem Ergebnis kommt eine aktuelle Studie der Universität Osnabrück, in der 118 Entscheidungsträger in Unternehmen befragt wurden. In 85 % der Unternehmen ist Führungsqualität Bestandteil der Personalbeurteilung, doch in zwei Drittel der Unternehmen wird schlechtes Führungsverhalten bei den beurteilten Führungskräften toleriert, wenn das operative Ergebnis dennoch stimmt. Und 82 % der Befragten gaben sogar an, dass schlechte Führung kein Trennungsgrund sei. Die Wissenschaftler Prof. Carsten Steinert und Prof. Dominik Halstrup von der Fakultät für Wirtschaft- und Sozialwissenschaftlichen an der Hochschule Osnabrück erklären dieses erschreckende Ergebnis damit, dass für die Unternehmensleitung das Thema Führung keine große Rolle spielt, so dass Führungsqualität nicht von oben vorgelebt werde (Hochschule Osnabrück 2011).

Wer trägt die Verantwortung für diese „Zustände"? Es sind immer mindestens zwei Personen beteiligt: Derjenige, der sich zu Unrecht zur Führungskraft berufen fühlt – z. B. weil er es bisher gar nicht gelernt hat, wie man Menschen führt, geschweige denn, was ein „Sinnstifter" ist. Und derjenige, der diese Führungskraft in Amt und Würden bringt – z. B. weil er geblendet ist vom herausragenden Fachwissen dieser Person, oder nicht weiß, wie wichtig es ist, dass Führungskräfte kulturprägend tätig sind, und deshalb nicht auf die Eignung im Hinblick auf das Unternehmen achtet. Die Fehler liegen im System. Ist eine Führungskraft erst einmal ernannt, so wird diese Entscheidung in den meisten Fällen nicht mehr rückgängig gemacht. Die Situation ist dramatisch. Viele Führungskräfte sind fehl am Platz. Sie können nicht führen. Andere wollen es nicht und sind Führungskraft geworden, weil dies der einzige Weg ist, mehr Geld zu verdienen und mehr Ansehen zu erlangen. Und wieder andere passen mit ihren Werten, Einstellungen und Verhaltensweisen nicht zu dem Unternehmen, in dem sie tätig sind. Die Konsequenz für ein Unternehmen sind ungenutzte Potenziale, die sich in großen Summen von Geld ausdrücken ließen. Wo könnte ein Unternehmen stehen, wenn es nur Führungskräfte hätte, die tatsächlich führen wollen, können und das dann auch noch im Sinne des Unternehmens umsetzen?

Wenn Führung an sich in den Fokus der Aufmerksamkeit gelangt, so kann dies bei den Beteiligten große Ängste auslösen. Schließlich ist es ihnen bis dahin meist gelungen, ihre Führungsleistung hinter der Macht und Funktion quasi unsichtbar zu machen. Es besteht die (meist ja unbegründete) Sorge, dass diese Schutzwälle aufbrechen könnten und sie als Führungskräfte als Versager dastehen könnten. Nicht zuletzt deshalb ist die Machtlosigkeit der Personalabteilungen so nützlich und wird auch gerne stabilisiert. Denn Instrumente, die Führungsleistung sichtbar machen, stellen für so manch einen „lang gedienten" Manager eine Bedrohung dar. Da ist es doch praktisch, einen ganzen Unternehmensbereich, nämlich die Personalabteilung, als inkompetent darzustellen, damit dann die Instrumente, die dieser Bereich im Unternehmen zu etablieren versucht, nur überflüssig sein können. Leider unterstützen viele Mitarbeitervertretungen (Betriebsräte) die Abwertung dieser Versuche, Transparenz, Messbarkeit und somit auch Veränderung in eine positive Richtung zu erreichen. Dies geschieht aus einer anderen Motivation heraus: Sie wollen vermeiden, dass durch Messfehler Menschen unfair behandelt und dadurch benachteiligt werden. Dies ist eine verständliche und berechtigte Sorge, da es auch stimmt, dass die angebotenen Instrumente von den Verantwortlichen nicht immer gleich gut genutzt werden. So entstehen tatsächlich Ungerechtigkeiten in den Unternehmen. In der Summe, also einerseits durch die Ablehnung durch die Führungskräfte und andererseits durch die Sorgen und Blockaden der Mitarbeitervertretungen, führt das zum Systemerhalt: Führungsleistung bleibt offiziell unsichtbar. Auch wenn die Führungsqualität von den geführten Mitarbeitern sehr gut eingeschätzt werden kann, so bleibt sie doch ein Tabuthema in den Unternehmen. Es gibt seitens der Personalabteilungen sehr kompetente Versuche, die Leistung von Führungskräften positiv zu unterstützen. Doch gibt es zu viel Macht auf der „anderen" Seite, als dass diese Instrumente an den Stellen ihre positive Wirkung entfalten könnten, wo es so dringend nötig wäre. In der Konsequenz leben Führungskräfte ohne großartige Kritik und verlieren nach und nach den Bezug zur eigenen Wirkung und Wirksamkeit. Zudem ist folgendes Phänomen zu beobachten: Je höher die Position eines Managers, desto weniger kritische Anmerkungen zu seinem Verhalten gibt es. Und traut sich mal jemand, Kritik zu äußern, so wird diese Person schleunigst aus dem Umfeld verbannt … Wenn der Manager überhaupt Feedback bekommt, so meist Lob, Bewunderung oder Zustimmung, weil sich der Verfasser der Rückmeldung an die Führungskraft dadurch einen persönlichen Vorteil verspricht. Das Übel nimmt seinen Lauf. Mal angenommen, die Führungskraft verfügt nicht über ein überdurchschnittliches Maß an Selbstreflexionsfähigkeit, so werden ihre „blinden Flecken" immer größer und nehmen in ihrer Anzahl zu (Luft und Ingham 1955). Mit diesem Zustand kann und sollte sich ein Unternehmen nicht zufrieden geben. Es bringt aber auch nichts, das Thema Führung mit Gewalt durchzusetzen, denn das schafft nur Missmut und Widerstand. Nein, es braucht ein trojanisches Pferd, um Führung wertschätzend und ermutigend zum Thema zu machen. Dieses trojanische Pferd kann die Ausrichtung des Führungsverständnisses an der Marke sein. Anstatt anzuprangern, wie schlecht die aktuelle Führungsqualität ist oder warum es so nicht weitergehen kann, lauten die Fragen:

- „Wie führen wir heute und was davon prägt unsere Identität (Marke)?"
- „Wie müssen wir unsere Marke positionieren, um in Zukunft wettbewerbsfähig zu sein?"
- „Wie müssen wir führen, um unsere gewünschte Markenpositionierung mit Leben zu füllen?"
- „Was muss sich an unserer Führung mit Blick auf die Marke verändern?"

Leadership Branding nutzt die Marke als trojanisches Pferd, um Führung selbstwertdienlich und angstfrei zu hinterfragen.

▸   Durch Leadership Branding wird ein innovativer Anspruch an Führungsqualität formuliert. Orientiert sich Führung an der Marke, so erhält sie ein neues Qualitätskriterium und kann angstfrei hinterfragt werden.

Die Freiheitsgrade der Führungsspitzen, die Spielwiesen für eigenmächtiges Handeln und Machtmissbrauch sind groß. Spätestens seit dem Schmiergeldskandal bei Siemens im Jahr 2006 ist klar geworden, dass sich unmoralisches, nicht zum Unternehmen passendes Verhalten der Verantwortlichen direkt negativ auf die Bilanz auswirkt. Das tat dem Unternehmen richtig weh. Skandale, Affären, Konflikte im Top-Management der Unternehmen füllen heute fast täglich die Medien. Glaubwürdigkeit, Moral und Verantwortungsgefühl von Top-Managern werden als Resultat dieser Skandale stark angezweifelt. Diese Zweifel sind die Folge von Erwartungsenttäuschungen. Die Verantwortung dafür wird der Unternehmensführung zugeschrieben. Mehr denn je sind Führungskräfte gefragt, die wissen, welche Versprechen es zu halten gilt, Führungskräfte, die eine klare Haltung haben, Erwartungen erfüllen, Orientierung geben. Ein leuchtendes Beispiel, wie im Handumdrehen ein Markenimage zerstört wird, lieferte der Finanzvorstand der Telekom Austria Gernot Schieszler. Ende Januar 2009 erklärte er öffentlich seinen Plan, beamtete Mitarbeiter aus dem Unternehmen zu mobben. Durch die Internetplattform youtube war seine Ansprache im Rahmen des Investor Relations Day im Handumdrehen der Öffentlichkeit zugänglich geworden. Wie kam Schieszler auf die Idee, seine moralisch bedenklichen Pläne so bereitwillig öffentlich zu machen? Hat er wirklich geglaubt, seine Botschaft bleibe im Investorenkreis und damit unter Verschluss? Wir leben in einer vernetzen und transparenten Welt, was dem Mitglied der Geschäftsleitung eines Kommunikationsunternehmens nicht entgangen sein dürfte. Es bleibt die Frage nach der Konsistenz zwischen seinem Verhalten und der Markenpositionierung des Unternehmens. Dass er kurz nach der ungeplanten Veröffentlichung des Videos aus seiner Vorstandsfunktion entlassen wurde, war der Versuch der Vorstandskollegen, sich von den Aussagen Schieszlers zu distanzieren – sein Verhalten sollte isoliert erscheinen und möglichst nicht im Kontext des Unternehmens. Doch welcher Schein soll dadurch gewahrt werden? Wessen Vertrauen soll damit wieder aufgebaut werden? Die Lösung muss vorher ansetzen, nicht wenn es schon längst zu spät ist. Der Fall verdeutlicht, wie wichtig es ist, sich im Top-Management um ein gemeinsames Führungsverständnis zu bemühen, im Sinne einer strategischen Positionierung der Führung. Diese muss zur Marke passen. Und sie muss vor allem glaubwürdig sein und auch mit Überzeugung der Beteiligten gelebt werden können. Was nutzt eine hochtrabende Markenstrategie auf dem Papier, wenn die Führungsspitze sie nicht vorlebt? Oder noch schlimmer, sich sogar in Einzelfällen konträr dazu verhält? Wie lässt sich vermeiden, dass sich einzelne Personen unmoralisch oder nicht im Sinne der proklamierten Unternehmenswerte verhalten? Sie tun dies schließlich auf Kosten des Unternehmensimages, ihrer gewissenhaft handelnden Kollegen, ihrer Mitarbeiter und Kapitalgeber. Auf Kosten jedes Einzelnen.

In den meisten Fällen ist es aber gar nicht die böse Absicht der Führungskräfte, sondern schlicht die mangelnde Klarheit und Einigung auf ein unternehmens- und markenspezifisches Führungsverständnis, das dazu führt, dass das Verhalten einzelner Führungskräfte dem Unternehmensimage schadet bzw. es zumindest nicht stärkt. Es braucht Konzepte und Werkzeuge, um Führungskräfte dabei zu unterstützen, besser im Sinne des Unternehmens und der Marke zu handeln. Für eine erfolgreiche Markenentwicklung ist es unabdingbar, dass die Top-Führungskräfte die Markenstrategie verinnerlichen und konsistent, konsequent und authentisch vorleben. Erst indem Führungskräfte die Marke unterstützen und anderen durch ihr Vorleben zeigen, was sie im alltäglichen Handeln bedeutet, kann eine Markenstrategie ihre Wirkung entfalten. Deshalb ist es für die Entwicklung einer Marke so wichtig, das gelebte Führungsverständnis zu entschlüsseln und für die Markenpositionierung zu berücksichtigen. Ist eine Marke bereits anders entwickelt worden, so sind zwei Schritte zu gehen, um die Lücke zwischen Marke und Führung zu schließen:

1. Definition eines gemeinsamen, die Marke spezifisch unterstützenden Führungsverständnisses
2. Entwicklung organisationaler Prozesse und Instrumente, die Führungskräfte befähigen, dieses markenspezifische Führungsverständnis vorzuleben.

Die Entwicklung beider Dimensionen ist die Voraussetzung für eine klare, markenstärkende und konsistente Linie in der Führung. Verhalten sich Führungskräfte hingegen konträr zum Unternehmensimage oder losgelöst von allen Versprechen der Markenkommunikation, so kann eine Marke nicht ihre Kraft entfalten. Ein beliebiges, von der Marke entkoppeltes Führungsverhalten wirkt verantwortungslos, manchmal profilneurotisch, bestenfalls einfach unglaubwürdig.

Die Signalwirkung des Führungshandelns wird oft unterschätzt und deshalb zu wenig systematisch und strategisch angegangen. Die Wirkung, die Führungskräfte auf Mitarbeiter, Kunden, Investoren und die Öffentlichkeit haben, wird viel zu oft dem Zufall überlassen. Schaut man sich die Leadership Development Programme vieler Unternehmen an, so wirken sie oft gänzlich austauschbar und markenunspezifisch. Dabei ist doch offensichtlich, dass Führung bei Volkswagen anders aussehen muss als bei der Commerzbank, der Bundeswehr, dem Deutschen Roten Kreuz oder Apple. Selbstverständlich ist es wichtig, Führungskräften beizubringen, wie sie ein Mitarbeitergespräch aufbauen sollen, dass sie zu Gesprächsbeginn ein Warm-up machen, danach einen Überblick über den Gesprächsverlauf geben usw. Doch viel wichtiger als die Vermittlung dieser Basiskompetenzen ist es, mit Führungskräften gemeinsam einen Weg zu finden, wie sie ein Mitarbeitergespräch im Sinne der Unternehmensmarke führen können – um einerseits als Markenrepräsentanten zu agieren und andererseits die Mitarbeiter zum Nachdenken darüber anzuregen, dass sie Mitglied einer Markencommunity sind. So positioniert sich die Drogeriemarktkette dm z. B. mit „Hier bin ich Mensch, hier kaufe ich ein". Auf einem Kongress in Wien (Identitat 2009) wurde beispielsweise deutlich, dass dm Österreich in der Führungsentwicklung großen Wert darauf legt, dass Führungskräfte ihre Mitarbeiter als ganzen Menschen sehen. In Mitarbeitergesprächen wird beispielsweise gefragt:

- „Wie gut bekommst Du Job, Privates und Familie unter einen Hut?"
- „Können wir etwas tun, was es Dir erleichtert, alles in Einklang zu bringen?" oder
- „Welche Ideen hast Du dazu, wie wir als Organisation noch menschlicher werden können?"

Das passt übrigens auch gut zur Markenidentität von dm (siehe Kap. 2).

Einige Unternehmen gehen mit dem Thema Führung also geradezu vorbildlich um, so auch die Schokoladenfirma Ritter-Sport. „Das Thema Führungskultur halte ich für ganz wesentlich", meint Andreas Ronken, Geschäftsführer von Ritter-Sport, „denn Menschen kommen zu Unternehmen und sie verlassen Führungskräfte. Mit diesem Anspruch, eine exzellente Führungskultur zu entwickeln, ist es ein bisschen wie mit der Gewichtsreduzierung – intellektuell ist das nicht schwierig, man weiß, dass man sich mehr bewegen und weniger essen muss, doch die Umsetzung ist um so herausfordernder. Die Folge ist, dass das Thema Führung nicht in der Konsequenz und Klarheit umgesetzt wird, wie es eigentlich müsste. Wir haben deshalb ein Ampelsystem, eine Art Stimmungsbarometer eingeführt, das dreimal im Jahr unseren Führungsanspruch mit der tatsächlich durch die Mitarbeiter wahrgenommenen Führung abgleicht. So ist Führung ständiger Bestandteil unserer Kommunikation. Unseren Führungsanspruch leiten wir natürlich aus unserer Marke Ritter-Sport ab, die Marke ist unser tägliches Leben. Wir sind die ehrliche Schokolade und auch die ehrlichen Führungskräfte."

Bei Google und IKEA scheint es auch ganz gut zu funktionieren, Führung und Marke in Einklang zu bringen – zumindest stellt es sich so von außen dar. In einer repräsentativen Umfrage der LEA Leadership Equity Association aus dem Frühjahr 2009 wurde nach Unternehmen gefragt, deren Führung nach Einschätzung der Befragten im Sinne eines Leadership Branding im Einklang mit der Marke steht. Ohne Unternehmensnamen vorzugeben (ungestützt) wurden Google und IKEA am häufigsten genannt. Die Marke Google steht für ein offenes, junges, innovatives, kreatives, unbürokratisches Unternehmen. Der Führung bei Google wird dazu passend zugeschrieben, dynamisch, teamorientiert und Freiräume für Kreativität gebend zu sein. Bei IKEA wird Führung kooperativ und unkompliziert im Sinne von Mitmachen und Vormachen wahrgenommen, was ebenso als sehr gut zur Unternehmensmarke passend empfunden wird. Wichtig ist also, dass Führung genau das unterstützt und widerspiegelt, wofür das Unternehmen steht. Dann wird Führung zum Werttreiber. „Die oberste Spitze wirkt stark prägend auf die Gesamtkultur, Ausrichtung und Außenwirkung eines Unternehmens", so Christiane Braun, Leiterin Personalentwicklung der Karl Mayer Textilmaschinenfabrik. „Unternehmen, die es schaffen, ihre Marke so zu positionieren, dass darin eine bestimmte Führungshaltung erkennbar wird, sind klar im Vorteil." Oder wie Wolfgang Goebel, Personalvorstand von McDonald´s Deutschland es auf den Punkt bringt: „Die Wichtigkeit von Leadership Branding kann gar nicht hoch genug eingeschätzt werden." (vgl. Gloger 2011).

▸   Unternehmen, die Marke und Führung in Einklang bringen, fallen positiv auf.

1.9   Human Resources und Marketing sollten zusammenrücken

Dass Fachkräfte aus den Bereichen Marketing und Personal an einem Strang ziehen, ist noch lange kein unternehmerischer Alltag. „Doch wer darüber noch immer diskutiert, hat den Zug womöglich schon verpasst", so Prof. Dr. Felicitas Morhart, Assistenz-Professorin für Marketing an der Université de Lausanne, im Rahmen eines Konferenzvortrags in Berlin 2011.

2010 fand auf Initiative von LEA Leadership Equity Association GmbH in Deutschland die erste Praxiskonferenz für interne Markenentwicklung, die „brand inside – Die Kraft der Marke kommt von innen" statt. Ziel der Veranstaltung war unter anderem, die Fachbereiche Personal, Marketing und Kommunikation miteinander über Markenentwicklung ins Gespräch zu bringen. Es stellte sich als sehr schwierig heraus, für diese Konferenz Teilnehmer zu gewinnen. Die genannten Zielgruppen fühlten sich nämlich einfach nicht angesprochen. Sprachen wir beispielsweise mit der Personalleiterin eines Konzerns, die unter anderem für die globale Führungskräfteentwicklung zuständig war, so verwies sie uns bei den Stichworten „Internal Branding" und „markenorientierte Führung" an ihren Kollegen im Marketing, da sie nichts mit Marke zu tun habe. Der Kollege im Marketing fühlte sich auch nicht als der richtige Adressat und verwies wieder auf die Personalabteilung. In einer Krisensitzung mit dem Veranstalter der Konferenz kamen wir zu dem Ergebnis, dass das Thema erst im Bewusstsein der Verantwortlichen Einzug halten muss. Wir fokussierten uns folglich bei der Teilnehmerakquise auf ausgewiesene Experten, verabschiedeten uns von dem Gedanken, mehr als 150 Teilnehmer zu bekommen, und freuten uns auf eine kleine und feine Veranstaltung mit „Insidern". Mit viel Kraftaufwand und „friends & family-Tarifen" wurden es dann ca. 80 Teilnehmer. Der Erfolg der Veranstaltung und die überbordende Begeisterung der Teilnehmer entschädigte uns allerdings für die Anlaufschwierigkeiten. „Es ist längst überfällig, dass sich Personaler, Marketeer und Kommunikationsexperten an einen Tisch setzen", so Sirka Laudon, damals Leiterin Personalentwicklung und Personalmarketing bei Otto GmbH & Co. KG. Nils Becker, Fachreferent Personal bei der Techniker Krankenkasse strahlte: „Gelungene Veranstaltung, die mir einen neuen Einblick in das Thema interne Markenentwicklung ermöglicht hat. Sehr gut gemacht. Nehme zahlreiche Impulse mit." Es hagelte Testimonials für die Praxiskonferenz „brand inside". Doch es blieb für uns ein schaler Beigeschmack, da klar geworden war, wie sehr das Thema noch in den Kinderschuhen steckt. Bestärkt von der positiven Resonanz wiederholten wir 2011 die „brand inside" – und mussten feststellen, dass es diesmal noch schwieriger war, genügend Teilnehmer zur Konferenz zu bekommen. Und es schien fast unmöglich, Referenten zu finden, die ausgewiesene Expertise in den Themen mitbrachten oder über Praxisbeispiele aus ihren Unternehmen berichten konnten. Trotzdem gelang es uns, wieder eine Konferenz auf die Beine zu stellen, die überschwängliche Resonanz bekam. Der Konferenzveranstalter verriet uns, dass er noch nie so viele positive Rückmeldungen zu einer Konferenz bekommen habe. Ob es die Konferenz nochmal geben wird, diskutieren wir aktuell mit dem Veranstalter, der nachvollziehbare Sorgen um die Kosten-Nutzen-Relation hat. In der internen Markenentwicklung verbirgt sich auf jeden Fall viel Potenzial. Doch es zeigt sich immer wieder, dass für das Thema erst ein Bewusstsein geschaffen werden muss. So musste in Österreich zweimal ein Seminar zum Thema „Marke und Personalarbeit" aufgrund mangelnder Teilnehmerzahlen ausfallen. Doch es gibt auch immer wieder Positives zu vermelden bzw. positives Feedback: „Mit jedem Monat der praktischen Umsetzung des LEA Leadership Branding Konzepts bin ich noch mehr davon überzeugt. Und einer der Schlüssel ist die veränderte intensivere Zusammenarbeit mit den Markenverant-wortlichen in unserem Unternehmen. Das Fragezeichen hinter der ‚neuen Symbiose' gibt es für mich nicht mehr. Es ist ein dickes Ausrufezeichen geworden", so Christian Kaiser, Leiter Personalstrategie bei DATEV eG.

Kurzes Fazit

Leadership zu entwickeln ist ein strategisches Querschnittsthema, wird aber selten als solches in der Organisation verankert. Auch nicht viel besser sieht es bei der organisationalen Verankerung einer Marke aus, obwohl klar ist, dass Markenführung bestimmte Strukturen, Prozesse, Informations- und Anreizsysteme braucht (Burmann et al. 2007), um erfolgreich durchgeführt werden zu können. Geschäftsprozesse müssen so strukturiert werden, dass sie die Zusammenarbeit der Verantwortlichen an den Querschnittsthemen unterstützen. Marketing, Kommunikation und Personal sind strategische Unternehmensfunktionen. Ihr oberstes Ziel muss es sein, Themen in allen Unternehmensprozessen konsequent durchzu-setzen, und zwar gemeinsam. Da es sich beim Leadership Branding um einen marken-strategisch fundierten Organisationsentwicklungsprozess handelt, braucht es die Kompe-tenzen verschiedener Fachabteilungen. Die Kompetenz, einen Organisationsentwicklungs-prozess durchzuführen, ist in der Mehrzahl der Unternehmen wahrscheinlich am ehesten in der Personalabteilung vorhanden. Dort arbeiten am ehesten Menschen mit psycholo-gischem oder pädagogischem Fachhintergrund. Die Kompetenz, interne Kommunikation strategisch zu konzipieren und operativ in geeignete Maßnahmen zu übersetzen, findet sich meist im Marketing oder im eigens dafür eingerichteten Ressort der Unternehmens-kommunikation. Beide Kompetenzen sind sehr nützlich, um Führungskräfte darin zu un-terstützen, ihre eigene Rolle und Aufgabe zu hinterfragen und zu spezifizieren oder zu verändern. Doch statt einer gemeinsamen Verantwortung ist zu beobachten, dass sich die Bereiche hinter ihren eigenen Begrifflichkeiten verstecken. Marketing redet von „Marke", die Unternehmenskommunikation von „Leitbild oder Vision" und Human Resources von „Werten oder Kultur". Hinzu kommen weitere Fachbegriffe wie Corporate Branding, CEO-Kommunikation oder Diversity-Management. Im Ergebnis sind Führungskräfte und Mit-arbeiter völlig verwirrt statt darüber orientiert, was von ihnen erwartet wird. Hier scheint es in den Unternehmen große Defizite zu geben. Eine Umfrage der LEA Leadership Equity Association unter 400 Entscheidern (Personal, Marketing, Kommunikation und Geschäfts-leitung) aus dem Frühjahr 2009 ergab, dass mehr als 70 Prozent der großen Unternehmen in Deutschland ihren Führungskräften keine klare Orientierung geben, wofür sie stehen (LEA 2009). Doch es gibt auch viele Positivbeispiele. In den Unternehmen entstehen neue Funktionen, die allein in der Bezeichnung ein Zusammenspiel der Disziplinen postulieren: „Brand Behavior Manager", „Leiter Employer Branding" oder „Internal Brand Developer".

▸   Leadership Branding ist ein Querschnittsthema und sollte in Unternehmen in-terdisziplinär aufgegriffen und umgesetzt werden.

Feinzeichnung des Leadership Branding – Abgrenzung und Einordnung

In diesem Kapitel möchte ich die Grenzen des Leadership Branding aufzeigen. Das Leadership Branding Konzept wird aus diesem Grunde in bestehende Theorien und Begriffswelten eingeordnet und auch entsprechend abgegrenzt. Auf diese Weise kann Leadership Branding mehr und mehr Gestalt annehmen.

Grenzen von LB

2.1 Markendschungel

Ariel oder Persil? Was eine Produktmarke ist, ist den meisten Leuten klar. In den letzten Jahren hielt ein neuer Begriff Einzug in die Markenbegriffswelt: die Unternehmensmarke (Corporate Brand). Im Fall Ariel wäre das Procter & Gamble und hinter Persil steht das Unternehmen Henkel. Beide Konzerne haben vor gar nicht allzu langer Zeit entdeckt, dass es sinnvoll ist, dass nicht nur ihre Produkte bekannt sind, sondern dass man sie auch als Unternehmen insgesamt wahrnimmt.

In der Tat rückt seit einigen Jahren das Unternehmen selbst stärker in den Vordergrund der Marketing- und Kommunikationsverantwortlichen. Laut einer Befragung international agierender Unternehmen mit Sitz in Europa ist diese Entwicklung zurückzuführen auf eine gestiegene Bedeutung der Kapitalmärkte, eine aufmerksamere und kritischere Öffentlichkeit, die Forderung nach mehr Transparenz, unternehmensinterne Koordinations- und Identifikationsprobleme, Schwierigkeiten der Produktdifferenzierung sowie die Notwendigkeit, Synergiepotenziale zu schaffen (Einwiller und Will 2002).

Nun stellt sich die Frage: Wie wird ein Unternehmen zu einer Marke? „Während eine Produktmarke kreiert werden kann, basieren die Inhalte der Unternehmensmarke auf der Unternehmensidentität. Diese kann zwar geformt, jedoch nur in begrenztem Maße kreiert werden" (vgl. Einwiller 2007, S. 114). Nur wenn die Unternehmensmarke die Kultur des Unternehmens widerspiegelt, gelingt es Unternehmen, Markenversprechen auch zu leben und glaubwürdig zu sein. Darüber hinaus richtet sich eine Unternehmensmarke nicht nur an Kunden, wie dies bei Produktmarken der Fall ist, sondern an alle Märkte und alle Ziel-

C. Grubendorfer, *Leadership Branding*, DOI 10.1007/978-3-8349-3706-3_2,
© Gabler Verlag | Springer Fachmedien Wiesbaden GmbH 2012

gruppen. An die Entwicklung einer Unternehmensmarke werden demnach ganz andere Anforderungen gestellt als an die Entwicklung einer Produktmarke.

Nicht alle Markenverantwortlichen haben diesen ganzheitlichen Blick auf die Unternehmensmarke und haben nicht bedacht, dass von ihr nicht nur Kunden angesprochen werden sollen, sondern z. B. auch Bewerber und die eigenen Mitarbeiter. Deshalb entstand jüngst eine weitere Bewegung, die den Begriff Employer Branding ins Leben rief. Die Arbeitgebermarke (Employer Brand) hat zum Ziel, ein Unternehmen als attraktiven Arbeitgeber im Arbeitsmarkt zu positionieren. Die Aussage: „Denkt bei der Markenentwicklung auch an den Arbeitsmarkt!"

Damit nicht genug. Auch die Erkenntnis, dass man als Unternehmen nichts versprechen sollte, was man nicht halten kann, hat sich noch nicht überall durchgesetzt. Und dass die Unternehmensmarke deshalb aus der Kultur des Unternehmens heraus entwickelt werden sollte, um zu vermeiden, dass eine Markenpositionierung unglaubwürdig ist, hat sich auch noch nicht rumgesprochen. Deshalb sind jede Menge Markenstrategien entwickelt worden, die zunächst mal auf Papier geschrieben stehen. Wie man diese Markenstrategie nun im Unternehmen zum Leben erweckt, damit beschäftigt sich das „Internal Branding", die innengerichtete Markenführung. Haufschild (2010a) erklärt Internal Branding am Beispiel ERGO: „Die Versicherungsgruppe ERGO hat sich vor einigen Monaten aus verschiedenen Versicherungsgesellschaften zusammengeschlossen und eine eigene Unternehmensmarke kreiert. Die Marke ERGO wurde im Markt mit einer sehr starken Kampagne präsentiert: „ERGO – versichern heißt verstehen". Durch dieses Auftreten hat das Unternehmen eine starke Erwartungshaltung geschaffen. Um diese Erwartungen nun auch zu erfüllen, braucht ERGO eine starke interne Identifikation der Mitarbeiter mit der Marke. Nur so können sie das, was das Unternehmen nach außen verspricht, auch halten. Erst dann deckt sich das Versprechen des Unternehmens mit dem tatsächlich wahrgenommen Handeln."

Die verschiedenen Markenbegriffe, insbesondere Employer Branding und Internal Branding, sind etabliert worden, um darauf hinzuweisen, dass Corporate Branding nicht richtig gemacht wird. Würde die Entwicklung einer Unternehmensmarke von innen nach außen erfolgen, bräuchte es kein Internal Branding. Und würden dabei die Mitarbeiter und die Bewerber berücksichtigt, die sich vor allem für das Gesicht der Marke im Arbeitsmarkt interessieren, bräuchte es auch kein Employer Branding. „Diese Branding-Begriffe wurden also ins Leben gerufen, um zu erinnern – sie sind die gelben ‚Post-it-Klebezettel' für die Markenentwicklung in Unternehmen" (vgl. Haufschild 2011a).

Und so ist auch der Begriff Leadership Branding aus der Not heraus geboren worden, um den für die Markenentwicklung verantwortlichen Personen in Unternehmen „einen Denkzettel zu verpassen": Marke und Führung sind zwei Seiten derselben Medaille! Abbildung 2.1 verdeutlicht die Unterschiede.

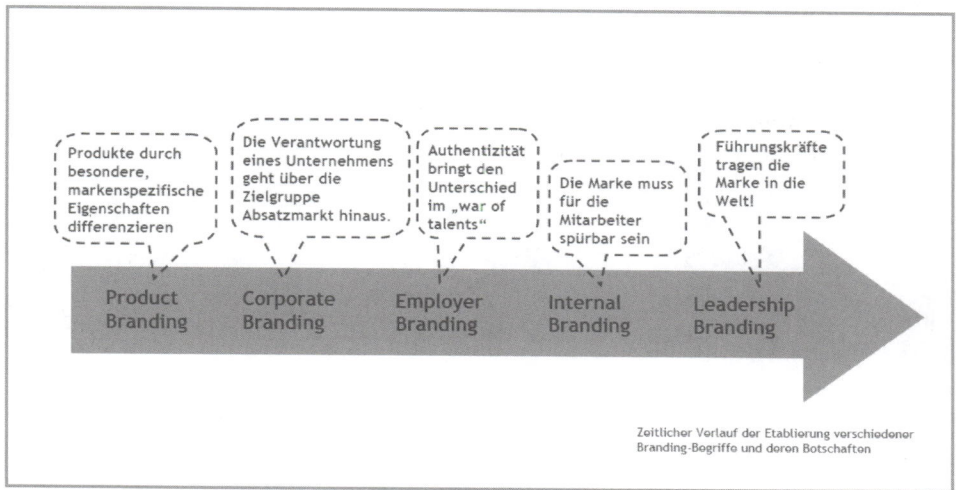

Abb. 2.1 Etablierung verschiedener „Branding-Begriffe" nach Haufschild 2011a

2.2 Die Kraft der Marke kommt von innen

Um das Konzept des Leadership Branding markentheoretisch zu fundieren, hilft ein Blick auf den identitätsbasierten Ansatz der Markenführung (Burmann und Meffert 2005), der sich der Erkenntnisse der Psychologie bedient und von vielen Markenforschern bis vor Kurzem noch vernachlässigt wurde. Nun häufen sich aber Publikationen zur innengerichteten Perspektive, also dem Gedanken, dass eine Marke nur von innen heraus stark sein kann. „Das Konzept der identitätsbasierten Markenentwicklung geht über die einseitige Ausrichtung an der Wahrnehmung der Marke beim Nachfrager (Markenimage) hinaus. Die klassische Outside-in-Perspektive der Marke wird um eine Inside-out-Perspektive ergänzt (Abb. 2.2). Diese analysiert das Selbstbild der Marke aus Sicht der internen Zielgruppen (…). Dieses Selbstbild wird als Markenidentität bezeichnet" (vgl. Burmann et al. 2007, S. 4). Während es sich bei dem geläufigeren Begriff des Markenimage darum dreht, wie eine Marke von außen wahrgenommen wird, also z. B. von Konsumenten, handelt es sich bei der Markenidentität um das Selbstbild, das die Mitglieder einer Organisation von ihrer Marke haben. Es ist mit Marken wie bei uns Menschen auch. Kein Individuum hat die Macht darüber, wie es bzw. sein Verhalten von anderen verstanden wird (vgl. Simon 2007, S. 36). Wir haben keinen unmittelbaren Einfluss darauf, wie andere uns sehen, was sie von uns halten, ob sie uns mögen oder nicht, ob sie uns zum Geburtstag gratulieren oder gar nicht an uns denken, was sie über uns erzählen, ob sie bei uns bleiben, auch wenn es schwierig wird, oder uns gar ihre Liebe schenken. All das können wir nicht erzwingen. Wir können es uns lediglich wünschen und Dinge tun, die eventuell dazu beitragen, dass es so passiert, wie wir

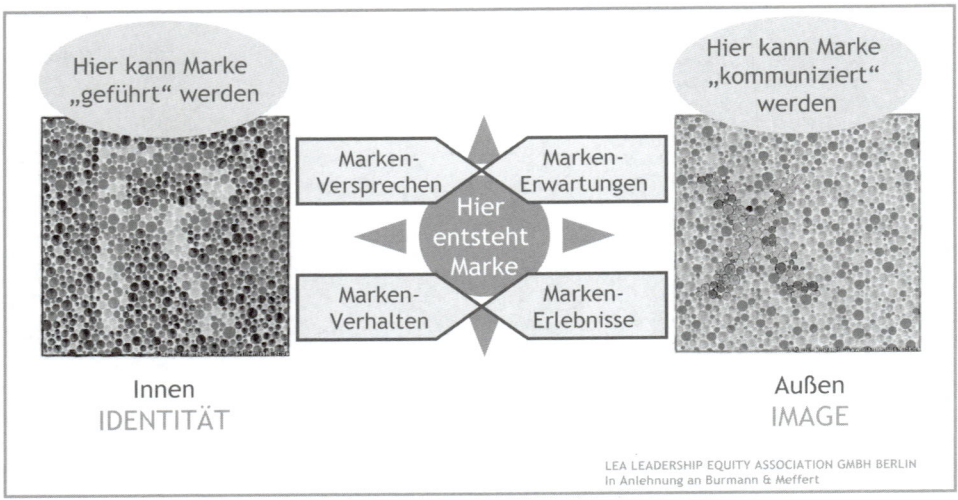

Abb. 2.2 Die Kraft der Marke kommt von innen (eigene Darstellung)

es uns wünschen. Wenn wir eine Freundin immer an ihrem Geburtstag anrufen, so wird sie es eventuell ebenso mit uns tun, doch eine Garantie gibt es dafür nicht. Unser Image, das Bild, das sich andere von uns machen, ist nicht direkt beeinflussbar. Wir müssen den Dingen ihren Lauf lassen. Ob wir wollen oder nicht. Jede Menge Einfluss haben wir aber darauf, wie wir uns selbst sehen, wie wir mit uns selbst umgehen, ob wir uns gesund ernähren oder nicht, uns bewegen oder nicht, welche Werte wir im Leben schätzen, wie wir uns anziehen, mit welchen anderen Menschen wir uns umgeben, wie wir unser Leben gestalten, ob wir heiraten oder ledig bleiben, eine Auslandsreise planen oder lieber an die Nordsee in den Urlaub fahren. Wir können entscheiden. Unser Gestaltungsbereich ist riesengroß, auch wenn manche Menschen ihren Fokus eher auf die Dinge lenken, die sie nicht verändern können, und dadurch gefühlt wenig Einfluss auf ihr Leben haben. Es ist natürlich alles eine Frage der Perspektive. Unsere Identität, unser Selbst können wir spüren, und wir haben die Möglichkeit, es zu beeinflussen, sogar ganz direkt. Zurück zu den Marken: Während sich ein externes Markenimage der direkten Kontrolle der in einem Unternehmen für dieses Thema verantwortlichen Personen entzieht, ist die interne Markenidentität leichter zugänglich und beeinflussbar. „Während die Markenidentität im Unternehmen durch den Managementprozess der Markenführung gezielt gestaltet werden kann, formt sich das Fremdbild der Marke bei den verschiedenen externen Zielgruppen erst zeitverzögert und über einen zumeist längeren Zeitraum. Es schlägt sich letztlich im Image der Marke nieder. Das Markenimage ist somit als ein Marktwirkungskonzept zu interpretieren. Es stellt kein Managementkonzept dar, denn um im Markt positiv bewertet und akzeptiert zu werden, muss die Marke zunächst konzipiert und identitätskonform geführt werden" (vgl. Burmann et al. 2007, S. 5).

Die identitätsbasierte Markenführung beschäftigt sich im Gegensatz zu allen anderen Markenführungsansätzen vor allem mit dem „Innen", der Entwicklung einer Markeniden-tität durch Mitarbeiter und Führungskräfte eines Unternehmens, und nicht vorrangig mit dem „Außen", den marktorientierten Aspekten wie externer Kommunikation und dem Aufbau eines Markenimages. Statt sich zu fragen, welche Erwartungen die externen Ziel-gruppen an das Unternehmen haben und wo noch „Platz im Markt" ist, um sich als Marke zu positionieren, steht die Frage nach den eigenen Stärken, dem eigenen Anspruch, den ei-genen Zielen und dem, was tatsächlich machbar ist, im Vordergrund: „Wer sind wir, wofür stehen wir, was macht uns aus und eventuell sogar einzigartig, und wo wollen wir hin?" Die Mitglieder einer Organisation wie Unternehmensleitung, Führungskräfte und Mitarbeiter prägen und erschaffen die Marke, indem sie gemeinsame Überzeugungen, Werte, Eigen-schaften und Verhaltensweisen teilen und sich dadurch von anderen Gruppen abgrenzen und unterscheiden. Die Identität ist die eigentliche Substanz einer Marke und prägt den Charakter der Marke. Es sei kurz angemerkt, das die „Wo-ist-Platz-im-Markt?"-Variante durchaus noch ihre Berechtigung hat bei der Entwicklung von einigen Produktmarken im Bereich der FMCG „fast moving consumer goods". FMCG sind Produkte, die wenig kosten und schnell verkauft werden. Doch bei FMCG nehmen es Verbraucher auch nicht so ge-nau. Behauptete Vorteile wie „wäscht weißer als weiß" ringen uns ein Lächeln ab, machen uns aber in der Regel nicht wütend. Wir wissen zwar, dass wir angeflunkert werden, doch ist uns das nicht so wichtig, wenn es lediglich um den Kauf eines Waschmittels geht. Sensi-bler sind wir, wenn wir viel Geld für ein Produkt ausgeben (Auto), unsere Sicherheit oder Gesundheit betroffen sind (Fahrstuhl, Medikamente), Geld anlegen wollen (Aktienkauf) oder die Entscheidung für einen Arbeitsplatz treffen.

Neben der sicherlich immer wieder ins Auge zu fassenden Marktsicht ist es für die Ent-wicklung einer Marke unbedingt notwendig, innen, bei der Identität, zu beginnen und dann von innen nach außen zu denken – nicht umgekehrt. Nur so kann eine Marke au-thentisch, konsistent und damit glaubwürdig und letztlich erfolgreich wirksam sein. Der Eindruck von Authentizität und damit Vertrauen in eine Marke entsteht, wenn Schein und Sein als übereinstimmend empfunden werden. Dies kann einem Unternehmen nur dann gelingen, wenn Taten und Worte zusammenpassen, immer. Es ist deshalb notwen-dig, dass die Versprechen der Marke in allen Situationen, in allen Kontaktpunkten, die z. B. ein Kunde mit dem Unternehmen hat, gehalten werden. Diese Konsistenz zwischen Markenversprechen und Markenerlebnissen macht eine Marke stark und erfolgreich. „Nur wenn eine Marke das hält, was sie in ihrer werblichen Kommunikation verspricht, ist sie glaubwürdig und hat eine in sich konsistente Markenidentität. Und nur dann wird sie ver-haltensrelevant, d. h. für die Zielgruppe der Konsumenten: kaufverhaltensrelevant" (vgl. Zeplin 2006, Vorwort).

Wie kann das erreicht werden? Es kann jedenfalls überhaupt nur dann gelingen, wenn alle Organisationsmitglieder wissen, welche Versprechen sie zu halten haben, und moti-viert sind, diese Versprechen zu erfüllen. Im besten Fall finden sie sogar ihre eigenen Ideen in diesen Versprechen wieder, weil sie in die Markenentwicklung von Anfang an einbe-zogen waren, anstatt die Marke lediglich vermittelt zu bekommen. Und authentisch kann eine Marke überhaupt nur dann sein, wenn das Verhalten innerhalb des Unternehmens – im Miteinander – auch dem Verhalten nach außen, z. B. gegenüber Kunden und Bewerbern, entspricht. Es liegt auf der Hand, dass der Weg zu konsistentem Mitarbeiterverhalten über die Führungskräfte führen muss. Führungskräfte sollten hier signalisieren, was genau von den Mitarbeitern erwartet wird. „Der einzig effektive Weg, einen Wert zu kommunizieren, ist in Übereinstimmung mit ihm zu handeln und damit anderen den Anreiz zu geben, dasselbe zu tun"[1] (Larkin und Larkin 1996, S. 50). Führungskräfte müssen Repräsentanten und Vermittler der Marke sein. Je höher ihr Rang, je wichtiger ihre Funktion im Unternehmen, desto stärker ihr Einfluss auf Entscheidungen im Sinne der Marke (Ehren 2005).

Beispiel

Welchen Eindruck hinterlässt wohl der Werksleiter eines Baustoffherstellers bei seinem Rundgang durch die Produktion, wenn er einen Key-Account-Kunden, der zusammen mit dem Verkäufer in der Halle steht, keines Blickes würdigt, sondern stattdessen mit der hübschen Auszubildenden flirtet, die heute als Teil ihrer Ausbildung einen Tag als „Schatten" des Werksleiters mitlaufen darf? Da kann sich das Unternehmen noch so sehr bemühen, seinen Verkäufern den Markenwert „Präsenz beim Kunden" nahezubringen. Der Werksleiter führt dieses Markenversprechen ad absurdum. Da kann der Verkäufer noch so präsent im Gespräch mit dem Kunden gewesen sein, das Markenerlebnis des Kunden wird an diesem Tag sehr viel stärker durch die Ignoranz des Werkleiters geprägt sein als durch seine Begegnung mit dem Verkäufer. Für den Verkäufer gab es leider auch nichts Positives von seinem Werksleiter abzuschauen und der Auszubildenden war die Situation im besten Fall einfach nur unangenehm. Wie viel passender wäre es gewesen, wenn der Werksleiter zusammen mit der Auszubildenden auf den Kunden zugegangen wäre, sich nach seiner heutigen Zufriedenheit beim Einkauf erkundigt, bei der Gelegenheit die Auszubildende vorgestellt, den Verkäufer gelobt und sich dann dankend und einen schönen Tag wünschend wieder verabschiedet hätte? Das hätte jedenfalls Präsenz beim Kunden und gleichzeitig Verbundenheit mit der Marke gezeigt.

2.2.1 Brand Commitment

Das Ausmaß der psychologischen Verbundenheit eines Mitarbeiters mit der Marke wird als Brand Commitment bezeichnet (Zeplin 2006, S. 85). Häufig wird zum Vergleich die Definition von Mowday, Porter und Steers von organisationalem Commitment zitiert: „die

---

[1] "The only effectice way to communicate value is to act in accordance with it and give others the incentive to do the same."

Identifikation und das Engagement für eine bestimmte Organisation"[2] (Mowday et al. 1982, S. 27). Brand Commitment unterscheidet sich vom organisationalen Commitment lediglich dahingehend, dass hier die Marke und nicht die Organisation Objekt der Bindung ist. Ich gehe davon aus, dass sich beides stark vermischt und ein Mitarbeiter wahrscheinlich nicht sagen kann, ob er sich emotional eher mit der Marke oder eher mit der Organisation verbunden fühlt. Im Zweifel fühlt sich ein Mensch als soziales Wesen eher mit anderen Menschen verbunden als mit etwas Abstraktem. Es stellt sich an dieser Stelle die Frage, wie sich eine Marke „vermittelt" – letztlich auch nur durch Personen und ihre Kommunikation. Die direkte Führungskraft sowie die Führung des Unternehmens insgesamt dürften einen hohen Einfluss auf die Verbundenheit einer Person mit einem Unternehmen haben. „Eine Befragung der International Survey Research Corp. unter mehr als 350.000 Mitarbeitern in 40 Unternehmen in den USA zeigt, dass die Qualität der Führung im Unternehmen insgesamt und der Führung des direkten Vorgesetzten wesentliche Treiber für die Ausprägung ihres organisationalen Commitment sind" (vgl. Burmann et al. 2007, S. 18). Es ist davon auszugehen, dass das Commitment eines Mitarbeiters einen Einfluss darauf hat, wie motiviert er ist, Markenversprechen zu leben. Brand Commitment kann vor allem durch Führung erlangt werden. Leadership Branding trägt durch die Vermittlung der Marke durch Führung zur Verbundenheit mit der Marke bei.

Da die Erkenntnisse der innengerichteten Markenführung von den „klassischen" Markenführungsansätzen vernachlässigt werden und deshalb noch nicht so stark Einzug in die unternehmerische Praxis genommen haben, fällt es gerade großen Unternehmen schwer, Markenkonzepte auch tatsächlich erfolgreich umzusetzen. Es fehlt ihnen die Unterstützung der Führungskräfte und Mitarbeiter. Die Hälfte der in einer Studie befragten deutschen Entscheidungsträger geben an, Markenziele nicht erreicht zu haben (Lensker 2004). Erst wenige Unternehmen haben den identitätsbasierten Ansatz konsequent umgesetzt. Es besteht noch großer Handlungsbedarf im Hinblick auf die Sensibilisierung der Entscheider in den Unternehmen für diese Herangehensweise an Marke (vgl. Zeplin 2006, S. 235).

Beispiel

Umgesetzt wurde der identitätsbasierte Ansatz (ob bewusst oder nicht) bei dm. Die Drogeriemarktkette hat in den vergangenen Jahren einen enormen Wachstumskurs eingeschlagen. Am Umsatz gemessen ist dm mittlerweile eine starke Nummer zwei im Markt (Stand 2010, Quelle Lebensmittelzeitung 2011). Immer kürzer wird der Abstand zu Marktführer Schlecker, der parallel deutlich Marktanteile verloren hat. Der Erfolg von dm wird von einem hervorragenden Markenimage befeuert: Die Kunden lieben die attraktiven Produkte und großzügigen, freundlichen und ambientestarken Märkte. dm gilt außerdem als vorbildlicher Arbeitgeber im Einzelhandel, einer Branche, die sonst eher durch Lohndumping oder Bespitzelung von Mitarbeitern wie bei Schlecker und LIDL in Verruf gerät. Selbst im Kampf um attraktive Standorte zahlt sich das po-

---

[2] "The relative strength of an individuals identification with and involvement in a particular organisation."

sitive Image aus. Fachmarktzentren nehmen dm gerne als Mieter, denn die beliebten Märkte sind ein Frequenzbringer: Die Käufer kommen extra wegen ihnen in das Einkaufszentrum (vgl. FAZ 2009). Dieses hervorragende Image der Marke entwickelte sich ganz im Einklang mit der Identität des Unternehmens und der Idee des Gründers Götz Werner. In einer Branche, die auf Preiskampf setzt, sticht Werners Haltung heraus: Er baute sein Unternehmen im Sinne von Rudolf Steiners Anthroposophie auf. Werner selbst betrachtet Anthroposophie übrigens nicht als Religion oder Ideologie, sondern als Wissenschaft, die ihm hilft, die Gesetzmäßigkeiten in der Entwicklung von Menschen und Gemeinschaften besser zu verstehen (dm 2011). In diesem Geiste steht dm für Menschenfreundlichkeit im Handel, und diese Idee zieht sich konsequent durch alle Auftritte und Aktivitäten der Marke. Der Claim lautet: „Hier bin ich Mensch, hier kauf' ich ein". Die Mitarbeiter heißen „Arbeitsgemeinschaft" und erfahren bei dm große Wertschätzung, Weiterbildung und außergewöhnliche Möglichkeiten zur autonomen Mitgestaltung ihres Arbeitsbereiches. So können bei dm die Teams in Filialen deutlich mehr selbst entscheiden als bei anderen Einzelhandelsketten (Berliner Morgenpost 2011). Die besondere Arbeitgeberpositionierung strahlt natürlich wieder in den Absatzmarkt zurück. Die Kunden erleben in dm-Märkten positiver eingestelltes Personal und höhere Beratungskompetenz als z. B. bei Schlecker. So trägt die identitätsbasierte Positionierung der Marke und die konsequente Ausrichtung der Unternehmensführung an klaren Werten zum Markterfolg bei: Kunden gehen lieber zu dm als zu Schlecker, und das Unternehmen dm wächst und wächst. Am Beispiel von dm zeigt sich der große Nutzen des identitätsbasierten Ansatzes für Unternehmen: Eine Marke, die eine starke Idee verkörpert, sich aus einer speziellen Unternehmenskultur heraus entwickelt hat und deren Identität konsequent nach außen getragen wird, kann enorme Kraft entfalten.

Im identitätsbasierten Ansatz und seinem großen Nutzen für Unternehmen steckt viel hilfreiches Gedankengut für das Konzept des Leadership Branding. Wichtig für das Verständnis des identitätsbasierten Ansatzes und auch für das Leadership Branding ist, dass es sich hierbei nicht um ein Projekt handelt, das einmal durchgeführt und irgendwann abgeschlossen ist, sondern vielmehr um einen kontinuierlichen Prozess mit klaren Verantwortlichkeiten. Eine einmalige Anstrengung schafft keine starke Marke, vielmehr dauert es lange, bis das nötige Ausmaß an Brand Commitment bei den Mitarbeitern erreicht ist (vgl. Zeplin 2006, S. 236). Absender aller Anstrengungen sollte idealerweise Vorstand bzw. Geschäftsleitung sein, um die erforderliche Priorisierung des Vorhabens zu gewährleisten.

▶   Leadership Branding stützt sich auf den identitätsbasierten Ansatz der Markenentwicklung.

2.2.2 Identitätsbasierter Ansatz

Der identitätsbasierte Ansatz wird häufig als Implementierungsansatz fehlinterpretiert und mit der innengerichteten Markenführung „in einen Topf geworfen". Vertreter dieser Sichtweise gehen davon aus, dass zunächst die Marke entwickelt wird, und es dann ein Instrumentarium geben muss, mit dessen Hilfe diese Marke implementiert, also den Mitarbeitern vermittelt wird. Ziel der Implementierung ist, dass Mitarbeiter die Marke in ihr Verhalten integrieren und in Folge dessen eine zur Marke passende Kundenerfahrung entstehen lassen können (Zeplin 2006). Um sicherzustellen, dass Mitarbeiter das Markenversprechen eines Unternehmens auch einlösen können und wollen, sollten sie jedoch bereits in die Entwicklung des Markenversprechens einbezogen werden (Schmidt 2007). Und so sollte der identitätsbasierte Markenentwicklungsansatz auch verstanden werden, denn in diesem Gedanken steckt der Unterschied zu den klassischen Markenführungskonzepten.

Aus Verhalten, Meinungen und Einstellungen der Organisationsmitglieder lassen sich die Grundsteine der Markenidentität ableiten:

- Was macht uns aus?
- Wie kommunizieren wir miteinander?
- Welchen gemeinsamen Fokus haben wir?
- In welcher Unternehmenswelt leben wir hier zusammen?
- Was macht uns besonders?
- Wo kommen wir her und wo wollen wir hin?
- Was von all dem, was wir heute tun, sollten wir weiter verfolgen, um unsere Ziele zu erreichen?
- Und was muss sich unbedingt verändern?

Selbstverständlich sind nicht alle Antworten auf diese Fragen relevant für eine Markenpositionierung, doch sie geben viele wertvolle Hinweise darauf, was eine Marke versprechen kann, um glaubwürdig (und damit erfolgreich) zu sein und auch, wo die Grenzen des Machbaren liegen. Anzusetzen ist bei der Frage: „Was können wir mit Fug und Recht über uns sagen?" Denn zu weit von der aktuellen Situation sollte eine Markenpositionierung nicht sein, da sie ansonsten nicht gelebt werden kann und es dem Unternehmen eher Schaden zufügen würde. Mitarbeiter sind die wichtigste Informationsquelle für die Entwicklung eines Markenversprechens. Dass sie durch die intensive Einbeziehung später auch motivierter sind, die Marke zu vertreten und zu leben, ist ein wichtiger Nebeneffekt, doch nicht das Hauptanliegen. Es wird in großen Unternehmen nicht möglich sein (und auch nicht nötig), alle Mitarbeiter einzubeziehen. Es geht vielmehr um eine heterogene Auswahl von Mitarbeitern. Methodisch gesehen ist das auch legitim, da nach einer recht kleinen Anzahl von befragten Mitarbeitern bereits ein Deckeneffekt zu erwarten ist, was bedeutet, dass keine weiteren Erkenntnisse generiert werden, wenn noch weitere Mitarbeiter befragt würden (Kolbe 2006).

Für das Alignement zwischen Marke und Führung ist es von großem Interesse, zusätzlich zu den oben gestellten Fragen die aktuelle Führungskultur zu beleuchten.

- Wie wird geführt?
- Wofür stehen die Führungskräfte?

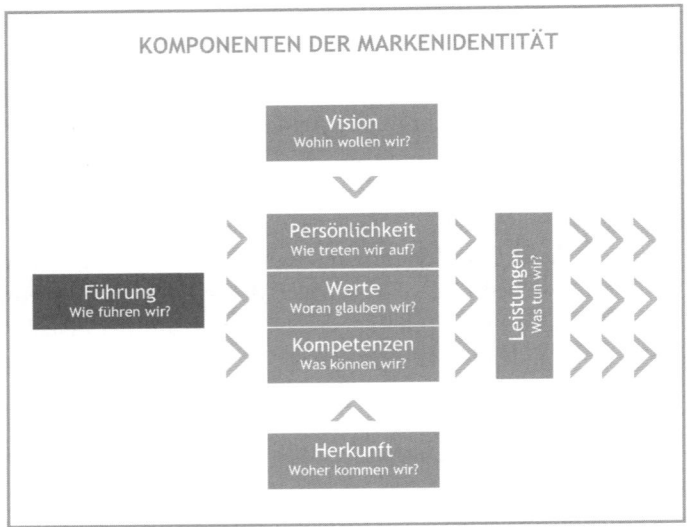

Abb. 2.3 Komponenten der Markenidentität (eigene Darstellung, angelehnt an Burmann et al. 2007, S. 5)

- Gibt es bereits so etwas wie ein gemeinsames Führungsverständnis?
- Verstehen sich die Führungskräfte insgesamt als Führungsmannschaft?

Auch zur Beantwortung dieser Fragen ist eine Befragung einzelner Mitarbeiter unbedingt notwendig, da es meist Unterschiede darin gibt, wie Führungskräfte sich selbst wahrnehmen und wie sie von ihren Mitarbeitern gesehen werden. Führungskräfte schätzen ihre Kompetenzen selbst höher ein (Abati 2001).

Die von Burmann, Meffert und Feddersen (2007, S. 5) genannten Komponenten der Markenidentität: „Herkunft, Kompetenzen, Werte, Persönlichkeit, Vision und Leistungen", möchte ich deshalb gerne um „Führung" ergänzen, wobei Führung gleichzeitig alle anderen Komponenten mit prägt oder beeinflusst (siehe Abb. 2.3). So lassen sich auf die Frage: „Wo kommen wir her?" meist schöne Geschichten über Gründer, Traditionen oder eine starke Idee erzählen, die am Anfang stand. Die Antworten auf die Fragen „Was können wir?", „Woran glauben wir?", „Wie treten wir auf?" und „Wohin wollen wir?" werden maßgeblich durch die Unternehmensführung geprägt. Die Leistungen – „Was tun wir?" – sind dann meist die Konsequenz aus den anderen Komponenten.

2.3 Markenorientierte Führung – Begriff bereits vergriffen

Zu Beginn meiner Beschäftigung mit dem Thema Leadership Branding benutzte ich „markenorientierte Führung" als deutsche Übersetzung für Leadership Branding. Aus heutiger Sicht möchte ich das revidieren, denn das Konzept der markenorientierten Führung ist bereits mit anderer Bedeutung belegt. Während beim Leadership Branding die Inhalte wichtig sind, die durch die Formulierung eines markenspezifischen Führungsverständnisses in die Führungskommunikation gelangen, wird im Zusammenhang mit markenorientierter Führung eine Führungsstildebatte geführt. (Mit Führungskommunikation ist die Kommunikation zwischen Führungskräften und anderen Personen gemeint.)

Der Begriff „markenorientierte Führung" taucht vor allem in Publikationen zum Internal Branding auf und wird in diesem Zusammenhang als einer von mehreren Hebeln betrachtet, um eine Marke im Unternehmen erlebbar zu machen. Zur Wiederholung: Internal Branding beschäftigt sich mit der innengerichteten Markenführung. Die Marke soll dadurch den Mitarbeitern vermittelt werden. Schmidt und Krobath (2010) ist es dabei vor allem ein Anliegen, das Internal Branding von der internen Kommunikation abzugrenzen: „Wenn jemand ein Konzept für interne Kommunikation erstellt, dann tut er das mit Bezug auf die Unternehmensstrategie oder auf Grund einer aktuellen Veränderungssituation. Sein Ziel dabei: Sinn/Identität stiften und informierte wie motivierte Mitarbeiter entwickeln. Das alles will Internal Branding auch – plus den Bezug zur Marke herstellen. Jede gesetzte Maßnahme unterstützt konkret benannte Markenwerte" (vgl. Schmidt und Krobath S. 21). Wie Abb. 2.4 illustriert, geht Internal Branding davon aus, dass eine Marke zunächst einmal entwickelt und dann auf verschiedenen Wegen zum Leben erweckt wird.

Burmann, Meffert und Feddersen (2007) sprechen in diesem Zusammenhang von internem operativen Markenmanagement und meinen damit, dass die strategischen Vorgaben der Marke durch die Ausgestaltung der Markenführungsinstrumente in konkrete Maßnahmen umgesetzt werden. Die interne Markenführungsebene könne in drei Bereiche unterteilt werden: das markenorientierte Personalmanagement, die innengerichtete Kommunikation und die markenorientierte Mitarbeiterführung. Oberstes Ziel der innengerichteten Markenführung sei die Generierung von Brand Commitment. Die Autoren nehmen an, dass die Kommunikationsmaßnahmen zur Umsetzung der Marke nur Erfolg haben, wenn sie von markenorientierter Mitarbeiterführung unterstützt werden. Führung soll den Kommunikationsmaßnahmen die entsprechende Glaubwürdigkeit und Dringlichkeit verleihen (vgl. S. 18). Markenorientierte Führung wird hier also als operative Maßnahme des Markenmanagements verstanden. Auch Schmidt und Krobath (2010) zitieren diese drei Hebel, um die Mitarbeiter zu informieren, zu involvieren und zu begeistern: markenorientierte (interne) Kommunikation, markenorientiertes Führen und markenorientiertes Personalmanagement.

Hier taucht der Begriff des markenorientierten Führens auf. Dabei geht es um die Beschreibung von Methoden, die Führungskräfte anwenden sollten, um markenorientiertes Verhalten ihrer Mitarbeiter zu fördern (vgl. Schmidt und Krobath 2010, S. 27–28):

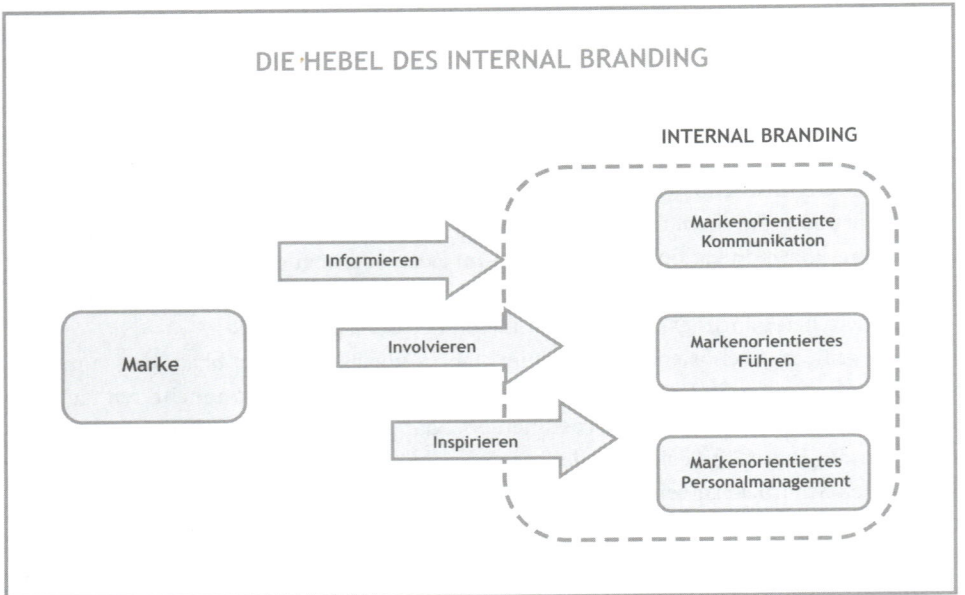

Abb. 2.4 Wie Hebel des Internal Branding (Schmidt und Krobath 2010, S. 25)

- *Führen mit Symbolen:* Hier gilt es, Mitarbeiter über anschaubare Elemente einer Marke immer wieder an die Bedeutung der Marke zu erinnern. Führungskräfte bei Hewlett Packard nutzten die Garage als Symbol für die Markenwerte Innovation, Erfindertum und Pragmatismus.
- *Mit Mitarbeitern in Workshops* über die Bedeutung der Marke diskutieren: Was bedeuten die Markenwerte für mein Verhalten am Arbeitsplatz?
- *Überlegen, wie sich die Marke im eigenen Führungsverhalten bemerkbar machen kann:* Was bedeutet der Markenwert „Nähe" für mein Verhalten gegenüber einer Mitarbeiterin?
- *Markenorientiertes Verhalten belohnen*, z. B. über Zielvereinbarungen und Bonussysteme.

Als zentrales Ziel markenorientierter Führung nennt Sonja Sackmann (2010) „dafür zu sorgen, dass die intendierte Marke nicht nur normative Sollvorstellung bleibt, sondern auch möglichst authentisch gelebt wird. Dies ist dann der Fall, wenn das in der Marke enthaltene Versprechen tagtäglich durch das entsprechende Verhalten der Führungskräfte und Mitarbeiter nach innen und außen gelebt und damit eingelöst wird" (vgl. Sackmann 2010, S. 51). Wie dies genau gelingen kann, wird nicht beschrieben. Sackmann geht in ihrem Artikel über markenorientierte Führung und Personalmanagement (2010) etwas weiter und zählt eine Reihe von personalstrategischen Voraussetzungen für die Unterstützung markenorientierter Führung auf. So müsse sich die Unternehmensführung ihrer Unternehmenskultur bewusst sein. Darüber hinaus sei es notwendig, dass Personalinstrumente genutzt werden, um die Führungsarbeit zu unterstützen und sowohl Führungskräfte als auch Mitarbeiter über gewünschtes Verhalten zu orientieren. Neue Mitarbeiter sollten nach unternehmenskulturellen Kriterien selektiert, in der Einarbeitungsphase mit der gewünschten Unternehmenskultur vertraut gemacht und in ihrem Sinne sozialisiert und weiterentwickelt werden. Führungskraft werden sollte nur, wer die Unternehmenskultur und Markenidentität verkörpere. Darüber hinaus sollte das Unternehmen die Erwartungen an Führungskräfte transparent machen, z. B. in Form eines Verhaltenskodex oder Führungsleitlinien. Schließlich müsse das Verhalten der Führungskräfte regelmäßig überprüft und mit Konsequenzen versehen werden.

2.3.1 Transformationale und transaktionale Führung

Schaut man sich weitere Publikationen über markenorientierte Führung an, so wird häufig das Führungsstilkonzept der „transformationalen Führung" als besonders nützlich ins Feld geführt. Beim Konzept transformationaler Führung geht es darum, Mitarbeiter dazu anzuregen, nicht nur im Eigeninteresse zu handeln und sich herausfordernde Ziele zu setzen (Bass 1999). Die „transformationale Führungskraft" trägt zu einer Einstellungsänderung der Mitarbeiter bei, spricht dabei den ganzen Menschen an, weckt Begeisterung und macht den Mitarbeiter selbst zu seiner eigenen Führungskraft. Dazu braucht es ein gewisses Maß an Charisma, Inspiration, intellektueller Stimulierung und individueller Ansprache des Mitarbeiters in Form von Coaching und Mentoring (Bass 1985). Sabrina Zeplin (2006) betont den wichtigen Einfluss der Führungskräfte auf die Verbundenheit der Mitarbeiter mit der Marke (Brand Commitment): „Eine besonders starke Wirkung auf das Brand Commitment (…) geht von der Führung aus. Hierbei ist sowohl die Vorbildfunktion der Führungskräfte zu beachten als auch ihre Möglichkeiten der Einflussnahme auf die Einstellungen der Mitarbeiter durch transformationale Führung" (vgl. Zeplin 2006, S. 235). Den positiven Einfluss transformationaler Führung auf markenkonformes Verhalten von Mitarbeitern konnte auch Felicitas Morhart (2009) belegen.

Der transformationalen Führung wird die „transaktionale Führung" gegenübergestellt, die im Gegensatz zur transformationalen Führung lediglich Leistungsstandards definiert und diese über Belohnung oder Bestrafung mit Konsequenzen belegt. Der Austausch von Leistungen und Führungsreaktionen wird in diesem Konzept als „Transaktion" bezeichnet. Die Rolle der Führungskraft ist dabei die Überwachung der definierten Leistungsstandards.

Vergleicht man die Nützlichkeit der beiden Führungsstile bei der Etablierung eines markenkonformen Verhaltens der Mitarbeiter, ist die transformationale Führung das überlegenere Konzept. Transformationale Führung ermöglicht Identifikation, Commitment und Zufriedenheit der Mitarbeiter und sogar außerordentliche Leistungen, während der Mitarbeiter seine Rolle als Markenbotschafter selbst ausgestalten darf. Damit ist dieser Ansatz nach Morhart (2011) bestens geeignet, um einen fundamentalen, organisatorischen Wandel zu einer Markenkultur hinzubekommen. Die transaktionale Führung eignet sich hingegen eher nur in der frühen Phase einer internen Branding Initiative, um den Wandel in diese Richtung erst einmal loszutreten. Allerdings kann das dann dazu führen, dass sich Mitarbeiter zwar markenkonform verhalten, es aber aufgesetzt wirkt, weil das Verhalten nicht aus eigener Überzeugung geschieht. Mitarbeiter könnten dann regelrecht „roboterhaft" wirken.

Die Sinnhaftigkeit eines durch Druck erzeugten und damit unauthentischen Markenverhaltens kann sicherlich angezweifelt werden. Zudem wird es fast unmöglich sein, für jede mögliche Situation eine Verhaltensvorgabe zu machen. Ein „echter" Markenbotschafter hingegen hat grundsätzlich verstanden, worum es geht, ist von seiner Sache überzeugt oder bestenfalls begeistert und gestaltet jede Situation eigenverantwortlich im Sinne der Marke. Eine Führungskraft darf hier nicht Kontrollinstanz sein, sondern muss als Coach agieren und die Entwicklung der Mitarbeiter im Sinne der Marke unterstützen. Auswirkungen transformationaler Führung auf das „Brand Behavior" beschreiben auch Morhart, Jenewein und Tomczak (2008). Morhart (2009) gibt Tipps für Führungskräfte, die ihren Mitarbeitern die Marke nahe bringen möchten. „Markenorientiert transformationale Führungskräfte"

- leben die Markenwerte in ihrem täglichen Verhalten authentisch vor
- artikulieren eine überzeugende und differenzierende Markenpositionierung und wecken bei den Mitarbeitern Begeisterung und Stolz auf ihre Marke
- diskutieren mit ihren Mitarbeitern darüber, welchen Beitrag sie persönlich zum Markenversprechen leisten
- geben ihren Mitarbeitern Leitplanken zur Orientierung für markenkonsistentes Verhalten und öffnen gleichzeitig Freiräume zur tätigkeitsspezifischen Ausgestaltung
- befähigen ihre Mitarbeiter dazu, das Markenversprechen für ihre eigene Tätigkeit zu interpretieren und entsprechend zu handeln
- coachen ihre Mitarbeiter, ihre Rolle als Markenrepräsentanten auszufüllen.

2.3.2 Kurzes Fazit

Zusammenfassend lässt sich sagen, dass es beim Konzept der markenorientierten Führung immer darum geht, *wie* Führungskräfte durch einen bestimmten Führungsstil bestimmte Verhaltensweisen und Methoden die Marke vermitteln, z. B. dass sie ihre Mitarbeiter coachen, die Rolle als Markenrepräsentant auszufüllen. Doch viel wichtiger als die Frage, welcher Führungsstil der richtige sein könnte und welche Methoden man anwendet, ist der Gedanke, dass Marke und Führung miteinander verbunden sind und dass es eine markenspezifische Führungshaltung braucht (siehe Abschn. 2.9). Wie es der einzelnen Führungskraft gelingt, Marke zu vermitteln, kann und darf doch ganz unterschiedlich sein – beispielsweise durch ansteckende Begeisterung oder Zielvereinbarung. Die Literatur zu

Abb. 2.5 Leadership Branding schließt die Lücke zwischen Marke und Führung durch die Entwicklung eines markenspezifischen Führungsverständnisses (eigene Darstellung)

„markenorientierter Führung" gibt aber durchaus hilfreiche Anregungen, wie durch Führungsmethoden die Marke vermittelt werden kann.

Beim Leadership Branding hingegen geht es darum, *was* zum Inhalt der Kommunikation zwischen Führungskräften bzw. zwischen Führungskräften und Mitarbeitern wird, z. B. ob es um das Thema Gestaltung geht oder eher um Freiheit oder gar Kontrolle. Dieses „Was", diese Inhalte der Führungskommunikation, wird durch ein gemeinsames Führungsverständnis definiert. Im Sinne von Leadership Branding spielt es keine Rolle, ob Führungskräfte transformational oder transaktional führen, also *mit welchen Methoden* sie führen. Hauptsache, das Führungsverständnis passt im Inhalt zur Marke.

Die Konzepte des Internal Branding und der markenorientierten Führung werden zudem einem Umstand nicht gerecht. Der unternehmerische Alltag zeigt, dass ganz häufig eine Lücke zwischen den Zielen und Vorgaben der Unternehmen und dem Handeln von Führungskräften klafft. Auch die interne Kommunikation von Markenwerten macht es nicht wirklich besser. Es kann nicht davon ausgegangen werden, dass sich vorhandene Markenwerte so einfach in Führungshandeln übersetzen lassen. Wie Abb. 2.5 illustriert, braucht es hierfür die Definition eines Bindeglieds zwischen Marke und Führung, nämlich die Entwicklung eines markenspezifischen Führungsverständnisses, das die Lücke zwischen Marke und Führung schließt. Das hört sich einfach an, meint aber einen unternehmensweiten Bewusstmachungs- und Fokussierungsprozess. Dabei ist Leadership Branding kein operativer Implementierungsansatz, sondern ein normativ-strategischer Prozess, der das organisationale Geschehen prägt.

> Leadership Branding schließt die Lücke zwischen Marke und Führung durch die Entwicklung eines markenspezifischen Führungsverständnisses.
> Leadership Branding geht über Internal Branding und markenorientierte Führung hinaus, da es ein normativ-strategischer Prozess ist.

Der Begriff „markenspezifisches" Führungsverständnis ist übrigens bewusst so gewählt. Unter „markenspezifisch" verstehen wir das genaue Hinschauen, die maßgeschneiderte und situativ angemessene Lösung. Es gilt in diesem Zusammenhang Besonderheiten zu berücksichtigen und das Spezielle zu würdigen. Der Begriff „markenkonform" dagegen würde diese genannten Inhalte nicht treffen. Es würde zu sehr die Anpassung an die Marke vonseiten der Führungskräfte betonen. Für unseren Ansatz des Leadership Branding, dass Führungskräfte auch die Marke mitprägen und dass Marke und Führung zwei Seiten einer Medaille sind, die sich gegenseitig beeinflussen, passt „spezifisch" besser.

2.4   Führungskultur – das unsichtbare Band

In kaum einem Aspekt des organisationalen Geschehens spiegelt sich die Kultur eines Unternehmens so deutlich und unverfälscht wider wie im Führungshandeln, besonders des Top-Managements. Wer ein Unternehmen verstehen möchte, sollte seinen Blick darauf richten. Und wer ein Unternehmen verändern will, muss zuerst dort ansetzen.

Jr.-Prof. Dr. Thomas Behrends, Universität Lüneburg

Das Konzept Unternehmenskultur wird immer wieder im Zusammenhang mit der Markenentwicklung erwähnt, vor allem in den Publikationen zum identitätsbasierten Konzept der Markenentwicklung. Dabei wird die Unternehmenskultur als zentrale Determinante des kollektiven Mitarbeiterverhaltens identifiziert und ihre besondere Relevanz für das Markenverhalten als Komponente der Markenidentität betont (Zeplin 2006). „Im Kern geht es darum, das Unternehmen als Kultursystem zu begreifen, das eigene Werte, Symbole, Verhaltensweisen und Orientierungsmuster entwickelt, die letztlich unverwechselbar sind. Der Kulturbegriff stammt aus einem ethnologischen Verständnis und meint die historisch gewachsenen Merkmale von Volksgruppen. Die Organisationsforschung überträgt diesen Ansatz auf Organisationen" (vgl. supervisionstheorie.lichten.at).

Besonders Edgar Schein hat das Verständnis der Unternehmenskultur geprägt: „Ein Muster gemeinsamer Grundprämissen, das die Gruppe bei der Bewältigung ihrer Probleme externer Anpassung und interner Integration erlernt hat, das sich bewährt hat und somit als bindend gilt – und das daher an neue Mitglieder als rational und emotional korrekter Ansatz für den Umgang mit diesen Problemen weitergegeben wird"[3] (Schein 1985, S. 9). Schein beschreibt in seinem Modell drei Ebenen, die eine Unternehmenskultur prägen, wobei diese sich durch den Grad unterscheiden, in dem sie den Organisationsmitgliedern zugänglich und bewusst sind (Abb. 2.6).

Artefakte und Symbole: Auf dieser Ebene liegt alles, was sichtbar und beobachtbar an einer Organisation ist, zum Beispiel die Verhaltensweisen der Organisationsmitglieder, Rituale, Gebräuche, Sitten, tägliche Umgangsformen. Wie werden neue Mitarbeiter in Empfang genommen? Wie geht der Einkauf mit Lieferanten um, und wie verhält sich der Chef auf dem Firmenevent? Dazu gehören auch ein bestimmter Kleidungsstil, die Büroausstattung und die Gestaltung der Räume, Statussymbole sowie die verwendete Sprache, Me-

---

[3] "A pattern of basic assumptions – invented, discovered, or developed by a given group as it learns to cope with its problems of external adaption and internal integration – that has worked well enough to be considered valid and, therefore, to be taught to new members as the correct way to perceive, think, and feel in relation to those problems."

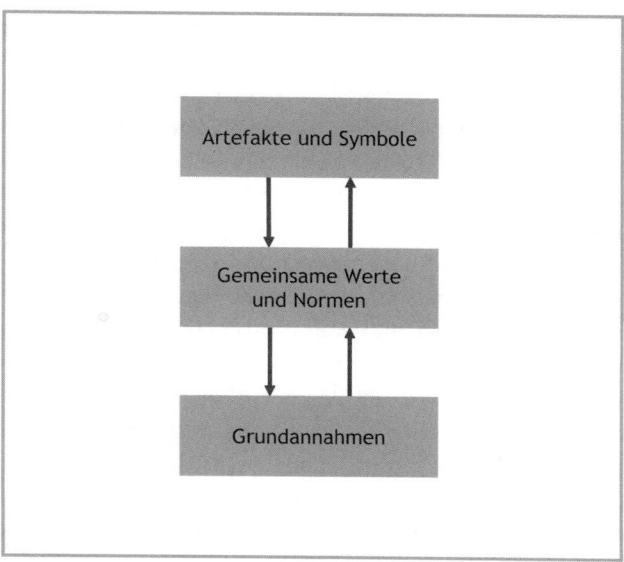

Abb. 2.6 Die drei Ebenen der Unternehmenskultur (eigene Darstellung, in Anlehnung an Schein 1985)

taphern und Geschichten, die z. B. über den Firmengründer erzählt werden. Auch das Corporate Design kann hierzu gezählt werden.

Gemeinsame Werte und Normen: Auf dieser Ebene stehen die gemeinsamen Ansichten und Wertvorstellungen der Organisationsmitglieder im Vordergrund, also abstrakte Auffassungen darüber, was gut, richtig und wichtig ist. Werte sind weniger bewusst und auch nicht direkt beobachtbar, haben aber trotzdem einen Einfluss auf das Verhalten. Normen hingegen, z. B. in Form eines Verhaltenskodex, sind zwar sichtbar, prägen das Verhalten aber nur, wenn sie bewusst sind. So könnte ein Automobilkonzern die Norm prägen, dass Mitarbeiter ausschließlich Autos der eigenen Marke zu fahren haben. Damit das auch passiert, bietet das Unternehmen den Mitarbeitern die Fahrzeuge zu besonders günstigen Konditionen an. Ein gemeinsamer Wert wie „Liebe zum Detail" kann sich darin zeigen, dass im Foyer stets ein Strauß frischer Blumen steht, bei Seminarveranstaltungen darauf geachtet wird, dass nur Räume mit Tageslicht gebucht werden, und Briefumschläge, die ein „Eselsohr" haben, direkt entsorgt werden. Letzteres wäre in einem Unternehmen mit dem Wert Umweltschutz sicherlich verpönt.

Grundannahmen: Die am wenigsten bewusst zugängliche Ebene sind nach Schein die Grundannahmen über sich selbst und andere, die sich über einen langen Zeitraum herausbilden und weitestgehend stabil sind. Sie sind so tief verwurzelt, dass sie den Mitgliedern der Organisation nicht bewusst sind und auch nicht hinterfragt werden. Sie haben einen großen Einfluss auf die Wahrnehmung und das Verhalten der Organisationsmitglieder.

Grundannahmen einer Organisation werden automatisch befolgt und lassen sich schwer vermitteln, weil sie nicht explizit gemacht werden.

Da sich Kultur durch unbewusste Anteile einzelner Menschen ausbildet, merken die Mitglieder einer Organisation oft gar nicht, was sie von Mitgliedern anderer Organisationen unterscheidet. Um die Besonderheiten herauszuarbeiten braucht es externe Beobachter. Georg Schreyögg und Jochen Koch definieren Unternehmenskultur als ein kollektives Phänomen, das Ideen, Vorstellungen und Werte bezeichnet, die Organisationsmitglieder gemeinsam verfolgen, ohne sich dessen bewusst zu sein (Schreyögg und Koch 2007). Und Sackmann definiert Unternehmenskultur als „die von einer Gruppe gemeinsam gehaltenen, grundlegenden Überzeugungen, die deren Wahrnehmung, Denken, Fühlen und Handeln maßgeblich beeinflussen und insgesamt typisch für diese Gruppe sind" (Sackmann 2002, S. 25). Systemisch betrachtet ist Unternehmenskultur die Summe aller in die Kommunikation gelangenden Aspekte einer Organisation. In Abgrenzung dazu ließe sich mit Identität derjenige Teil der Unternehmenskultur beschreiben, der das Selbstkonzept der Organisationsmitglieder prägt. Die Schnittmenge zwischen den beiden Konzepten mag unterschiedlich groß sein und wäre bestimmt ein interessanter Forschungsgegenstand. Die Elemente einer Organisation sind Kommunikationen. „Nur Kommunikationen können in ihrer Vernetztheit soziale Systeme bilden (weil nur sie eine Vielzahl von Akteuren bzw. Aktionen koordinieren können)" (Simon 2007, S. 36). Und wenn sich zwei Organisationen voneinander unterscheiden, dann durch ihre Kommunikationen. Dabei ist eine relevante Frage, was in die Kommunikation gelangt und was nicht, da nicht alles, was sich innerhalb eines Individuums abspielt, von ihm geäußert wird. Und was nicht in die Kommunikation gelangt, hat keine Bedeutung bzw. existiert auch nicht im sozialen Kontext einer Organisation. Das kann aber auch ein Problem sein, wenn Mitglieder einer Organisation zum Beispiel Wichtiges für sich behalten und dadurch nicht die für eine Organisation richtigen Dinge in die Kommunikation gelangen. Dann bleibt die Organisation „blöder als ihre einzelnen Mitarbeiter" (vgl. Simon 2007, S. 38). Dies bedeutet auch, dass eine Organisation nicht zwangsläufig alle Kompetenzen und Fähigkeiten ihrer Mitglieder vereint. Es ist entscheidend, was die Mitglieder tatsächlich einbringen. Wenn allen Mitarbeitern klar ist, dass sich was verändern muss, sich aber keiner traut, das zu sagen, dann passiert auch nichts.

2.4.1 Unternehmenskultur

Unternehmenskultur beeinflusst das Verhalten der Mitarbeiter und Führungskräfte, weshalb sie auch im Kontext des Leadership Branding interessant ist. Als eine Teilmenge der Unternehmenskultur kann die Führungskultur gesehen werden. Hierbei werden die Wahrnehmungen, das Denken, Fühlen und das Verhalten von Führungskräften als Resultat ihrer Einstellungen und Werte betrachtet. Dabei ist davon auszugehen, dass die Führungskultur einen besonders starken Einfluss auf die Unternehmenskultur hat. Für das Leadership Branding bedeutet das, dass schon bei der Entwicklung der Marke die Führungskultur berücksichtigt werden sollte. Bei der Formulierung des markenspezifischen Führungsverständnisses muss auf die Passung zur Unternehmens- bzw. Führungskultur geachtet werden, da diese eine starke Verhaltensrelevanz hat. Ein markenspezifisches Führungsverständnis kann selbstverständlich auch einen für die Zukunft gewünschten Zustand beschreiben. Dann muss jedoch gewissenhaft darauf geachtet werden, dass es erstens trotzdem an die heute bestehende Unternehmenskultur anknüpft, um nicht jeglichen Bezug zum Machbaren zu verlieren, und zweitens die zur Erreichung dieses Zukunftsbildes notwendigen organisationalen Veränderungen vorgenommen werden und die Organisation hin zu diesem gewünschten Führungsverständnis entwickelt wird. Führungskultur und das markenspezifische Führungsverständnis sollten komplementär sein. „Bei einem bestehenden Unternehmen ist es daher wesentlich einfacher, auf der Basis der Unternehmenskultur (…) eine Marke zu definieren, als eine Marke zu schaffen, die einen Wandel der Unternehmenskultur bedingt. Letzteres braucht in der Regel viel Zeit" (Sackmann 2010).

2.5   Wie können Führungskräfte authentisch sein?

Können Führungskräfte überhaupt authentisch sein? Spielen sie nicht immer eine Rolle? Um das zu beantworten, muss geklärt werden, was unter Authentizität verstanden wird.

Der Begriff der Authentizität hat seine Wurzeln in der griechischen Philosophie. Die älteste bekannte Quelle ist wohl die „Apologie des Sokrates" von Platon: „Aber ein ungeprüftes Leben ist für einen Menschen nicht lebenswert". Die meisten Theorien über Authentizität lassen sich so zusammenfassen: Authentisch sein heißt, dass die eigenen Gedanken, Gefühle und Verhaltensweisen das wahre Selbst widerspiegeln. Kernis und Goldman definieren Authentizität als „ungestörtes Operieren des wahren Selbst im Alltäglichen" (vgl. Kernis und Goldman 2006, S. 12). Sie beschreiben vier Komponenten der Authentizität:

- das Verständnis, das Bewusstsein bzw. die Wahrnehmung für sich selbst (*awareness*)
- die unvoreingenommene Verarbeitung der an sich selbst wahrgenommenen gewünschten und unerwünschten Verhaltensweisen und Eigenschaften, also die Offenheit für die „ungeschminkte Wahrheit" (*unbiased processing*)
- das eigene Verhalten (*behavior*) bzw. die Stimmigkeit zwischen Verhalten und Selbst
- die Orientierung in Richtung anderer Personen, also die Bereitschaft und Fähigkeit, mit anderen in Beziehung zu treten bzw. eine Verbindung mit anderen Personen einzugehen (*relational orientation*).

Eine Person ist mehr oder weniger authentisch, je nachdem wie stark sie diese vier Komponenten umsetzen kann oder will. Menschen unterscheiden sich in ihrem Ausmaß an Authentizität. Dabei ist authentisch zu sein die Voraussetzung für viele andere, vor allem im Berufsleben erfolgskritische Aspekte, etwa Bewältigungsstrategien (z. B. in Stresssituationen), Aufmerksamkeit auf das Wesentliche, Funktionieren in einer Rolle (z. B. als

Führungskraft), das eigene Wohlergehen und die Gesundheit, Zielverfolgung usw. (vgl. Kernis und Goldman 2006, S. 62). Eng und in wechselseitigem Zusammenhang stehen Authentizität und Selbstwertgefühl (*self-esteem*) (Kernis und Goldman 2004). Authentizität ist somit einerseits ein gutes Fundament zur Entwicklung eines guten Selbstwertgefühls und andererseits das Ergebnis: Je besser das Selbstwertgefühl, desto einfacher ist es, zu sich selbst zu stehen, Fehler zu verschmerzen, kritisches Feedback zu verarbeiten usw. Und je besser das gelingt, desto authentischer kann jemand sein.

Was hat Authentizität mit Leadership Branding zu tun? Im Leadership Branding geht es darum, ein unternehmensweit einheitliches Führungsverständnis zu etablieren – ein Führungsverständnis, das zur Marke passt und diese mit Leben füllt. Was passiert nun, wenn dieses Führungsverständnis gar nicht zu mir als Führungskraft passt? Wenn ich das Gefühl habe, ich muss mich völlig verbiegen, um das zu erfüllen, und kann es gar nicht ehrlich und aufrichtig vertreten, sondern muss Theater spielen? Wenn authentisch sein heißt, dass mein Verhalten mein wahres Selbst möglichst gut widerspiegeln soll, dann muss ich mich also fragen, inwiefern das in einem Unternehmen gewünschte Führungsverständnis meinem „wahren" Selbstverständnis entspricht oder nicht. Um das zu beantworten, ist Selbstreflexion nötig – das Nachdenken über und Hineinspüren in sich selbst. Spätestens dann, wenn ich merke, dass mein Arbeitgeber Dinge von mir verlangt, die ich nicht bereit bin zu tun, sollte ich über einen Wechsel meines Wirkungsfeldes nachdenken. Denn authentisch zu sein, ist die Voraussetzung für Führungserfolg in einem Unternehmen.

Leadership Branding trägt dazu bei, dass sich Führungskräfte authentisch verhalten können bzw. in der Entwicklung ihrer Authentizität gefördert werden. Indem nämlich ein Reflexionsprozess über das Führungsverständnis angestoßen wird (*awareness*), die Führungskräfte dazu angehalten werden, ihr Führungsverhalten in seiner Qualität zu hinterfragen (*behavior*), Unterstützung dabei bekommen, den Blick auch auf die weniger nützlichen Führungsverhaltensweisen zu lenken (*unbiased processing*) und zudem der Austausch mit anderen Führungskräften über ein gemeinsames Führungsverständnis verstärkt wird (*relational orientation*). Hier wird nochmal deutlich, wie wertvoll ein unternehmensweiter Bewusstmachungs- und Fokussierungsprozess zum Thema Führung ist. Jede Führungskraft wird am Ende wissen, was sie zu tun hat. Entweder sie empfindet die notwendige Stimmigkeit zwischen dem gemeinsam definierten Führungsverständnis und ihrem Selbst, dann kann sie sich authentisch verhalten, oder sie weiß, dass sie nicht zum Unternehmen passt, und kann entscheiden, wie sie damit umgehen möchte. Wobei nur am Rande bemerkt sei, welche Auswirkungen ein solcher Prozess auch auf Selbstwahrnehmung und auf Einstellungen der beteiligten Führungskräfte haben kann. Einstellungsänderungen und neue Wirklichkeitskonstruktionen des Selbst sind ein mögliches Ergebnis des Prozesses.

▸   Leadership Branding unterstützt Führungskräfte dabei, authentisch zu sein.

2.5.1 Kurzes Fazit

Wer authentisch ist, kann andere Menschen für sich gewinnen. Wenn ein Manager mit sich im Einklang ist, sein Führungshandeln mit seinen persönlichen Überzeugungen in Übereinstimmung gebracht hat, sich dessen bewusst ist und das auch ausstrahlt, findet der Begriff Charisma eine neue Heimat. Führungskräfte können so auf gute Art kulturprägend wirksam werden. Authentische Führungskräfte prägen die Unternehmenskultur.

2.6 Systemisch-markenorientierte Organisationsberatung

Eine Markenentwicklung eignet sich ganz hervorragend zum Einläuten eines Veränderungsprozesses. Und häufig täten Unternehmen gut daran, Organisationsentwicklung als konsequenten Schritt zu betrachten, der nach der Formulierung einer Markenpositionierung folgt. Da Unternehmen dazu neigen, in ihrer Markenpositionierung Versprechen zu tätigen, die sie noch nicht halten können, ist die Organisationsentwicklung eine sinnvolle Möglichkeit, die Lücke zwischen Anspruch und Wirklichkeit in absehbarer Zeit zu schließen. Und da das fast immer nötig ist, mehren sich die Stimmen, die Markenentwicklung mit Organisationsentwicklung gleichsetzen (Abb. 2.7).

Um das Konzept der systemisch-markenorientierten Beratung fassbar zu machen, ist es hilfreich, einen Blick auf die beiden Konzepte „Markenorientierung" und „systemische Organisationsberatung" zu werfen, um dann Marke systemisch zu betrachten. Die Kombination dieser beiden Konzepte ergibt ein nützliches, neues Beratungsverständnis, „die systemisch-markenorientierte Organisationsberatung".

DIE MARKE ALS GEMEINSAME AUSRICHTUNG ALLER AKTIVITÄTEN

beteiligt
schafft Akzeptanz
fokussiert
bündelt Kräfte
gibt Orientierung
erzeugt Energie
erhöht die Effizienz
bringt Dinge in Fluss
erhöht die Wirksamkeit
lässt die richtige Balance finden

Abb. 2.7 Markenentwicklung ist Organisationsentwicklung (eigene Darstellung)

2.6.1   Organisationen systemisch betrachtet

Um Organisationen systemisch zu beraten, hilft zum einen ein Verständnis von Organisationen, und zum anderen sollte man sich mit der Systemtheorie und dem Konstruktivismus beschäftigt haben, da beide Lehren wertvolle Hinweise geben, wie Organisationen funktionieren. Sie unterscheiden zwischen der Organisation als soziales System und ihren Mitgliedern, die selbst auch als soziales System gesehen werden. Die Mitglieder einer Organisation erschaffen mit ihren Worten und Taten die Organisation, sind aber nicht fester Bestandteil, sondern entscheiden sich immer wieder neu, einen Beitrag zu leisten. Mal angenommen, alle Mitglieder einer Organisation entscheiden zufällig gleichzeitig, nicht mehr zur Organisation beizutragen, dann gibt es auf einen Schlag diese Organisation nicht mehr. Unternehmen existieren also nur so lange, wie eine bestimmte Anzahl von Menschen sich dazu entscheiden mitzumachen, beispielsweise morgens zur Arbeit zu kommen. Das Faszinierende an Organisationen ist, dass sie als soziale Systeme zu Dingen in der Lage sind, die ein einzelner Mensch in seinem Leben nicht bewirken könnte, beispielsweise eine Fabrik zu bauen oder in 300 Bankfilialen gleichzeitig Kunden zu beraten. Dazu bedarf es der Kopplung vieler Akteure mit unterschiedlichen Kompetenzen. Zufällig kommt so eine Kopplung ganz bestimmt nicht zustande, dieser Prozess muss organisiert werden. Und zwar immer wieder neu, weil er ohne Fortsetzung auseinanderfällt. Der Begriff System bedeutet soviel wie „zusammengestellte Einheit" und sollte uns daran erinnern, dass Organisationen keine eigenständigen Gebilde sind, die eigene Entscheidungen treffen können, sondern es sind immer nur die Akteure, die „zusammengestellt" gemeinsam Entscheidungen treffen können und als Organisation auftreten. Die Akteure sind dabei austauschbar, so dass Organisationen in vielen Fällen länger „leben" als einzelne Akteure. So kann ein Unternehmen wie Orthomol (siehe Kap. 4) seinen Gründer erfolgreich überleben. Das ist deshalb möglich, weil die Akteure bestimmte Spielregeln miteinander etablieren, die ein neues Mitglied erlernen und folglich mitspielen kann. Wie ist das möglich? Wie entstehen diese Regeln? Und wie bestehen sie fort? Durch Kommunikation.

Kommunikation verbindet nach Luhmann immer mindestens zwei Akteure miteinander (Luhmann 1984). Dabei versteht er Kommunikation nicht als Handlung („der CEO kommuniziert seine Vision"), sondern als Ereignis: Die Führungskraft lädt ihr Team zu ihrem Geburtstag ein, was vom einen Mitarbeiter freudig als Wertschätzung interpretiert und vom nächsten als Kontrolle missbilligt wird, da er es als Prüfung interpretiert, wie er sich wohl auf diesem Parkett des halbprivaten Miteinanders präsentieren wird. Durch Kommunikation verbinden sich zwei Beobachter miteinander, die einer möglichen Mitteilung einen eigenen Sinn zuschreiben, also immer auch ganz anders reagieren könnten. Der Sinn einer Mitteilung ist subjektiv und wird vom Empfänger frei erfunden. So entsteht Kommunikation durch die wechselseitige Interpretation des beobachteten Verhaltens (vgl. Simon 2007, S. 21): „Die wichtigste Konsequenz all dieser Überlegungen ist, dass Kommunikation nicht direkt beobachtet, sondern nur erschlossen werden kann".

Für die Erklärung von Organisationen kann festgehalten werden, dass sie allein durch die Kommunikation zwischen den Akteuren zustande kommen. In Organisationen muss also kommuniziert werden, sonst passiert nichts. Nun ist es noch wichtig zu unterscheiden, welche Kommunikation zur Organisation gehört und welche nicht. Ein Mensch kann als Person Teil mehrerer Organisationen sein (z. B. Führungskraft in einem Automobilkonzern, Parteimitglied, Vorstand des örtlichen Marketingclubs, Elternpflegschaftssprecher usw.) und führt darüber hinaus noch ein Privatleben (z. B. als Mutter von zwei Töchtern, Tochter einer pflegebedürftigen Mutter, Schwester der Bürgermeisterin usw.). Es stellt sich also immer die Frage, aus welcher Rolle heraus eine Person etwas sagt oder tut. Das sollte bestenfalls immer gleich mitkommuniziert werden, sonst kommt es ganz leicht zu Missverständnissen. Hilfreich ist dabei auch ein bestimmter Kleidungsstil. Begegnen sich zwei Arbeitskollegen in Badehose am Ostseestrand, ist ziemlich klar, dass sich beide in ihrer Privatrolle befinden und folglich alle Kommunikation am Strand eher nicht als zur Organisationsrolle gehörig interpretiert werden sollte.

Organisationen können lange überleben, vorausgesetzt die Akteure kommunizieren weiter miteinander. Eine Organisation ist dann in der Lage, eine Geschichte zu haben und sich ein Bild von der Zukunft zu machen. Humberto Maturana spricht in diesem Zusammenhang von „Autopoiese", was bedeutet, dass sich Organisationen selbst erschaffen (Maturana 1978). Das ist insofern für die systemisch-markenorientierte Organisationsberatung von Bedeutung, da es darauf hinweist, dass das Verhalten von Organisationen immer nur von innen bestimmt wird und nicht von außen, und dass sie auch nur auf ihre eigenen inneren Zustände reagieren können und deshalb nur indirekt auf äußere Umstände. Dieser Gedanke unterstreicht die Sinnhaftigkeit der identitätsbasierten Markenentwicklung und ist ein Credo dafür, dass die Kraft einer Marke immer nur von innen kommen kann. Trotzdem reagiert eine Organisation auf Kräfte, die von außen kommen, es ist allerdings nicht vorhersehbar, wie sie reagiert, denn das wird allein durch das Innere bestimmt. Ein gutes Beispiel dafür liefert Fritz B. Simon (2007, S. 25): Wenn ein Mensch einen anderen schubst, so wird der Geschubste entweder umfallen, stehen bleiben, den Schubser schlagen, küssen … was passiert ist nicht vorhersehbar. Selbst der Geschubste kann es nicht vorher wissen, denn der Stoß ist auch für ihn unkalkulierbar. Der Stoß ist zwar Auslöser der Situation, kann aber in seiner Wirkung nicht festgelegt werden. Der Stoß ist eine Irritation des Systems. Ob ein Unternehmen die Finanzkrise übersteht, ist nicht vorhersehbar. Der „Stoß des Finanzmarkts" kann dazu führen, dass die Organisation überlebt oder endet. Nur diese beiden Möglichkeiten gibt es, dazwischen gibt es nichts.

Der Sinn einer Organisation ist ihr Überleben, nichts anderes. Gibt sich eine Organisation einen anderen Sinn bzw. ein Ziel, so ist dies sekundär und dient auch dem Überleben (siehe dazu Kap. 4). Auch eine Marke dient der Organisation zum Überleben. Und Führungskräfte sollen ebenfalls dabei helfen, dass eine Organisation überlebt. Eine andere Daseinsberechtigung haben sie vor dem Hintergrund der Systemtheorie und des Konstruktivismus nicht. Es hilft dabei, diese Betrachtung zu akzeptieren, wenn man sich daran erinnert, dass mit Führungskraft ja nicht der ganze Mensch gemeint ist, sondern nur eine Rolle, die ein Mensch ausfüllt und das, was er in dieser Rolle in eine Organisation an Kommunikation einbringt.

Eine Organisation wird nicht unabhängig von ihren relevanten Umwelten existieren können. Sie wird auch immer wieder gestört und muss intern auf diese Störungen reagieren. Ihr Überleben ist stark davon abhängig, wie gut sie es schafft, mit den Störungen umzugehen, und wie gut sie ihre relevanten Umwelten im Blick behält. Letzteres hat etwas mit Aufmerksamkeitsfokussierung zu tun. Worauf fokussieren die Mitglieder einer Organisation ihre Aufmerksamkeit? Was nicht in die Kommunikation gelangt, hat keine Bedeutung und löst demnach nichts aus.

Die Mitglieder einer Organisation und die Organisation sind miteinander verbunden, denn sie beeinflussen sich gegenseitig, wenn auch in einer nicht vorhersehbaren Art und Weise. Unzufriedene Mitarbeiter können Veränderungen anstoßen, aber auch dazu beitragen, dass sich nichts verändert, wenn sie in den Widerstand gehen. Umgekehrt können bestimmte Umstände innerhalb einer Organisation Mitarbeiter zufrieden oder unzufrieden machen. Weil die Mitglieder einer Organisation einen großen Einfluss auf das Unternehmen haben und umgekehrt, ist es sehr wichtig, darauf zu achten, welche neuen Mitarbeiter rekrutiert werden, wie Personal weiterentwickelt wird, wer Führungskraft wird und wie gut es gelingt, die Kompetenzen aller Mitarbeiter und Führungskräfte für die Organisation nutzbar zu machen. Zudem soll sich das Verhalten eines Mitarbeiters innerhalb eines bestimmten Rahmens so gestalten, dass es erwartbar wird. Prinzipiell kann sich jeder Mensch entscheiden, ob er bestimmten Erwartungen gerecht werden möchte oder nicht. Für ein Mitglied einer Organisation ist das nicht der Fall. Es hat sich an bestimmte Regeln zu halten, sonst riskiert es, wieder ausgeschlossen zu werden. So mischen sich Organisationen zielgerichtet in Prozesse ein, wählen Personen mit bestimmten Kompetenzen aus und lassen diese in bestimmten Kombinationen zusammenarbeiten. Es entstehen Kommunikationssysteme, die sich spontan nie gebildet hätten (vgl. Simon 2007, S. 46).

2.6.2   Wie können Organisationen systemisch beraten werden?

Mit diesem Grundverständnis von Organisationen stellt sich die Frage nach dem dazu passenden Beratungsverständnis. Die große Mehrheit der Berater hat wohl ein Fachberatungsverständnis. Fachberater haben meistens eine ingenieurwissenschaftliche, betriebswirtschaftliche oder sozialwissenschaftliche Ausbildung, sehen Organisation als Maschine, die in Ursache-Wirkung-Zusammenhängen funktioniert und ergebnisorientiert beraten gehört. Ein ganz kleiner Teil der Berater versteht sich im Unterschied dazu als Prozessberater, der dem ökonomischen Denken ein gruppendynamisches hinzufügt und sich als Organisationsentwickler versteht. Prozessberater sehen sich als Moderatoren und Katalysatoren von Veränderungsprozessen. Der wohl kleinste Teil der Berater vertritt die Auffassung der Selbstorganisation eines Systems. Diese systemischen Berater sehen sich als Impulsgeber und als Beobachter. Statt Ergebnisorientierung stehen hier die Selbstorganisationskräfte der Organisation im Vordergrund (vgl. Groth 1999). Die wenigsten Markenberater würden

wohl für sich in Anspruch nehmen, sich der kleinsten Gruppe der systemischen Bera- *Systemische*
ter zugehörig zu fühlen. Und doch bin ich der festen Überzeugung, dass es im Prozess *Beratung*
der Markenentwicklung immer wieder nützlich ist, sich als Berater in eine beobachtende
und impulsgebende Rolle zu begeben. Letztlich liegt darin auch die Legitimation für die
Zusammenarbeit mit Externen, denn die ersten beiden Beratungstypen lassen sich auch
wunderbar systemimmanent abbilden, wie dies in vielen großen Unternehmen auch bereits erfolgt, z. B. durch interne Beratungsabteilungen.

Wie verstehen systemische Berater die systemische Beratung?

- Da Organisationen als Systeme betrachtet werden, die sich selbst organisieren, sprechen
  systemische Berater häufig von „Klientensystem".
- Beratung findet ebenfalls in einem System statt, dem zeitlich begrenzt eingerichteten
  „Beratungssystem": Die Berater beobachten sich selbst als System.
- Die Beobachtung steht im Mittelpunkt. Berater beobachten, wer im Klientensystem was
  beobachtet. Wie konstruieren sich die Organisationsmitglieder ihre Wirklichkeit?
- Dabei stehen die Kommunikationen zwischen den Organisationsmitgliedern besonders
  im Fokus, nicht das einzelne Mitglied als ganzer Mensch. Berater versuchen, Regeln in
  der Kommunikation zu erkennen.
- Das Beratungssystem gibt Impulse und irritiert das Klientensystem so, dass Veränderungen aus systemeigener Kraft möglich werden.
- Diese Irritationen werden erreicht durch Hypothesenbildung, systemisches Fragen und
  anderen, der systemischen Familientherapie folgenden Interventionen.

Die systemische Familientherapie ist Vorreiter für die systemische Organisationsberatung (Wimmer 1992). Statt das Familiensystem zu betrachten, rückt bei der systemischen
Organisationsberatung die Organisation als System in den Mittelpunkt des Interesses. Die
systemische Familientherapie hat sich von einem individuumzentrierten Krankheitsbild
verabschiedet und blickt statt auf die einzelne Psyche auf die Interaktionsregeln in einem
Familiensystem. Ein Unternehmen kann als ein System betrachtet werden, das aus Kommunikation besteht. Statt eine bestimmte Person zum Sündenbock zu machen, blicken
systemisch Denkende auf die Kommunikation, die zwischen dieser Person und anderen
Personen in ihrem Umkreis stattfindet. Die Kommunikation kann dann sehr wohl proble-
matisch sein, oft lassen sich regelrechte „Teufelskreise" vorfinden. Gut ist es dann, diesen
Teufelskreis zu durchbrechen, zum Beispiel durch eine gezielte Irritation, die schon alleine dadurch entstehen kann, den beteiligten Personen den wahrgenommenen Teufelskreis
vorzustellen. Selbstverständlich immer mit dem nötigen Hinweis, dass dies auch nur eine von verschieden möglichen Wirklichkeitskonstruktionen ist. Systemische Berater laden
das Klientensystem dazu ein, andere Sichtweisen einzunehmen, um so zu einer eventuell
nützlicheren Einschätzung der Geschehnisse zu kommen. So lassen sich die „Selbsthei-
lungskräfte" einer Organisation aktivieren.

2.6.3   Was bedeutet Markenorientierung?

Das Thema Marke wird im vorliegenden Buch ausführlich behandelt. An dieser Stelle reicht folgende Bemerkung aus: Marke ist ein Phänomen, das in unserem täglichen Leben eine zunehmend große Rolle spielt. Es liegen eine Vielzahl an Erklärungs- und Definitionsversuchen zu diesem Thema vor. Trotz verschiedener Definitionen von Marke herrscht Einigkeit über die hohe Relevanz des Markenaspekts für die heutige Wirtschaftswelt. Die Zahl der Bereiche, auf die der Markenbegriff angewendet wird, wächst zusehends. Wir sprechen von Unternehmensmarken, Produktmarken, Arbeitgebermarken, sogar von Menschen als Marken. Beim identitätsbasierten Ansatz (siehe Abschn. 2.2) wird von Markenpersönlichkeit und dem Wesen der Marke gesprochen, welches sich im Spannungsfeld zwischen unternehmensinternem Selbstbild und umweltbezogenen Fremdbild entwickelt.

Grundprinzipien der Markenorientierung:

- Die Marke ist ein Instrument der strategischen Unternehmensführung.
- Die Marke wird stark und glaubwürdig, wenn sie von innen heraus entwickelt wird.
- Die Marke entsteht an der Schnittstelle zwischen innen und außen.
- Die Markenidentität ist die eigentliche Substanz der Marke.
- Direkt beeinflussbar ist nur die interne Markenidentität, nicht aber das externe Markenimage.
- Marken wirken durch eine profilierende und differenzierende Positionierung.
- Marken werden stark durch Konsistenz, Konsequenz, Reduktion und Fokussierung.
- Marken können neben ihrer strategischen Funktion auch eine normative Funktion einnehmen und haben Einfluss auf die Unternehmenskultur.

In Abschn. 2.3 wurde die Idee der „markenorientierten Führung" diskutiert und herausgestellt, dass Leadership Branding über markenorientierte Führung hinausgeht. An dieser Stelle nun bezieht sich der Begriff „Markenorientierung" auf ein Beratungsverständnis, das sich an der Idee der Marke orientiert. Wertvolle Erfahrungen aus der Welt der Markenentwicklung werden für die Organisationsberatung nutzbar gemacht. Prinzipien aus der Arbeit mit und an Markenstrategien werden somit auf einen anderen Kontext übertragen.

2.6.4   Marke systemisch betrachtet

Ein Unternehmen kann als ein System betrachtet werden, das aus Kommunikation besteht. Die Marke an sich ist kein System, sie ist eher ein Wirklichkeitskonstrukt, doch sie kann ein System ordnen, indem sie die Aufmerksamkeit der Mitglieder auf bestimmte Aspekte fokussiert.

Wie eine Marke funktioniert, lässt sich gut mit einigen Prinzipien erklären, die sich im systemischen Denken finden. Besonders interessant für die Wirksamkeit von Marken ist das Prinzip der Aufmerksamkeitsfokussierung. Jegliches menschliche Erleben lässt sich durch neuronal bedingte Fokussierung der Aufmerksamkeit beschreiben, wobei dieser Prozess zumeist unbewusst abläuft. „Je nachdem, was Inhalt der Fokussierungen ist und wie intensiv man sich als Beobachter mit den Inhalten assoziiert (Anmerkung der Autorin: *beschäftigt*), wird das Erleben in uns aktiviert und zwar sowohl physiologisch auf allen Ebenen als auch emotional und kognitiv" (Schmidt G. 2007, S. 2). Was im Fokus der eigenen Aufmerksamkeit steht, wird als Wirklichkeit erlebt, auf die ich meine Energie richte. Es gibt aber natürlich unendlich viele Möglichkeiten, worauf ich meine Aufmerksamkeit richten kann. Das Spannende daran ist, dass ich mich, die anderen und die Welt ganz anders wahrnehme, je nachdem worauf ich mich fokussiere.

Beispiel

Wenn Sie als verliebt turtelndes Paar eine Städtereise nach Paris machen, so werden Sie die Stadt sicherlich anders erleben, als wenn Sie dorthin reisen, weil Sie einen Gerichtstermin haben und im Anschluss ein Geschäftsessen. Während Sie in Szenario eins Ihren Blick auf die romantische Atmosphäre während eines Spaziergangs entlang der Seine richten mögen, versuchen Sie in Szenario zwei eventuell den Taxifahrer davon zu überzeugen, dass Sie es wirklich eilig haben und er sich jetzt den besten Weg durch die Massen bahnen soll.

Menschen erzeugen ihr Erleben also selbst, je nachdem, worauf sie sich konzentrieren – was übrigens auch einer der Grundgedanken des konstruktivistischen Denkens ist. Es gibt demnach keine objektive Realität, sondern jeder Mensch konstruiert sich seine eigene Wirklichkeit. Zu Beginn der Auseinandersetzung mit der Systemtheorie muss man sich vom Gedanken einer objektiven Wirklichkeit verabschieden und damit im Übrigen auch vom „Recht haben" und den Begriffen „richtig" und „falsch". Einer meiner Ausbilder in systemischer Beratung veranschaulichte diesen Gedanken so: „Warum heißt Wirklichkeit Wirklichkeit? Weil es darum geht, wie etwas *wirkt*. Und nicht darum, wie etwas *ist*. Sonst hieße es ja Istlichkeit. Jeder konstruiert sich seine Wirklichkeit selbst". Wie eine Situation wahrgenommen wird, ist subjektiv und wird durch denjenigen bestimmt, der die Situation beobachtet. Alles Erkennen ist beobachterabhängig, was dazu führt, dass die zentrale Frage nicht mehr lauten kann: „Was ist Marke?", sondern: „Wer beobachtet was als Marke?"

Unterhalten sich zwei Personen über die Bedeutung eines abstrakten Begriffs, beispielsweise über „Wunschdenken" oder „Leistung", so wird sehr schnell anschaulich, was mit „Konstruktion der eigenen Wirklichkeit" gemeint ist, denn es ist in der Regel erstaunlich, wie unterschiedlich Begriffe von verschiedenen Personen erklärt werden. Kommunikation und Verstehen werden damit zur sportlichen Herausforderung. Trotzdem neigen wir dazu, so zu tun, als ob es diese Differenzen nicht gäbe, und tappen immer wieder in die Fallen der Missverständnisse: „Ich dachte, wir hätten das geklärt …?", oder „Ich kann mich noch genau erinnern, dass Sie mir zugestimmt haben, als ich den Vorschlag gemacht habe, dass …". Für die Arbeit mit Marken ist es deshalb besonders wichtig, dass nicht davon ausgegangen wird, dass bestimmte Begriffe wie „Innovation", „Qualität", „Tradition" usw. schon für sich alleine wirken, dass das Gemeinte beim Gegenüber auch so ankommt wie gewünscht. Es braucht vielmehr einen ausführlichen Diskurs über das Gemeinte und eine gemeinsame Festlegung in Worte. Und damit nicht genug, denn alle anderen Personen, die nicht am Diskurs beteiligt waren, interpretieren womöglich wieder ganz andere Dinge in diese Worte hinein. Mit Worten ist es also lange nicht getan. Es braucht noch ganz andere Mittel und Wege, damit eine Marke ihre Kraft entfalten kann. Eine Marke ist somit ein Konstrukt, das nie stabil ist und immer wieder neu verhandelt werden muss. Marke ist eine Konstruktion der Wirklichkeit, die Menschen miteinander vereint, die ihre Aufmerksamkeit auf dieses Konstrukt richten bzw. dazu bereit sind, dies zu tun. Schon oft habe ich den Satz gehört: „Eine Marke entsteht in den Köpfen der Menschen", was wohl bedeuten soll, dass es sich externen Einflüssen entzieht, was ein Mensch wahrnimmt. Denn was ein Mensch wahrnimmt, hat ganz viel mit ihm selbst zu tun. Und doch, es gibt eine Möglichkeit, das Erleben eines Menschen zu beeinflussen: zu versuchen, seine Aufmerksamkeit auf eine bestimmte Sache zu lenken. Was genau und wie welchen Menschen in welcher Situation dazu bringt, seine Aufmerksamkeit auf etwas Bestimmtes zu fokussieren, ist wohl die spannendste Frage jeglicher Interventionsplanung: „Interventionen können grundsätzlich verstanden werden als Maßnahmen der Fokussierung von Aufmerksamkeit" (Schmidt, S. 6). Ein Markenentwicklungsprozess ist ein Paradebeispiel für den Versuch, Aufmerksamkeit in Unternehmen anders oder neu zu fokussieren. Gibt es unerwünschte Muster in einem Unternehmen – als unerwünscht kann wohl alles gelten, das ein Unternehmen am Erfolg hindert, den Zielen im Wege steht, das Überleben bedroht –, so kann es mithilfe eines Markenentwicklungsprozesses gelingen, die Aufmerksamkeit auf gewünschte Muster zu lenken. Die zentrale Frage sollte lauten: „Wohin, auf welche Ressourcen, Kompetenzen, sollten wir unsere gemeinsame Aufmerksamkeit richten, damit wir ein Erleben haben, das uns hilft, unser Ziel zu erreichen?" Die Marke macht einen Unterschied, sie markiert. Marke ist ein Mittel zur Aufmerksamkeitsfokussierung.

▸   Marke ist eine Intervention in ein System und damit eine Maßnahme zur Aufmerksamkeitsfokussierung.

Change ist zu einem Dauerzustand geworden. Führungskräfte befinden sich in einem anhaltenden Ausnahmezustand. Krisen gehören zum Alltag. Die Globalisierung der Märkte hat den Wettbewerbsdruck erhöht, die Internationalisierung bedingt den Umgang mit anderen Denk- und Verhaltensweisen, Internet und Social Web beschleunigen und öffnen Kommunikationswege, der demografische Wandel und der Fachkräftemangel machen fast ohnmächtig. Eine ständige Anpassung und Veränderung ist vonnöten. Das hört sich nicht nur anstrengend an, es ist auch anstrengend, denn es entspricht nicht unserer Natur, uns ständig zu verändern. Wir streben vielmehr danach, ein Gleichgewicht herzustellen, wir brauchen Sicherheit, Ordnung und Klarheit. Hier kann Marke helfen.

Die Orientierung stiftende und Komplexität reduzierende Wirkung von Strukturen ist hilfreich und notwendig, damit sich ein System in der Umwelt zurechtfindet. Marke kann diese Struktur vorgeben, indem sie den Möglichkeitsraum eingrenzt. Eine Orientierung der Aktivitäten eines Unternehmens an der Marke reduziert folglich Komplexität und stellt zudem sicher, dass die Aktivitäten in eine sinnvolle Richtung gelenkt werden. Ein derartiges Verständnis hilft zudem dabei, die Markenidentität eines Unternehmens zu stärken, und stellt somit die positiven Wirkungen des Markenphänomens für die Reduzierung von Unsicherheit und Komplexität des Marktgeschehens sicher. Die Marke kann in Zeiten der Verunsicherung oder einer fraglichen Zukunft an die Stelle der Gewissheit treten und Vertrauen schaffen sowie Orientierung geben.

2.6.5   Was ist systemisch-markenorientierte Organisationsberatung?

Die Ausrichtung der Beratung an einem systemisch-markenorientierten Ansatz impliziert ein spezifisches Verständnis des Beraters von sich selbst, seinen Kunden (Organisationen) und des Markenphänomens. Es lassen sich drei Blickrichtungen dieses Ansatzes für die Beratung identifizieren:

1. Systemisches, lösungsorientiertes Arbeiten
Die oben beschriebene Systemtheorie, die ihre Anwendung unter anderem in der systemischen Therapie und Organisationsberatung findet, legt ein neues Verständnis der Berater-Kunden-Beziehung zugrunde und hält spezifische Methoden und Herangehensweisen für die Zusammenarbeit bereit. Ein zentraler Punkt ist die Lösungsorientierung dieses Ansatzes. Lösungsorientierung heißt vor allem, dass eine Sache, die ein Problem verursacht hat, es selten löst. Es bringt also häufig nichts, nach Ursachen für ein Problem zu suchen, weil man damit die Lösung noch lange nicht hat.

Beispiel

So war dem Personalleiter in einem IT-Unternehmen sonnenklar, dass er deshalb kein gutes Ansehen in seinem Team genoss, weil vor allem einer seiner Mitarbeiter Stimmung gegen ihn machte, der selbst sehr beliebt im Kollegenkreis war. Er war ganz niedergeschlagen. Ich fragte ihn, was denn sein Ziel sei, und brachte ihn damit zum Nachdenken. Er sagte, er wolle sich eigentlich schon ganz lange von diesem Mitarbeiter trennen, da seine Leistung sehr zu wünschen übrig ließ. Zudem ziehe er damit das ganze Team runter. Er habe schon alles probiert, viele Gespräche mit ihm geführt, ihn sogar schon einmal ein Jahr ins Ausland entsandt, ihn zu Seminaren geschickt und einen Coach habe er auch schon seit zwei Jahren, doch es werde eigentlich immer schlimmer statt besser. Im Laufe des Gesprächs wurde deutlich, dass er bislang dem Mitarbeiter nie deutlich gesagt hatte, was sich verändern soll. Letztendlich kam es zu einem offenen Gespräch. Das ist jetzt fünf Jahre her und der Mitarbeiter ist immer noch da. Die beiden sind heute auch noch nicht die besten Freunde, aber die Stimmung im Team und die Leistung des Mitarbeiters sind gut.

Statt nach Ursachen zu forschen, lenkt der lösungsorientierte Berater die Aufmerksamkeit auf das zu erreichende Ziel und lässt dann eruieren, was passieren müsste, um dieses Ziel zu erreichen. Dabei gehört zu den lösungsorientierten Techniken, den nächsten kleinsten Schritt auf dem Weg zum Ziel zu identifizieren. Diesen Schritt gilt es dann zu bewältigen, gefolgt von dem nächsten kleinen Schritt. So werden Problemstellungen, die zu Beginn unüberwindbar erscheinen, zu einer lösbaren Herausforderung. Der Berater versteht sich dabei selbst als eine Art Wegbegleiter und Impulsgeber für das zu beratende System. Dabei ist er sich bewusst, dass er die Prozesse innerhalb des Systems und damit den Output nicht direkt beeinflussen kann. Die Lösung eines systeminternen Problems kann nur aus dem System selbst heraus entstehen. Unternehmensberater haben oft den Ruf, eine Organisation komplett „umkrempeln" zu wollen und sie dann mit den Neuerungen allein zu lassen. Systemische Beratung wirkt diesem häufig beschriebenen Problem entgegen, konzentriert sich auf den Weg der kleinen Schritte und drückt durch die Annahme, das jedes System dazu in der Lage ist, die für sich beste Lösungsstrategie zu finden, ein hohes Maß an Wertschätzung aus. Die Methoden der systemischen Beratung tragen diesem Verständnis Rechnung und versuchen, die systemeigenen Ressourcen zu identifizieren und zu mobilisieren. Kollegiale Fallberatung, Workshops und Coachings sind geeignete Mittel, um Unternehmen auf ihrem Weg zu begleiten und zu unterstützen. Dabei wird stets darauf geachtet, alle Beteiligten einzubinden, sie mit ihren unterschiedlichen Sichtweisen zu achten, anzuerkennen und sie ernst zu nehmen.

2. Orientierung an der Marke

Offensichtlich beschreibt der systemisch-markenorientierte Ansatz eine Ausrichtung der Beratungsaktivitäten an der Marke. Markenorientierung bedeutet in diesem Zusammenhang, die Marke als eine Ressource und Orientierungshilfe zu nutzen. Die durch den Beratungsprozess angestrebten Organisationsveränderungen und Lösungsstrategien erhalten durch die Orientierung an der Marke einen spezifischen Bezugsrahmen, eine Art Leitplanke. Wie erwähnt ist die Orientierung stiftende und Komplexität reduzierende Wirkung von Strukturen hilfreich und notwendig, damit sich ein System in der Umwelt zurechtfindet. Marke kann diese Struktur vorgeben, indem sie den Möglichkeitsraum eingrenzt. Denn Marken werden stark durch Fokussierung, Reduktion und Wiederholung. Die Orientierung der Beratung an der Marke reduziert folglich Komplexität und stellt zudem sicher, dass die Aktivitäten in eine sinnvolle Richtung gelenkt werden. Ein derartiges Beratungsverständnis hilft dabei, die Markenidentität eines Unternehmens zu stärken, und stellt die positiven Wirkungen des Markenphänomens für die Reduzierung von Unsicherheit und Komplexität des Marktgeschehens sicher.

3. Marke aus einer systemtheoretischen Sicht

Verfolgt man einen systemisch-markenorientierten Beratungsansatz, so betrachtet man auch das Markenphänomen aus einer systemtheoretischen Perspektive. Aus systemischer Sicht wird die Entstehung einer Marke als Lösungsversuch eines spezifischen Beobachterproblems definiert. In diesem Kontext stellt das Markenphänomen einen Mechanismus dar, der es dem Beobachter ermöglicht, die Komplexität und Ungewissheit des Marktgeschehens zu reduzieren (Hüllemann 2007). Die Marke an sich ist kein System, doch sie

kann ein System ordnen. Der Blick aus der systemtheoretischen Perspektive eröffnet neue Handlungsspielräume und wird zudem der Komplexität der Markenunterscheidung und des Wirtschaftssystems, in dem sich das Phänomen herausbildet, gerecht. Darüber hinaus verdeutlicht diese Perspektive den zentralen Aspekt der Unterscheidungsfunktion, die eine Marke aufweist, und fördert diese.

Der systemisch-markenorientierte Beratungsansatz eignet sich sehr gut, Unternehmen dabei zu begleiten, Marke und Führung in Einklang zu bringen.

▷   Organisationen werden im Leadership Branding systemisch-markenorientiert betrachtet.

2.7   Dumme Helden im Management?

> Die Menge meint, alles zu wissen und alles zu begreifen, und je dümmer sie ist, desto weiter erscheint ihr ihr Horizont.
>
> Anton Tschechow

Managern wird die Verantwortung für etwas zugeschrieben, das sie nicht direkt beeinflussen können. Denn Unternehmenserfolg ist nicht kontrollierbar. Ein Unternehmen folgt keiner mechanischen Logik, es ist ein sich selbst organisierendes soziales System, das einem lebenden Organismus gleicht. Die Wechselwirkungen in einem Unternehmen sind so vielfältig, dass niemand die Auswirkungen seines Handelns vorhersehen kann. Hinzu kommen zahlreiche unkalkulierbare Einflüsse von außen. Ob sich eine Gruppe von Menschen in einem Unternehmen der vorgeschlagenen Richtung eines Managers anschließt, ist Ergebnis eines komplexen Kommunikationsprozesses. Von heldenhafter Kontrolle kann hier kaum die Rede sein.

Beispiel

Ein Fußballspiel ist ein gutes Beispiel dafür. Der Trainer kann während des Spiels nicht auf alle Spieler gleichzeitig Einfluss nehmen und selbst auch keine Tore schießen. Das muss er schon den Spielern überlassen, auch wenn es schwer fällt. Ob eine Mannschaft Erfolg hat, hängt auch davon ab, wie gut sich die Spieler kennen und miteinander kommunizieren. Hierauf kann ein Trainer allerdings sehr wohl Einfluss nehmen (Grubendorfer 2009). Ein Fußballspiel ist überhaupt nur möglich, weil sich die Beteiligten vorher auf Regeln geeinigt haben. Elementar wichtig ist das Aufstellen von Toren, damit die Spieler auch wissen, in welche Richtung sie den Ball schießen sollen. Man stelle sich vor, es gäbe keine Tore oder die Spieler könnten nicht sehen, wo die Tore stehen – dann würden die Bälle in alle verschiedenen Richtungen geschossen. So macht es in Unternehmen auch häufig den Eindruck, dass den Führungskräften nicht klar ist, wohin sie ihre Bälle schießen sollen. Sie handeln unkoordiniert und schießen ihre Bälle in verschiedene Richtungen. Manchmal liegt das daran, dass ihnen nicht die Gelegenheit gegeben wird, sich abzustimmen, und manchmal auch daran, dass viel zu viele Tore aufgestellt werden und gar nicht klar ist, welches Tor das wichtigste ist.

„Während die heroischen Manager der Vergangenheit alles wussten, alles konnten und jedes Problem lösten, fragt der postheroische Manager, wie ein Problem so gelöst werden kann, dass dadurch gleichzeitig die Fähigkeit anderer entwickelt wird, damit umzugehen."[4] So etablierte Charles Handy, ehemaliger Vorstand von Shell, den Begriff des postheroischen Managements. „Handy schwebt dabei eine Spielart von Management vor, die mit den verbreiteten Kontrollillusionen und Größenphantasien nichts mehr gemein hat und ,Bodenhaftung' mit Visionskompetenz vereint" (vgl. postheroisch.wordpress.com). Nach Baecker (1996) entwickelt sich durch den Gedanken des postheroischen Managements ein neuartiger Spürsinn für die sachlichen und sozialen Dimensionen der Organisation von Arbeit und der Verteilung von Verantwortlichkeiten. Ein Manager muss nicht alles wissen oder können. Aber eines ist unabdingbar: Er muss Kommunikationsprozesse so organisieren können, dass an deren Ende tragfähige, lebbare und nachhaltige Entscheidungen möglich werden. Wie kann eine Führungskraft die Handlungen ganz unterschiedlicher Menschen koordinieren? Sie kann sie nicht direkt steuern, da es keinen gradlinigen Ursache-Wirkungs-Zusammenhang zwischen ihrem Verhalten und den Handlungen ihrer Mitarbeiter gibt. Sie kann aber die Aufmerksamkeit auf bestimmte Dinge fokussieren, sodass sie eine Chance hat, dass diese Dinge auch in den Fokus ihrer Mitarbeiter gelangen. Die Führungskraft hat den Vorteil gegenüber allen anderen, dass auf sie geschaut wird. Ob sie es also will oder nicht, ob sie es bewusst tut oder nicht, fokussiert sie die Aufmerksamkeit und steuert durch Fokussierung der Aufmerksamkeit. Jede Führungskraft sollte sich selbst dahingehend beobachten, was sie anderen implizit oder explizit mitteilt, denn wo sie hinschaut, vermittelt sie anderen, was sie wichtig findet. Ich kann als Führungskraft zehnmal verkünden, dass mir Pünktlichkeit wichtiger ist als Kreativität, wenn ich durch mein Verhalten die Aufmerksamkeit auf ganz andere Dinge fokussiere (vgl. „Der postheroische Manager", Interview mit Fritz B. Simon auf youtube.com).

▸   Leadership Branding folgt dem Gedanken des postheroischen Managements und will Führungskräften ein Instrument an die Hand geben, das ihnen hilft, Aufmerksamkeit zu fokussieren – die Marke.

Aufgabe von Führung muss und kann es deshalb nur sein, Strukturen und Rahmenbedingungen zu schaffen (ein Tor aufzustellen) und Formen der Kommunikation zu etablieren (Regeln zu vereinbaren, einen Ball ins Spiel zu bringen), durch die intelligente Spielzüge innerhalb des Unternehmens entstehen. Eine direkte Einwirkung auf das System ist nicht möglich (vgl. Simon 2004). Ein Manager kann strukturbildend wirksam werden und Regeln etablieren, an denen sich Handlungen Einzelner ausrichten können.

---

[4] "Whereas the heroic manager of the past knew all, could do all, and could solve every problem, the postheroic manager asks how every problem can be solved in a way that develops other people´s capacity to handle it."

Beispiel

Kampfjets werden im Gegensatz zu konventionellen Flugzeugen so konstruiert, dass sie sich prinzipiell ständig im Absturz befinden und mehrere Lenkbewegungen pro Sekunde nötig sind, um sie in der Luft zu halten, was von keinem menschlichen Piloten geleistet werden kann. Der Vorteil ist, dass ein Kampfjet dadurch viel flexibler und wendiger als ein auf Stabilität ausgelegtes, konventionelles Flugzeug ist. Erst die Arbeit eines Computers, der für den Piloten eine Blackbox bleibt, ermöglicht es dem Piloten, diesen Flugzeugtyp zu steuern. Ohne Piloten geht es aber übrigens auch nicht, denn es braucht jemanden, der die gewünschte Richtung vorgibt.

Wie bei der Führung von Kampfjets muss sich ein Manager von der Illusion verabschieden, er habe direkte Kontrolle über den Erfolg des Unternehmens (vgl. Krusche 2010, S. 173). Gleichzeitig muss er sich aber darauf konzentrieren, die Richtung vorzugeben. Und genau hier setzt die so wichtige Redefinition von Leadership an (siehe auch Kap. 5). Anstatt zu meinen, sie können ihre Mitarbeiter direkt steuern, müssen Manager zu einem Selbstverständnis kommen, das sie zu „Aufmerksamkeitsbeeinflussern" macht. Führungskräfte können steuern, indem sie die Aufmerksamkeit auf die für das Überleben der Organisation richtigen Dinge fokussieren.

▶ Leadership Branding macht Führungskräfte zu Aufmerksamkeitsbeeinflussern.

Manager tragen durch ihre Präsenz innerhalb und außerhalb des Unternehmens zur Markenwahrnehmung ihres Unternehmens bei, denn sie sind Repräsentanten des Unternehmens. Durch die Begegnung mit einer Führungskraft wird das Unternehmen erlebbar. Dieser Wirkung sind sich nicht alle Führungskräfte bewusst. Die Verantwortung, die aus dem Umstand resultiert, dass Führungskräfte Unternehmensvertreter sind, lässt sich auch nicht nach Feierabend ablegen. So ist auch eine Führungskraft noch nach Feierabend, beispielsweise nach einem Seminar, an der Theke noch Führungskraft und keine Privatperson.

Auch wenn Manager den Unternehmenserfolg nicht direkt kontrollieren können, so sind sie trotzdem dazu da, das Unternehmen erfolgreich zu machen, denn sonst wären sie überflüssig. Unternehmenserfolg setzt die Existenz bzw. den Fortbestand eines Unternehmens voraus. Um erfolgreich zu sein, muss ein Unternehmen zunächst einmal überleben. Damit es überlebt, müssen seine relevanten Umwelten, zum Beispiel seine Mitarbeiter, ebenfalls überleben. Die beliebte Seminarfrage: „Wie motiviere ich meine Mitarbeiter?", erweist sich plötzlich als Frage nach dem „Umweltschutz" (vgl. Simon 1998). „Ein lebendes System, welches die für sein Überleben nötige Umwelt zerstört, zerstört sich selbst" (Bateson 1971).

Wenn ein Unternehmen überlebt, haben Manager scheinbar die richtigen Entscheidungen getroffen. Wenn nicht, dann nicht. Um den Erfolg sicherzustellen, muss ein Manager die für das Unternehmen relevanten Umwelten, seine „Spielfelder", beobachten und bewerten, indem er Reaktionen dieser Umwelten auf sein Unternehmen einkalkuliert. Er muss den Überblick behalten. Die relevanten Umwelten sind zum Beispiel die Märkte, in denen ein Unternehmen aktiv ist, wie Arbeitsmarkt, Absatzmarkt, Finanzmarkt und Meinungsmarkt. Das Mitdenken verschiedener Umwelten und ihrer Stakeholder ist auch für die Markenentwicklung elementar, denn auch Marken werden nicht von heute auf morgen geboren und müssen intelligent geführt werden, um zu überleben. Es braucht eine auf Langfristigkeit ausgerichtete Markenstrategie. Das Thema Leadership steht in Bezug auf das Mitdenken relevanter Umwelten hingegen noch lange nicht dort, wo es stehen sollte. Schaut man sich die Managemententwicklungsprogramme von Unternehmen an, so wird schnell klar, dass kaum strategische Fundamente vorhanden sind und für die Konzeption von Maßnahmen die relevanten Umwelten (Märkte) selten ganzheitlich berücksichtigt werden.

Ob ein Manager seine Umwelten beobachtet und Entscheidungen auf dieser Grundlage trifft oder nicht – Rückkopplungen gibt es in jedem Fall. Jedes Verhalten hat Folgen. Alles hat seinen Preis. Es ist einleuchtend, dass ein auf langfristigen Erhalt ausgerichtetes Familienunternehmen, das sich lediglich einmal im Jahr im Rahmen einer Gesellschafterversammlung dem eigensinnigen Vater gegenüber zu rechtfertigen hat, andere Entscheidungen trifft als eine börsennotierte Aktiengesellschaft, die vierteljährlich Quartalsberichte für ihre Anleger verfassen muss. In beiden Fällen sind die Kapitalgeber ein für das Unternehmen relevantes Spielfeld, das bei Entscheidungen berücksichtigt werden will und muss. Die Rückkopplungen sind jedoch denkbar verschieden und erfordern unterschiedliche Entscheidungen, um das Überleben des Unternehmens zu sichern. Für ein Familienunternehmen ist es häufig schwieriger, die Mitarbeiter davon zu überzeugen, dass die Umsatzrendite steigen muss, als für eine Aktiengesellschaft. Der vermeintliche Druck, der durch den Kapitalmarkt auf das Unternehmen durchschlägt, ist jedoch häufig auch ein Pseudoargument, um den letzten Tropfen aus einem Unternehmen zu quetschen, wovon meist das Top-Management profitiert.

Nicht alle Rückkopplungen aller relevanten Umwelten sind sofort spürbar noch eindeutig kalkulierbar.

Die Herausforderung für einen Manager ergibt sich aus der Komplexität, die sich durch die Beobachtung der relevanten Umwelten (Märkte) ergibt. Eindeutige und überdauernde Spielregeln gibt es nicht, Akteure wechseln, Märkte verändern sich, neue kommen hinzu. Der Manager muss zwischen Widersprüchen balancieren, z. B. zwischen Bedürfnissen von Kapitalgebern, Kunden und Mitarbeitern. Die gleichzeitige Fokussierung der Aufmerksamkeit auf die verschiedenen Umwelten ist eine große Herausforderung. Der Manager findet sich zunehmend in der Rolle eines Jongleurs wieder, der mehrere Bälle in der Luft halten soll, sicherlich auch will, aber nicht unbedingt kann. Unternehmensführung gleicht einem Kunststück. Es ist hilfreich, das zu akzeptieren. Unsicherheit und Unkontrollierbarkeit, die Möglichkeit des Scheiterns, sind für Manager eine Chance. Warum so tun, als ob man die Sache im Griff hätte? Damit stirbt zwar der Heldenmythos, doch Führung braucht auch keine Helden, sondern eher Künstler, wenn man damit den Grad der Originalität in den Vordergrund rückt, der nötig ist, um neue Ausdrucksformen zu finden. Dabei soll gelten: Je mehr eine Ausdrucksform aus der üblichen Routine heraus sticht, desto besser ist sie geeignet, die nötige Aufmerksamkeit zu erzeugen und zu fokussieren. Der kreative, postheroische Manager sollte in der Lage sein, Ausdrucksformen zu finden, die a) Aufmerksamkeit auf sich ziehen, b) die Aufmerksamkeit in eine nützliche Richtung lenken und er sollte c) ein Fingerspitzengefühl dafür haben, wann und wie viel Aufmerksamkeit einem Thema gut tut.

Kompexität reduzieren

Die Markenentwicklung steht für ein Vorgehen, das in der Führungskräfteentwicklung noch eher unüblich ist: Komplexität auf zentrale Aussagen herunterbrechen. Wofür stehen die Führungskräfte eines Unternehmens? Auch ist es im Prozess der Markenentwicklung üblich, die Positionierung kreativ zu übersetzen, um sie den Zielgruppen näherzubringen. Welche Bilder, Botschaften, Themen etc. gibt es zum Führungsverständnis? Markenstrategien werden kreativ und emotionalisierend in Wort und Bild umgesetzt, in Logos, Slogans, Key Visuals und Headlines – um so in die Wahrnehmung der Zielgruppen zu gelangen. Wo bleibt das Kreativkonzept für das Thema Führung?

Der Manager steht aufgrund seiner Funktion im Fokus der Aufmerksamkeit aller Stakeholder. Er wird beobachtet, und erfährt erst dadurch die Möglichkeit, andere zu beeinflussen und steuernd zu wirken. Worüber er auch zur Markenwahrnehmung wesentlich beiträgt. Er hat die Möglichkeit, im Unternehmen das Bewusstsein für die relevanten Themen zu schärfen, und dafür zu sorgen, dass das so bleibt und nicht wieder vergessen wird. Gemeinsame (Führungs-)Kraft entsteht über die Fokussierung der Aufmerksamkeit auf die Passung zwischen Prozessen und Akteuren einerseits und den relevanten Umwelten andererseits. Versteht sich der Manager als Markenbotschafter? Damit wäre viel gewonnen. Wenn Manager scheitern, dann meistens deshalb, weil sie nicht wissen, nach welchen Prinzipien Unternehmen ihre Kommunikationsstrukturen entwickeln. Was nicht in den Fokus der Aufmerksamkeit der Stakeholder gerät, löst keine Kommunikation aus, wird folglich nicht beobachtet. Was nicht beobachtet wird, findet nicht statt. Es bewirkt nichts, es löst nichts aus, auch keine Gegenreaktion. Es hat keine soziale Realität. Management muss deshalb immer versuchen, Aufmerksamkeitsfokussierungen zu beeinflussen: Wer schaut wohin und wohin schaut keiner? Was wird ausgeblendet? Wer bewertet was? Und wie? Welche Entscheidungen werden folglich getroffen? Und welche nicht? Welche Konsequenzen haben diese Entscheidungen für die relevanten Stakeholder – Kunden, Mitarbeiter, Öffentlichkeit, Investoren? Unternehmen sind ideelle Gebilde. Sie existieren nur in Ereignissen und nur so lange, wie sich Akteure finden, die mitmachen und die gemeinsam beschließen, dass es sinnvoll ist, sich dafür zu engagieren; dies ist überlebensnotwendig. Es braucht zudem ein Gedächtnis, denn sonst würde sich niemand erinnern, was er machen soll und warum. In alten Kulturen erfüllten Geschichtenerzähler die Gedächtnisfunktion. In Unternehmen wird dies häufig auch über Geschichten, Anekdoten, aber auch über Strategieformulierungen und Leitbilder versucht. Doch die Formulierung eines Führungsleitbilds hat so lange keine Gedächtnisfunktion, bis sie Einzug in die Kommunikation erhält. Und das zeigt sich im Unternehmensalltag. Welche Botschaften werden wiederholt? Nach welchen Spielregeln wird faktisch gespielt? Welche Spielzüge und -muster sind erkennbar? Tatsächliche Handlungen sind viel sinnstiftender als jede Broschüre und jeder Bericht. Aufgabe von Führung ist es, Sinn als Währung und Kapital zu sehen, Abstimmung über individuelle Bedeutungs- und Sinnstrukturen zu ermöglichen. So können die richtigen Botschaften Einzug in die interne Kommunikation und in den Unternehmensalltag halten. Manager sind als ideelle Führer gefragt. Um das erfüllen zu können, brauchen sie eine bestimmte Haltung und ein klares Profil.

Begreift man Führung als Beeinflussung von Aufmerksamkeit, und will man einer Gruppe von Menschen (z. B. Vorstände, Geschäftsleitung) Unterstützung anbieten, so sollte man sie zuerst dabei unterstützen, ein gemeinsames Führungsverständnis zu finden.

- Das gemeinsame Führungsverständnis sollte genau definieren, auf welche Aspekte sich die Aufmerksamkeit konzentrieren soll.
- Es sollte entsprechende Kommunikationsstrukturen und Prozesse etablieren.
- Es sollte festlegen, entlang welcher Prämissen Entscheidungen getroffen werden sollen.
- Es sollte helfen, Bedeutungen zu klären, und Sinnangebote machen.

Dieses Führungsverständnis sollte möglichst weit zugespitzt werden. Denn Aufmerksamkeit kann sich nur fokussieren, wenn es einen klaren Referenzpunkt gibt. Anschließend können klare Anforderungen an Führungskräfte definiert werden, die dann auch Einzug in die Kommunikation und damit in die Realität aller Stakeholder halten. Denn Leadership ist das, was empfangen, verstanden und emotional akzeptiert wird, und nicht, was gesagt und gedacht wird. Wer das verstanden hat, ist der wahre Held der Chefetage.

2.8   Was ist gute Führung?

Unternehmen beantworten die Frage nach „guter" Führung seit einiger Zeit gerne mit der Auflistung verschiedener Kompetenzen. Eine Führungskraft wird dann danach beurteilt, inwiefern sie diesen Kompetenzen gerecht wird, inwiefern sie z. B. kundenorientiert, zielstrebig oder strategisch vorgeht. Es gibt sogar Verfechter des Ansatzes, Kompetenzmodelle unternehmensübergreifend zu vereinheitlichen, um damit Leistung besser vergleichbar zu machen. (So einigten sich zum Beispiel die an der Initiative „Wege zur Selbst GmbH e. V." beteiligten Unternehmen nach eigenen Angaben auf vergleichbare Kompetenzmodelle, selbst-gmbh.de). Damit wäre dann das Gegenteil von unternehmensspezifischer Führung erreicht – und in meinem Verständnis dann auch das Gegenteil von „gut", denn was gut ist, ist relativ und muss kontextspezifisch beantwortet werden. Um das zu verstehen, hilft wieder ein Blick auf die Systemtheorie und den Konstruktivismus, denn ein und dieselbe Handlung kann in verschiedenen Kontexten eine völlig andere Bedeutung haben. Folgendes Beispiel verdeutlicht dies:

In Unternehmen A ist erwünscht, dass sich Führungskräfte in bereichsübergreifenden Meetings klar positionieren und ihre Meinung vertreten, sodass sie in ihrem Verständnis über die Dinge sichtbar werden. Wer sich in einem Meeting nicht äußert, gilt als „schwach". In Unternehmen B ist hingegen erwünscht, dass sich Führungskräfte in Meetings eher zurückhalten und versuchen, einen Gruppenkonsens auszuloten. Wer hier zu lautstark seine Position vertritt, gilt als aufdringlich und selbstverliebt. Es ließe sich eine endlose

Liste erstellen, wie ein und dasselbe Verhalten von Kontext zu Kontext völlig unterschiedliche Konsequenzen hat. Auch Ulrich und Smallwood kritisieren die Bemühungen der Unternehmen, ihren Führungskräften „gute Führung" anhand von generischen Kompetenzmodellen beizubringen: „Many firms rely on a competency model that identifies a set of generic traits" (vgl. Ulrich und Smallwood 2007, S. 3).

Welche Bedeutung hat dies im Zusammenhang mit einer guten Führung? Wenn gute Führung kontextspezifisch definiert werden muss, welche Auswirkungen hat das dann auf die Anforderungen an Führungskräfte? Verhaltensorientierte Ansätze (meist sind die Verfasser auch die Verfechter von Verhaltenstrainings) gehen davon aus, dass sich Führungskräfte an ganz verschiedene Situationen anpassen können und führungsstilflexibel zwischen ganz verschiedenen Verhaltensweisen hin und her zu wechseln in der Lage sind. Dem gegenüber stehen neuere Forschungsergebnisse, die zeigen, dass unterschiedliche Kontexte ganz verschiedene Führungspersönlichkeiten erforderlich machen. An einzelnen Verhaltensweisen kann in Trainings gefeilt werden, der Kontext kann aber nicht einfach mit dem gleichen Führungserfolg gewechselt werden (Steyrer und Meyer 2010). Um die Frage nach „guter Führung" zu beantworten, sollte ein Blick auf die Passung zwischen einer Führungspersönlichkeit und dem organisationalen Geschehen geworfen werden. Zwei Führungskonzepte werden immer wieder zitiert: Mitarbeiter- vs. Aufgabenorientierung und transaktionale vs. transformationale Führung. Zwischen beiden dualen Konzepten können sogar Ähnlichkeiten gefunden werden, wie Tab. 2.1 zeigt.

Sind diese Stile erfolgreich? Auch hier zeigen die Ergebnisse verschiedener Studien in der Zusammenschau, dass sich die verschiedenen Stile mehr ergänzen als widersprechen (siehe Tab. 2.2).

Das wichtigste Ergebnis ist wohl, dass sich keiner der Führungsstile als klarer Sieger zeigt. Steyrer und Meyer (2010) sehen dies als Hinweis, dass es die verschiedenen, organisatorischen Rahmenbedingungen sind, die unterschiedliche Führungsstile erfordern (vgl. S. 151). Es gibt Ansätze, die ganz spezifische Kontextbedingungen in den Zusammenhang mit Führungserfolg bringen, z. B. das Reifegradmodell nach Hersey und Blanchard (1987), das der Führungskraft nahelegt, den Reifegrad eines Mitarbeiters zu berücksichtigen und sich situativ unterschiedlich zu verhalten. Der Reifegrad wird einerseits durch das Ausmaß des Wollens und andererseits durch das Ausmaß des Könnens bestimmt. Hersey und Blanchard beschreiben durch die verschiedene Kombination der beiden Facetten vier Grundformen der Mitarbeiterreife und vier dazu passende Führungsstile.

Neuer hingegen ist der Gedanke, dass sich Führungserfolg weniger in spezifischen Kontexten, in einzelnen Führungskraft-Mitarbeiter-Situationen entscheidet, sondern durch die Organisationsumwelt. Mit Organisationsumwelt meinen Steyer und Meyer (2010, S. 151) einerseits die Umweltkomplexität, die sich „auf die Vielgestaltigkeit und die Übersichtlichkeit relevanter Umwelten einer Organisation" bezieht und die „Umweltdynamik, (…) ein Maß für die Veränderlichkeit der Umweltbedingungen über die Zeit hinweg". Je dynamischer und komplexer das Umfeld ist, in dem sich eine Organisation bewegt, desto Erfolg versprechender wird ihrer Meinung nach die transformationale Führung.

Tab. 2.1 Vergleich der Führungsstile (Steyrer und Meyer 2010, S. 150)

Mitarbeiterorientierung	Transformationale Führung			Transaktionale Führung	Aufgabenorientierung
	Individuelle Wertschätzung	Intellektuelle Stimulierung	Inspiration Charisma		
Das Wohlergehen der Mitarbeiter fördern	Mitarbeiter individuell beachten	Eingefahrene Denkmuster aufbrechen	Über fesselnde Visionen, Strategien motivieren	Ziele klar und operational definieren bzw. vereinbaren	Betonung von Leistung und Arbeitseinsatz
Aufbau einer guten Beziehung	Mitarbeiter fördern und entwickeln	Neue Einsichten vermitteln	Relevanz von Zielen und deren Bedeutung erhöhen	Erfolgserwartung steigern	Tadeln bei mangelhafter, langsamer Arbeit
Faire, gleichberechtigte Behandlung aller	Hilfestellung geben	Kreatives Denken ermöglichen	Als Identifikationsobjekt fungieren	Zusammenhang zwischen Zielerreichung und Belohnung verdeutlichen	Aktivierung zu höchster Leistung
Unterstützung bei der Aufgabenerfüllung	Verträglichkeit von Mitarbeiter- und Arbeitszielen analysieren		Als exzeptionell bzw. exemplarisch erscheinen	Zielerreichung durch monetäre Anreize belohnen	Fokus liegt auf voller Einsatzbereitschaft
Freie, offene Kommunikation					Durchsetzungsbereitschaft
Bereitschaft zum Einsatz für die Mitarbeiter					

Tab. 2.2   Wirksamkeit von Führungsstilen – metaanalytische Ergebnisse (Steyrer und Meyer 2010, S. 151)

	Mitarbeiter-orientierung	Aufgaben-orientierung	Transfor-mationale Führung	Transak-tionale Führung	Be-dingte Verstär-kung
Arbeitszufrie-denheit der Mitarbeiter	0,40	0,19	0,27	0,24	0,39
Mitarbeiterzu-friedenheit mit der Führungs-kraft	0,68	0,27	0,57	0,21	0,64
Führungs-effektivität (subjektiv)	0,39	0,28	0,52	0,27	0,56
Führungseffek-tivität (objektiv)			0,10	−0,05	0,16
Führungseffek-tivität (objektiv) (Geyer und Steyrer 1994)	0,12	0,13	0,17	−0,06	0,13

Meines Erachtens ist es nicht nützlich, sich zu fragen, welcher Führungsstil allgemein zum Erfolg führt. Denn die Frage nach dem Führungserfolg kann nur unternehmens-spezifisch beantwortet werden. Neben dieser scheinbar bahnbrechenden Erkenntnis, dass „gut" relativ ist, dass es also auf den Kontext ankommt, welches Führungshandeln mit „guter Führung" bewertet werden darf, scheinen sich die für das Thema Führung ver-antwortlichen Personen auch nicht besonders bewusst darüber zu sein, wie überhaupt im Unternehmen geführt wird. Wahrscheinlich, weil diese Frage intern nicht gestellt und dis-kutiert wird. Die spezielle Führungskultur eines Unternehmens gelangt also gar nicht erst in den Fokus der Aufmerksamkeit.

Bei den vielen Gesprächen, die ich in den letzten Jahren mit Entscheidern über Führung geführt habe, ist mir ein Phänomen mehrfach begegnet. Auf die Frage: „Wie wird in Ih-rem Unternehmen geführt?", habe ich nur in den seltensten Fällen eine zufriedenstellende Antwort bekommen. Oftmals fallen dann Begriffe wie Unternehmensphilosophie, Ver-kaufsstrategie, Vertriebsphilosophie, Mitarbeiterschulungen. Ein gemeinsames Führungs-verständnis kann meistens nicht beschrieben werden. Entscheidend ist aber, wie geführt werden muss, damit beispielsweise Vertriebsphilosophie von allen gelebt wird. Schulungen alleine reichen nicht aus. Führungskräfte müssen sie vorleben und entsprechend handeln, um diese Philosophie zu stärken. Wichtig ist außerdem, was die propagierte Vertriebsphilosophie für die Führungskräfte und deren Führungsverständnis heißt. Das Fazit, das ich aus vielen Gesprächen gezogen habe, lautet: Gute Führung ist für viele Unternehmen nur auf Vertriebserfolge beschränkt. Wie hierfür die Führung aussehen muss, ist oftmals nicht definiert.

- Führung und Marke werden noch nicht bewusst miteinander verbunden, so dass sie auch meistens nicht im Einklang miteinander stehen.
- In den meisten Unternehmen besteht keine gemeinsame Vorstellung davon, wie geführt wird bzw. wofür die Führungskräfte stehen, also welches Führungsverständnis sie haben.
- Führungskräfteentwicklung ordnet sich oft den Wünschen einzelner Fachabteilungen unter oder will es allen recht machen und wird dadurch beliebig.
- Die Schulung von Führungskräften erfolgt selten unternehmensspezifisch, sondern bedient sich allgemeingültiger Standards „guter Führung".
- Gerade die Entwicklung von Top-Managern wird häufig aus der Hand gegeben und findet extern an renommierten Hochschulen oder Instituten statt. Dort widmet man sich dann ebenfalls den allgemeinen Theorien und Praktiken, anstatt sich zu fragen, wie Führung speziell im eigenen Unternehmen aussehen sollte.

2.9 Führungsstil folgt der Führungshaltung

In vielen Gesprächen, die ich in den letzten drei Jahren über Leadership Branding führen durfte, kam immer wieder die Frage, ob es sich hier um „Gleichmacherei" handele. Jede Führungskraft müsse doch ihren eigenen und ganz individuellen Führungsstil finden. Einen Führungsstil könne man doch nicht unternehmensweit verordnen. Die Kritik ging sogar einmal soweit, Leadership Branding als „Gehirnwäsche" zu bezeichnen. Und was sei schließlich mit der Erkenntnis, dass situative Führung nachgewiesenermaßen der Schlüssel zum Führungserfolg sei? Ob denn nun jede Führungskraft dasselbe tun solle, und wie man das überhaupt sicherstellen wolle – etwa durch einen Katalog mit erwünschten und unerwünschten Verhaltensweisen? In dieselbe Richtung gingen Diskussionen über das Thema Vielfalt (engl. Diversity) im Unternehmen – denn das müsse sich doch dann einem gemeinsamen Führungsverständnis widersprechen. Statt Vielfalt nun also plötzlich Einfalt? Ich zitiere aus einem Interview, das Christoph Athanas, metaHR im Frühjahr 2011 mit mir führte:

Beispiel

„metaHR Blog: Starke Marken sind bekanntermaßen identitätsstiftend und bündeln die Wahrnehmung auf den eigenen Kern. Das ist für die Außendarstellung und -kommunikation erfolgsförderlich und steigert bisweilen den Unternehmenswert. Eine solche Fokussierung und Bündelung nach innen könnte jedoch zu einer künstlichen

Verkürzung von komplexen Unternehmenskulturen führen, sodass sich ein Teil der Belegschaft nicht ausreichend repräsentiert fühlt. Man denke dabei auch an die großen Anstrengungen für bewusste Vielfalt in Unternehmen, Stichwort „Diversity Management", die unterlaufen werden könnten. Wie sehen Sie diese Aspekte möglicher Risiken bei der unternehmensinternen Arbeit mit Marken?

C.G.: Eine tolle Frage! Danke. Ja, starke Marken fokussieren die Aufmerksamkeit auf das Wesentliche. Sie schaffen es, sich zu reduzieren, zu pointieren und damit eine klare Botschaft zu vermitteln. Genau hier liegt der Nutzen einer Marke nach innen. In meinem Verständnis sollte eine Unternehmensmarke immer Spiegel der aktuellen Identität – oder man könnte auch Unternehmenskultur sagen – sein. Das allein reicht natürlich nicht, denn Marke ist ein Instrument der strategischen Unternehmensführung, d. h. eine Markenpositionierung muss auch immer einen Schritt in eine Zielrichtung abbilden. Es ist eine regelrechte Kunst, die Komplexität einer Unternehmenskultur aufzuspüren, den „genetischen Code" des Unternehmens zu entschlüsseln und dann auf den Punkt zu bringen, was davon relevant ist für eine Markenpositionierung. Und ja, das ist ein Prozess, in dem wir sehr gut darauf achten, verschiedene Interessen und Wahrnehmungen zu wertschätzen. Trotzdem kommt es letztlich darauf an, sich zu entscheiden, denn man will ja einen Unterschied machen. Marken differenzieren. Und um den Unterschied zu machen, muss ich mich fokussieren. Alles andere, was dann auch noch schön wäre zu sagen, fällt leider weg, weil es die Klarheit der Markenbotschaft unterwandern würde. Das fällt in der Umsetzung vielen schwer. Immer wieder bekommen wir Texte oder Konzepte auf den Tisch mit der Bitte zu prüfen, ob diese auch zur Markenpositionierung passen. Und oft müssen wir dann ganz viel wegstreichen, weil es nicht die Kernbotschaften sind. Und wir müssen zu Redundanz ermutigen. Der Mensch funktioniert eben nicht anders. Nur was immer wieder in den Fokus der Aufmerksamkeit gelangt, hat eine Chance etwas zu bewirken.

metaHR Blog: Das klingt schlüssig. Trotzdem noch einmal nachgefragt: Wie gehen die Themen Marke, also fokussiert, pointiert und zugespitzt, und „Diversity", also Vielfalt und gewollte Unterschiedlichkeit, zusammen?

C.G.: Diversity und interne Markenentwicklung stehen nicht im Widerspruch. Diversity betont die Unterschiedlichkeit von Mitarbeitern. Diese vielleicht ganz verschiedenen Mitarbeiter eines Unternehmens haben trotzdem immer irgendwelche Gemeinsamkeiten, gerade wenn man von außen auf ein Unternehmen schaut. Markenentwicklung hilft bei der Ausrichtung auf dieses Gemeinsame."

Alle Gespräche wiesen auf ein Missverständnis hin: Bei einem Führungsverständnis geht es um gemeinsame Haltung, nicht um gemeinsames Verhalten. Verhalten ist immer die Folge einer bestimmten Haltung (Abb. 2.8).

Den Begriff Haltung kennen wir aus der Physiologie, wir denken an eine bestimmte Körperhaltung. Doch Haltung heißt auch „Halt geben", Orientierung geben. Haltung hat etwas mit Positionierung zu tun. Es hat auch mit Differenzierung, Grenzziehung zu tun, denn Haltung heißt auch „Halt", also „Stopp" zu sagen. Haltung ist eng verknüpft mit Identität,

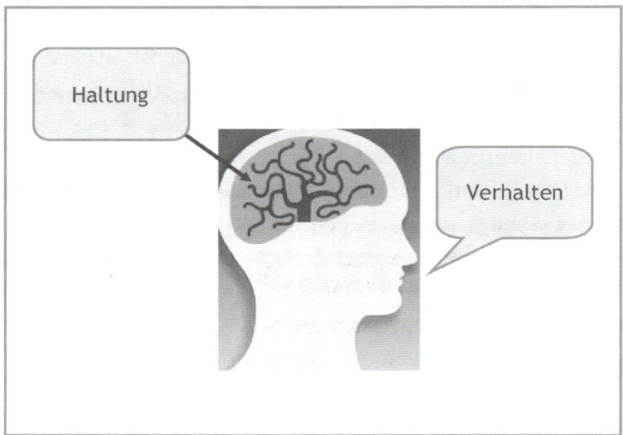

Abb. 2.8 Verhalten folgt der Haltung (eigene Darstellung)

Einstellungen, Überzeugungen, Wahrnehmungsweisen und Wirklichkeitskonstruktionen. Unsere Haltung steuert unser Denken und Handeln und auch umgekehrt. Haltung ist auch die Art und Weise, wie wir Beziehung gestalten (vgl. Königswieser und Hillebrand 2004). Mit Haltung ist die „Grundhaltung" eines Menschen gemeint, die seinem Verhalten und seinen Aussagen zugrunde liegt. Die Psychologie prägt als Pendant den Begriff „Einstellung".

Zum besseren Verständnis möchte ich kurz auf den Klassiker der möglichen Grundhaltungen verweisen: Thomas A. Harris „Ich bin o.k. Du bist o.k." (1975). Thomas A. Harris ist zusammen mit Eric Berne (Autor von „Spiele der Erwachsenen") Begründer der Transaktionsanalyse. Harris beschreibt die vier Grundeinstellungen, die das Verhalten aller Menschen bestimmen (siehe Abb. 2.9):

1. „Ich bin o.k. Du bist o.k." – „Ich akzeptiere mich und ich akzeptiere Dich". Wir sind gleichwertig. Wir sind beide Individuen. Ich akzeptiere konstruktive Kritik und bin bereit, aus meinen Fehlern zu lernen. Ich bin wichtig und Du bist wichtig. Ich übernehme Verantwortung für mich und Du übernimmst Verantwortung für Dich. Ich habe das Recht auf meinen eigenen Standpunk, so wie Du auch".
   Diese Einstellung ermöglicht eine gesunde Entwicklung. Sie fördert ein Klima der Eigenverantwortung. Mit Problemen und anderen Menschen wird ein konstruktiver Umgang angestrebt. Zusammenarbeit funktioniert gut, da der andere in seinen Fähigkeiten wahrgenommen und unterstützt wird und als Individuum Wertschätzung erfährt.
2. „Ich bin o.k. Du bist nicht o.k." – „Ich bin besser als Du. Ich brauche Deinen Misserfolg, damit ich Dir überlegen bin. Ich misstraue Dir und kontrolliere Dich. Ich verfolge Dich, sonst wirst Du mir noch gefährlich."

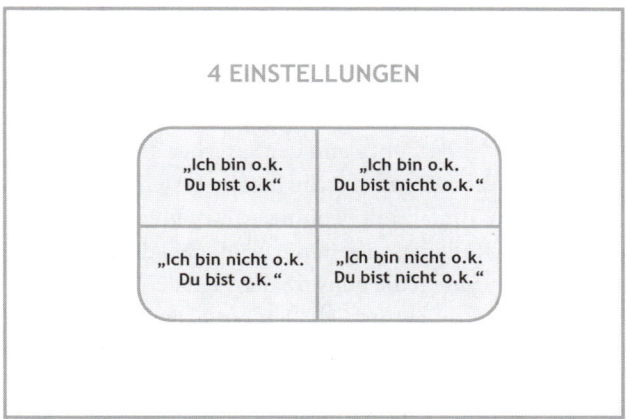

Abb. 2.9   Die vier Einstellungen nach Harris (1975) (eigene Darstellung)

Diese Einstellung fördert ein schlechtes Klima. Manche Menschen werden schlecht gemacht, um selbst besser dazustehen. Starkes Konkurrenzdenken erschwert die Zusammenarbeit. Eigene Erfolge entstehen auf Kosten anderer.

3. „Ich bin nicht o.k. Du bist o.k." – „Ich ordne mich Dir gerne unter. Ich bin weniger wert als Du, kann weniger als Du und bin Dir unterlegen. Ich bin ein Opfer. Mir ist vieles peinlich. Ich bin sehr harmoniebedürftig. Konfliktgespräche sind mir sehr unangenehm. Entscheidungen zu treffen, fällt mir schwer."

Mit dieser Einstellung fällt die persönliche Entfaltung schwer. Entwicklungen und gute Leistungen sind eingeschränkt. Eigenverantwortung ist kaum möglich. Leistung wird erbracht, um anderen zu gefallen oder es ihnen Recht zu machen.

4. „Ich bin nicht o.k. Du bist nicht o.k." – „Ich habe es schwer, deshalb sollen es auch die anderen schwer haben. Ich bin niedergeschlagen. Das Leben ist sinnlos. Ich bin wenig wert, so wie Du auch wenig wert bist. Dann kann man ja nur zynisch, abwertend und aggressiv werden."

Mit dieser Einstellung bleibt man in Problemen stecken, kann mit nichts und niemandem etwas anfangen und ist deshalb beziehungslos.

Ohne diese vier Einstellungen, die Harris ausführlich beschreibt, weiter vertiefen zu wollen, wird an ihrem Beispiel schön greifbar, wie groß die Unterschiede in der Wirkung eines Verhaltens sein können, je nachdem nämlich, welche Haltung bei der Person zugrunde liegt. Es ist deshalb für ein Unternehmen elementar wichtig, sich mit den Einstellungen seiner Mitarbeiter und Führungskräfte auseinanderzusetzen.

Beispiel

Spielen wir das gedanklich mal durch: Wie hört sich die Begrüßung eines Kunden mit den Worten: „Guten Morgen. Wie geht es Ihnen heute? Was kann ich für Sie tun?" an, wenn der Sprecher die Einstellung „Ich bin okay, Du bist nicht okay" hat? Und wie hört sich im Unterschied dazu der Satz an, wenn der Sprecher die Einstellung „Ich bin nicht okay, Du bist okay" hat? Wahrscheinlich schwingt im ersten Fall Abwertung, Überheblichkeit oder Arroganz im Tonfall mit, wohingegen es im zweiten Fall Bewunderung, Unterwerfung oder sogar Resignation sein dürfte, die bei der Begrüßung rauszuhören ist. Wie unterscheiden sich zudem die nonverbalen Signale, die diese Begrüßung begleiten? Sicherlich gibt es Blickkontakt im Fall „Ich bin okay, Du bist nicht okay", im Fall „Ich bin nicht okay, Du bist okay" richtet sich der Blick eher nach unten und es wird kein direkter Blickkontakt aufgenommen. Der gesprochene Satz ist derselbe, das Verhalten ist ähnlich, doch die Einstellung (Haltung) ist in beiden Fällen grundverschieden und in Folge die Wirkung des Verhaltens auf den Kunden wahrscheinlich auch.

Es mag ja Menschen geben, die solche Feinheiten nicht wahrnehmen, doch wir dürfen annehmen, dass die Mehrheit der Menschen einen Unterschied erkennen würde, ob bewusst oder eher unbewusst. Nicht zu unterschätzen ist die Intuition, also die Möglichkeit zu erspüren (ahnend zu erfassen), was passiert. Wir können uns in andere Menschen einfühlen. Dies ist uns vor allem durch sogenannte „Spiegelneuronen" möglich (Bauer 2005).

Beim Leadership Branding geht es nicht darum, einen Verhaltenskatalog zu schreiben, wie sich eine Führungskraft in verschiedenen Situationen zu verhalten hat, sondern um die Formulierung eines Anspruchs an die Haltung einer Führungskraft, die allem Handeln zugrunde liegen sollte. Ein Führungsverständnis prädisponiert eine Führungskraft in einer bestimmten Situation für bestimmte Verhaltensweisen, legt diese jedoch nicht fest. Es fokussiert die Aufmerksamkeit auf bestimmte Aspekte, die durch Führung erreicht werden sollen.

> Beim Leadership Branding geht es darum, gemeinsame Haltung zu zeigen. Deshalb sprechen wir von Führungsverständnis und nicht von Führungsstil.

Kennen wir die Einstellungen der Menschen in unserem Umfeld? Sehr wahrscheinlich eher schlecht als recht, und wenn überhaupt, dann haben wir nur eine ungefähre Ahnung – es sei denn, wir haben eine Zeit lang bewusst darauf geachtet, wie sich eine bestimmte Person verhält, und wir haben das Gespräch mit ihr über bestimmte Themen gesucht. Die Haltung einer Person zeigt sich in ihrem Verhalten, ihren Gefühlen und Gedanken, wobei allerdings nur das Verhalten nach außen sichtbar wird. Gefühle und Gedanken können aber erfragt werden.

Sind wir uns unserer Haltung bzw. unserer Einstellungen bewusst? Es gibt explizite Einstellungen, die uns bewusst sind, und implizite Einstellungen, die uns nicht bewusst sind. So geben die meisten Personen bei Befragungen an, dass sie keine Vorurteile gegenüber Minderheiten hegen. In objektiven Tests zeigen sich dann aber unbewusste Vorurteile, z. B. gegenüber Personen, die nicht zur eigenen Gruppe gehören (Dovidio et al. 2002). Dieses

Verhalten weist darauf hin, dass gelernt wurde, dass Vorurteile gegenüber Minderheiten sozial unerwünscht sind und diese folglich im Gespräch dementiert werden (mit mehr oder weniger eigenem Glauben daran), obwohl die Vorurteile vorhanden sind. Die Anzahl der unbewussten Einstellungen dürfte bei einzelnen Personen stark variieren und in einem engen Zusammenhang mit der Fähigkeit zur Selbstreflexion und authentischem Verhalten stehen. Um im Gespräch mit einer Person mehr über ihre Haltung zu erfahren, müssen also teilweise Fragen gestellt werden, deren Hintergrund die Person nicht direkt „durchschaut", weil sie ansonsten mit hoher Wahrscheinlichkeit sozial erwünschte Antworten gibt. Eine andere Möglichkeit ist die Arbeit mit assoziativen oder projektiven Verfahren (Ehrmeier 2008). Die gute Nachricht ist, dass sich ein Unternehmen gar nicht mit der komplexen Gesamtheit aller Einstellungen seiner Führungskräfte beschäftigen muss, denn der gefragte Bereich, nämlich die Haltung als Führungskraft, lässt sich gut umreißen und dann gezielt erheben, indem gefragt wird, was der Person in ihrer Rolle als Führungskraft wichtig ist und warum.

Wie gelingt es Unternehmen, dass alle Führungskräfte eine ähnliche Haltung einnehmen bzw. eine vergleichbare Einstellung zu den für das Unternehmen relevanten Themen haben und diese auch vertreten? Der Begriff „Führungsverständnis" ist auch in diesem Zusammenhang zu erwähnen. Er trifft die Problematik besser als der Begriff „Haltung", da der Begriff „Haltung" für die Praxis ein bisschen sperrig ist. Ich denke, dass sich die Haltung bzw. das Verständnis einer Führungskraft für ihre Rolle durch einen Leadership Branding Prozess bewusst machen und evtl. auch verändern lässt (siehe auch Abschn. 2.5).

Um ein gemeinsames Führungsverständnis zu entwickeln, sind mehrere Schritte erforderlich. Selbstverständlich kann ein Führungsverständnis nicht verordnet werden, es muss mit vereinten Kräften entstehen – im Sinne einer gemeinsamen Konstruktion einer neuen Führungswirklichkeit. Diese muss zunächst in einem Leadership Branding Prozess hergestellt werden (mehr zum Prozess in Kap. 5).

Analyse des im Unternehmen gelebten Führungsverständnisses:

- Identifikation des gewünschten Führungsverständnisses vor dem Hintergrund der Unternehmensstrategie und Unternehmensmarke
- Formulierung des „machbaren" Führungsverständnisses auf dem Kontinuum zwischen Ist und Soll
- Mitnehmen und Einbinden von Führungskräften, die bisher ein anderes Verständnis hatten
- Erlebnisräume schaffen zur Auseinandersetzung mit dem Führungsverständnis
- Rekrutierung von Führungskräften mit passendem Führungsverständnis
- Trennung von Führungskräften, die nicht im Sinne des Führungsverständnisses führen wollen und dies auch deutlich machen

Zwischenfazit: Leadership Branding Thesen und Definitionsvorschläge

3

1. Führung und Marke stärken sich gegenseitig: Führung wird durch Orientierung an der Marke produktiv. Marke wird durch markenspezifische Führung stark.
2. Beim Leadership Branding geht es um alle Führungskräfte eines Unternehmens.
3. Die Passung zwischen der Positionierung des Unternehmens und dem Selbstverständnis einzelner Manager ist erfolgskritisch für ein Unternehmen.
4. Führungskräfte werden durch Leadership Branding zu Sinnstiftern.
5. Es wird von „Leadership Branding" statt „Leadership Brand" gesprochen, weil es sich hierbei nicht um den Aufbau einer eigenen Marke handelt, sondern um den Synchronisationsprozess zwischen der Corporate Brand und Führung.
6. Beim Leadership Branding geht es nicht um die Entwicklung eines Leitbilds, sondern um die Fokussierung der Führungskräfte auf einen gemeinsamen Kern – so wie es eine gute Markenpositionierung vormacht.
7. Durch Leadership Branding wird ein innovativer Anspruch an Führungsqualität formuliert. Durch die Orientierung an der Marke bekommt Führung ein neues Qualitätskriterium und kann angstfrei hinterfragt werden.
8. Unternehmen, die Marke und Führung in Einklang bringen, fallen positiv auf.
9. Leadership Branding ist ein Querschnittsthema und sollte in Unternehmen interdisziplinär angepackt werden.
10. Leadership Branding stützt sich auf den identitätsbasierten Ansatz der Markenentwicklung.
11. Leadership Branding schließt die Lücke zwischen Marke und Führung durch die Entwicklung eines markenspezifischen Führungsverständnisses.
12. Leadership Branding geht über Internal Branding und markenorientierte Führung hinaus, da es ein normativ-strategischer Prozess ist.
13. Leadership Branding unterstützt Führungskräfte dabei, authentisch zu sein.
14. Marke ist eine Intervention in ein System und damit eine Maßnahme zur Aufmerksamkeitsfokussierung.

C. Grubendorfer, *Leadership Branding*, DOI 10.1007/978-3-8349-3706-3_3,
© Gabler Verlag | Springer Fachmedien Wiesbaden GmbH 2012

15. Organisationen werden im Leadership Branding systemisch-markenorientiert betrachtet.
16. Leadership Branding folgt dem Gedanken des postheroischen Managements und will Führungskräften ein Instrument an die Hand geben, das ihnen hilft, Aufmerksamkeit zu fokussieren – die Marke.
17. Leadership Branding macht Führungskräfte zu Aufmerksamkeitsbeeinflussern.
18. Beim Leadership Branding steht eine gemeinsame Haltung im Vordergrund. Aus diesem Grund sprechen wir von Führungsverständnis und nicht von Führungsstil.

Business Cases – Anwendungsfelder des Leadership Branding

Führung und Marke sind Instrumente der strategischen Unternehmensführung und sollen für ein Unternehmen ähnliche Wirkung entfalten. Sie sollen Orientierung geben, Sinn stiften und emotionale Bindung herstellen. Bevor ich mich daran begab, Beratungskonzepte rund um Leadership Branding aufzusetzen, wollte ich zunächst beleuchten, wie Marke und Führung in Unternehmen bereits zusammenspielen, um Handlungsfelder für Leadership Branding zu identifizieren. Die von der LEA Leadership Equity Association durchgeführte Entscheiderbefragung zeigte deutlich die hohe Relevanz eines zur Marke passenden Führungsverständnisses für den Unternehmenserfolg (siehe Abb. 2.1). Entscheider finden die Nutzung eines glaubwürdigen, markenspezifischen Führungsverständnisses gleichzeitig ausbaufähig (LEA 2009).

Erhebung: **Januar bis März 2009**

Teilnehmer: **162 Entscheider**

(Geschäftsleitung, Kommunikation, Marketing, Personal)

Zufallsstichprobe: **N = 400**

Rücklauf: **41%**

Unternehmen haben eine klare Markenstrategie für ihre Produkte und Leistungen, gestalten ihren Außenauftritt nach allen Regeln der werblichen Kunst und positionieren sich als Arbeitgeber. Der Anspruch und Wunsch nach einer starken und unverwechselbaren Marke ist vermehrt spürbar. Ganze Beratungsbranchen haben sich dem richtigen Markenauftritt für Unternehmen verschrieben. Es werden Marktstudien betrieben, Leistungen und

C. Grubendorfer, *Leadership Branding*, DOI 10.1007/978-3-8349-3706-3_4,
© Gabler Verlag | Springer Fachmedien Wiesbaden GmbH 2012

Produkte mit anderen verglichen, Public Relations- und Corporate Responsibility Strategien entwickelt. Einzig um einen Bereich bleibt es eigenartig ruhig: Wie steht eigentlich das Top-Management zu all dem? Was haben die Führungskräfte mit der Unternehmensmarke zu tun? Welcher Beitrag wird von den Führungsspitzen geleistet, um die Marke und die damit verbundenen Versprechen zu erfüllen? Wird das Thema Führung als Wertschöpfungsfaktor verstanden? Und wenn ja: Unterstützt die Führung dann auch tatsächlich genau das, wofür das Unternehmen steht und stehen will?

Nach oben zitierter Umfrage der LEA Leadership Equity Association, an der 162 Entscheider aus den Bereichen Geschäftsleitung, Personal, Marketing und Kommunikation teilgenommen haben, muss die Antwort auf die letzten beiden Fragen „nein" lauten. Für ihr eigenes Unternehmen postulieren über 50 % der Befragten, dass die Führungsanforderungen noch nicht mit der Unternehmensmarke synchronisiert sind. Führung wird häufig gar nicht als Teil der Wertschöpfungskette gesehen oder als dieser berücksichtigt. Mehr als Dreiviertel der Befragten äußerten, dass das Thema Leadership Branding sie neugierig macht. Doch es mangele den Unternehmen bisher an Konzepten, wie eine Passung zwischen Marke und Führung hergestellt werden kann. Gängige Managementtheorien ließen die Marke außer Acht und böten keine passenden Lösungen an.

Über die Hälfte der befragten Entscheider sind davon überzeugt, dass mehr als 70 % der 5000 in Deutschland ansässigen großen Unternehmen (= mit mehr als 500 Mitarbeitern) keine zur Unternehmensmarke passende Führung haben. Die Unternehmen geben somit ihren Führungskräften keine klare Orientierung darüber, wofür sie stehen, und überlassen die Einhaltung der Markenversprechen dem Zufall.

Die Vorteile einer Passung von Führung und Unternehmensmarke liegen für die Befragten klar auf der Hand. Die Studienteilnehmer bescheinigen dem zur Marke passenden Führungsverständnis einen großen Einfluss auf Erfolge in allen Märkten: Absatzmarkt, Finanzmarkt, Arbeitsmarkt und Meinungsmarkt (Abb. 2.1). So glauben über 50 % der Befragten, dass Leadership Branding sehr hohen Einfluss auf die Arbeitgeberattraktivität habe. Durch ein markenspezifisches Führungsverständnis werden Arbeitgeberversprechen eingehalten. Wird ein zur Arbeitgeberpositionierung passendes Führungsverständnis nach außen kommuniziert, wird für Bewerber transparent, ob sie zum Unternehmen passen. Wenn für das Recruiting ein zur Marke passendes Führungsverständnis eine so große Rolle spielt, so liegt nahe, dass auch Verbleib und Leistungsbereitschaft von Mitarbeitern dadurch beeinflusst werden. Dazu gibt es in Entscheiderkreisen einen Konsens: 75 % der befragten Studienteilnehmer schätzen den Einfluss eines markenspezifischen Führungsverständnisses auf Bindung und Leistung der Mitarbeiter sehr groß ein. Die Realität sieht allerdings anders aus. 50 % der Befragten sehen in ihrem Unternehmen keine konsequente Verbindung zwischen Unternehmensmarke und Führung. Ähnlich sieht es in der Kommunikation mit Investoren aus. Die Befragten erkennen großes Potenzial eines markenspezifischen Führungsverständnisses für den Finanzmarkt. Investoren haben einen geschärften Blick für Asynchronitäten und Profilneurosen, das damit verbundene Risiko für ein Unternehmen ist hoch. Die Haltung der Geschäftsleitung muss zur Unternehmensmarke passen und damit Glaubwürdigkeit schaffen. Das wissen auch die Teilnehmer der Umfrage. Dennoch

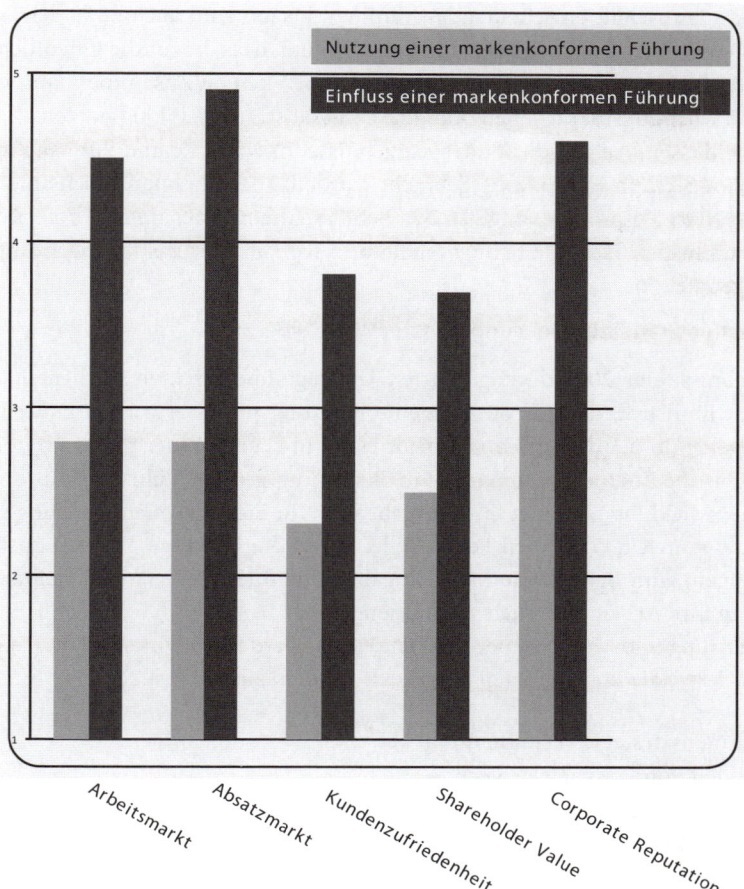

Abb. 4.1 Einfluss vs. Nutzen markenkonformer Führung (LEA 2009)

glauben nur 5 % an eine Nutzung dieses Zusammenhangs durch die Unternehmen zugunsten eines positiven Ratings.

Für Absatz- und Meinungsmarkt ergibt sich ein fast identisches Bild. Nahezu zwei Drittel der Teilnehmer nehmen an, dass Leadership Branding bisher keine oder kaum eine Rolle bei der Markenpositionierung im Absatzmarkt spiele. Und das, obwohl der Einfluss einer die Markenversprechen einhaltenden Führung auf die Kundenzufriedenheit von gut einem Viertel der Befragten als sehr stark eingeschätzt wird. Dass Führungspersonen leben, wofür ein Unternehmen steht, wird als zentraler Bestandteil einer erfolgreichen Markenstrategie gesehen.

Gerade in wirtschaftlich schwierigen Zeiten sind Manager gefragt, die wissen, wofür sie stehen. Auf die Reputation und Glaubwürdigkeit eines Unternehmens hat das Verhalten der Führungsmannschaft entscheidenden Einfluss. Davon sind auch 68 % der Befragten überzeugt. Doch sind sie auch gleichzeitig der Meinung, dass die für die Öffentlichkeitsarbeit verantwortlichen Personen in ihrem Unternehmen keinen Zusammenhang zwischen Führung und Meinungsmarkt sehen oder diesen nicht strategisch klug nutzen.

Zusammenfassend zeigen die Umfrageergebnisse, dass Marke und Führung in Unternehmen bisher nicht in Verbindung gebracht wurden. Die Befragten bescheinigten dennoch die positiven Zusammenhänge zu den Schlüsselthemen des unternehmerischen Erfolgs. Ein markenspezifisches Führungsverständnis wird als Werttreiber anerkannt, jedoch noch nicht genutzt.

▸   **Leadership Branding ist ein ungenutzter Werttreiber.**

Die Ergebnisse der 2009 durchgeführten Umfrage überraschten mich nicht. Sie bestätigten den Eindruck, den ich durch meine Beratungspraxis erworben hatte: Führung und Marke gehen in den Unternehmen nicht Hand in Hand. Weder praktisch noch theoretisch werden die Themen miteinander in Beziehung gesetzt. Führungskräfte sehen in der Markenentwicklung gar nicht ihre Aufgabe, und für die Markenentwicklung spielt die Führungskultur im Unternehmen keine Rolle. Selbst die für diese Themen zuständigen Fachabteilungen, zum Beispiel die Marketingabteilung oder die Personalabteilung, sehen nicht, wie eng ihre Arbeit eigentlich zusammengehört.

Wenn Führung und Marke gemeinsam entwickelt werden, so wirkt sich dies auf folgende Business Cases, die im Folgenden vorgestellt werden, aus (Abb. 4.2):

- Unternehmensstrategie vermitteln
- Produktivität von Führung steigern
- Markenkraft stärken
- Mitarbeiter zu Markenbotschaftern entwickeln
- Krisen bewältigen
- Reputation erhöhen
- Attraktiv als Arbeitgeber sein
- Führungskräfte markenspezifisch entwickeln
- Corporate Responsibility umsetzen

4.1   Unternehmensstrategie umsetzen

Ein markenspezifisches Führungsverständnis trägt dazu bei, dass zwischen dem kollektiven und individuellen Verhalten der Führungskräfte und ihrer Mitarbeiter eine möglichst gute Übereinstimmung mit den strategischen Geschäftsanforderungen und Zielen des Unternehmens erreicht wird und das Unternehmen dadurch an Kraft und Markenstärke gewinnt.

Die große Kunst der Unternehmensführung ist sicherlich, zu erreichen, dass alle Führungskräfte die Unternehmensstrategie kennen, akzeptieren und ihr Bestes geben, um den

Abb. 4.2   Business Cases für Leadership Branding (eigene Darstellung)

dabei vorgeschriebenen Weg zu unterstützen und die darin vereinbarten Ziele zu erreichen. In einer Strategie wird gemeinhin festgehalten, was ansteht und wie dies erreicht
werden soll. Wozu gibt es überhaupt Führungskräfte in einem Unternehmen? Führungskräfte sind diejenigen, die Strategien, die sich die Unternehmensleitung ausdenkt, erst zum
Leben erwecken. Ohne Führungskräfte bleibt jede Strategie wirkungslos. Dabei sind Führungskräfte das Bindeglied zwischen der Unternehmensspitze und den Mitarbeitern. Aber
nicht nur das, denn Führungskräfte sind auch das Bindeglied zwischen dem Unternehmen
und den verschiedenen Zielgruppen des Unternehmens, z. B. der Gesellschaft. Führungskräfte tragen die Unternehmensidee in die Welt und sind das Gesicht des Unternehmens.
Häufig fällt in diesem Zusammenhang der Begriff „Repräsentant". Ab einer bestimmten
Gehalts- und Karrierestufe werden Führungskräfte zu „Leitenden" und sind dann sogar
so offiziell zu Unternehmensvertretern geworden, das sie nicht mehr von der Mitarbeiter-
vertretung, dem Betriebsrat, mit vertreten werden. Da Führungskräfte für ihre Mitarbeiter
maßgebend sind, haben sie einen entscheidenden Einfluss auf deren Leben, angefangen
von kleinen Launen, mit denen sie auch die Stimmung der Mitarbeiter beeinflussen, Entscheidungen über Karrierewege – wird ein Mitarbeiter gefördert oder nicht – bis hin zu
umfassender Lebensgestaltung, z. B. der Entsendung eines Mitarbeiters nach Südostasien,
was eine ganze Familie zerreißen kann (gezieltes Mobbing und seine vehementen Auswirkungen auf die Gesundheit eines Menschen mal nur am Rande bemerkt). Zum Glück
gibt es auch Führungskräfte, die ihre Mitarbeiter glücklich machen, sie wertschätzend und

respektvoll behandeln, ihre Leistung fair beurteilen und mit ihnen gemeinsam Entscheidungen über den weiteren Entwicklungsweg treffen. Der Einfluss einer Führungskraft auf ihre Mitarbeiter kann selbstverständlich auch sehr positiv sein und dazu beitragen, dass die Welt ein bisschen besser wird. Führungskräfte tragen eine große Verantwortung. Für ein Unternehmen sind sie unabdingbar, denn wie sonst soll es gelingen, dass die Mitarbeiter die anstehenden Aufgaben koordiniert und leistungsstark ausführen?

So weit so gut. Führungskräfte sind wichtig. Führungskräfte werden gebraucht. Und sie haben es nicht leicht. Beobachtet man das Verhalten von Führungskräften und schaut sich die Unternehmensstrategie an, so finden sich nicht immer die gewünschten Kompatibilitäten. Es fällt oft schwer, überhaupt eine Verbindung festzustellen.

Beispiel

Man denke an den machtbesessenen, frauenfeindlichen Personalleiter, der quer durchs Unternehmen mit gleichgesinnten Führungskräften vernetzt ist und so erreicht, dass das Anliegen des Geschäftsführers, mehr Frauen in Führung zu bringen, nicht zum Zuge kommt. Oder den Leiter des Einkaufs eines Wasserwerks, der sich dagegen wehrt, Lieferanten auszutauschen, die nicht ökologisch produzieren, und folglich diesen Gedanken auch nicht an seine Mitarbeiter weitergibt. Beide Beispiele zeigen, dass die Unternehmensstrategie zwar bekannt ist, jedoch eventuell nicht verstanden, auf jeden Fall aber nicht umgesetzt wird.

Nun könnte man meinen, die Übersetzung der Unternehmensstrategie in gewünschtes Führungsverhalten sei um so schwieriger, je weiter weg eine Führungskraft vom Ursprungsort der Unternehmensstrategie, also der Geschäftsleitung, agiert, sprich je weiter unten in der Hierarchie sie angesiedelt ist. Das ist aber nicht unbedingt der Fall. Selbst innerhalb der Geschäftsleitung gibt es immer wieder Ausreißer.

Beispiel

Da ist beispielsweise der charismatische CEO eines mittelgroßen Industrieunternehmens, der sich zum Ziel gesetzt hat, mit seiner Firma in den nächsten zwei Jahren den Schritt an die Börse zu schaffen. Er überzeugt allein durch sein entspanntes und souveränes Auftreten, strahlendes Lächeln, ist sportlich, erfolgsverwöhnt und selbstsicher. Im Umgang mit Kunden und Lieferanten ist er verbindlich und vermittelt schnell das Gefühl, sich schon seit langem zu kennen, so dass sein Gegenüber schnell Vertrauen fasst. Er hat verstanden, dass das Unternehmen ein klares Profil braucht, um Investoren zu überzeugen. Umsatz und Rendite allein reichen da nicht aus, die Idee des Unternehmens zählt – gerade in den USA, wo er regelmäßig mit den jetzigen Eigentümern über die Zukunft verhandelt. Um den Sprung an die Börse zu unterstützen, möchte er die Unternehmensmarke entwickeln. Zwei weitere Vorstände bilden mit ihm zusammen die Geschäftsleitung. Der Finanzvorstand wird dem Stereotyp gerecht, erscheint stets mit Laptop in Besprechungen, welches er dann auch sofort aufklappt und in Exceltabellen versinkt, ab und zu den Blick auf die Leinwand wirft, wo sich Powerpointcharts ein Stelldichein geben, und mit kritisch prüfendem Blick zum Schluss die Frage stellt, was diese Markenentwicklung denn überhaupt kosten soll. Der andere Vorstand, von dem man gar nicht so richtig weiß, welche Funktion er hat, ist aus Prinzip dagegen und macht sich ein Späßchen daraus, den eingeladenen Berater durch absurde Fragen ins Schwitzen zu bringen, ohne zu versäumen, seinen Unmut durch überhebliches Kopfschütteln deutlich zu machen. Das Meeting wird er auf jeden Fall damit beenden, dass er bekannt gibt, dass er sich die Sache nochmal gehörig durch den Kopf gehen lassen muss, aber eher nicht gedenkt, der beabsichtigten Markenentwicklung zuzustimmen. Ein Blick auf den im vorigen Zweiergespräch so durchsetzungsstarken CEO macht den geneigten Beobachter stutzig, denn er wirkt plötzlich blass und hängt auf seinem Stuhl durch. Beim Abschied zuckt er entschuldigend mit den Schultern und richtet Grüße an seine Heimatstadt aus, aus der der Berater angereist ist. Was dann passiert, ist nur noch fürs Protokoll. Offensichtlich konnte sich der CEO gegenüber seinen Vorstandskollegen nicht verständlich machen noch durchsetzen, was er für unabdingbar hält, um das Ziel des Aktienverkaufs zu erreichen. Seine „Strategie", die er im Übrigen schon mit seinen „direct reports" (also seinen Mitarbeitern, die aber natürlich selbst alle Führungskräfte sind) im Detail ausgearbeitet hatte, scheitert an diesem Meeting.

In diesem Fall hat es die Unternehmensstrategie noch nicht einmal geschafft, den Weg vom Erfinder zu seinen direkten Kollegen zu finden. Es ist nicht leicht, Unternehmensstrategie und Führung zu synchronisieren. Ein gemeinsames Führungsverständnis kann dabei helfen, Entscheidungen im Sinne der Unternehmensstrategie zu treffen, da es den großen Raum der möglichen Entscheidungen eingrenzt. Es wäre nützlich, wenn sich Vorstände zu einem grundsätzlichen Austausch über ihre Haltungen zusammenfinden würden und dadurch zu einem Alignment ihrer Ansichten kämen.

Es gibt zahlreiche Versuche, in Organisationen die klaffende Lücke zwischen Unternehmensstrategie und handelnden Führungskräften zu schließen. Besonders nötig scheint diese Aktion, wenn es darum geht, eine bisher vermeintlich bewährte Strategie zu verändern und eine ganz neue Richtung einzuschlagen. Die Liste der Instrumente, die zur Lückenschließung eingesetzt werden, ist lang und hat ganz verschiedene Absender.

Code of Conduct

In einem sogenannten „Code of Conduct" (Verhaltenskodex) werden häufig erwünschte sowie weniger und nicht erwünschte Handlungen aufgelistet. Dabei geht es eher um eine freiwillige Selbstkontrolle und nicht um einen Vertrag. Mitarbeiter und Führungskräfte sind daran also nicht zwingend gebunden, werden jedoch trotzdem gebeten, sich entsprechend zu verhalten. Oft soll ein solcher Kodex unehrenhaftem Verhalten, z. B. der Bestechlichkeit, vorbeugen. Häufig darin zu finden sind auch Texte zu Umweltschutz, Diskriminierung bzw. Gleichstellung, Kinderarbeit, Sicherheit und Gesundheit, Datenschutz und Vertraulichkeit. Insgesamt entsteht beim Lesen der meisten dieser Kataloge der Eindruck, dass es sich beim Verfassen eher um eine Pflichtübung handelte.

In dem Verhaltenskodex der OTTO Group heißt es beispielsweise:

Beispiel

„**4. Diskriminierung:** Jedwede Diskriminierung bei Anstellung und Beschäftigung ist untersagt. Insbesondere ist jede Unterscheidung, Ausschließung oder Bevorzugung, die auf Grund der Rasse, der Kaste, der Hautfarbe, des Geschlechts, des Alters, des Glaubensbekenntnisses, der politischen Meinung, der Mitgliedschaft in einer Arbeitnehmerorganisation, der körperlichen oder geistigen Behinderung, der ethnischen, nationalen und sozialen Herkunft, der Nationalität, der sexuellen Orientierung oder anderer persönlicher Merkmale vorgenommen wird, verboten. Dies gilt unabhängig davon, ob die Unterscheidung, Ausschließung oder Bevorzugung von dem Geschäftspartner bestimmt wurde oder nicht. Im Einklang mit den ILO-Konventionen 100, 111, 143, 158 und 159. (*Quelle: otto group. Verhaltenskodex Handels- und Nichthandelswaren.* otto. com)

Aus dem Verhaltenskodex der Hochtief AG
Chancengleichheit und Verbot der Diskriminierung: In der Vielfalt der Mitarbeiter liegt hohes Potenzial. Daher beschäftigt HOCHTIEF aus Überzeugung Mitarbeiter mit unterschiedlicher Herkunft und Erfahrung. Alle Mitarbeiter sind dazu aufgerufen, eine Atmosphäre respektvollen Miteinanders zu schaffen und Diskriminierungen aus Gründen der Rasse oder wegen der ethnischen Herkunft, des Geschlechts, der Religion oder Weltanschauung, einer Behinderung, des Alters oder der sexuellen Identität entschieden entgegenzutreten." (*Quelle: Code of Conduct. Der Verhaltenskodex der Hochtief Aktiengesellschaft,* hochtief.de.)

Positiv heraus stechen Werke, die sich sogar die Mühe machen, konkrete Beispiele zu nennen, was genau mit Chancengleichheit gemeint ist, wie bei MAN:

Beispiel

Chancengleichheit und Nichtdiskriminierung
Hintergrund
Chancengleichheit und Nichtdiskriminierung sind wichtige Eckpfeiler für einen fairen, vorurteilsfreien und offenen Umgang. MAN fördert Vielfalt und Toleranz mit dem Ziel, ein Höchstmaß an Produktivität, Kreativität und Effizienz zu erreichen.

MAN Leitlinien
MAN bietet Männern und Frauen gleiche Chancen.
   MAN diskriminiert niemanden aufgrund von ethnischer oder nationaler Zugehörigkeit, Rasse, Geschlecht, Religion, Weltanschauung, Alter, Behinderung, sexueller Orientierung oder sonstiger gesetzlich geschützter Merkmale und duldet diesbezüglich keine Diskriminierung.

Ihr Beitrag

Beachten Sie die Grundsätze von Chancengleichheit und Nichtdiskriminierung, und halten Sie die Menschen in Ihrer Umgebung zu ebensolchem Verhalten an.

Wenn Sie Verstöße gegen die Prinzipien von Chancengleichheit und Nichtdiskriminierung beobachten, weisen Sie die betreffenden Personen auf ihr Fehlverhalten hin. Können Sie keinen direkten Einfluss auf das Geschehen nehmen, melden Sie den Vorfall einem der auf Seite 12 genannten Ansprechpartner oder der Personalabteilung.

Beispiel

Sie erfahren von einem befreundeten Kollegen, dass in seiner Abteilung ein Bewerber abgelehnt wurde, weil er für homosexuell gehalten wurde, obwohl er für die ausgeschriebene Stelle der am besten geeignete Kandidat war. Helfen Sie mit bei der Aufklärung, ob die Nichteinstellung des Bewerbers tatsächlich auf seiner sexuellen Neigung beruhte, indem Sie den Fall der zuständigen Personalabteilung melden (*Quelle: Code of Conduct. man.eu.*

Compliance Richtlinien

Eine ähnlich moralisierende Wirkung wie die Verhaltenskodizes sollen „Compliance (Befolgungs-) Richtlinien" haben, die seit den jüngsten Schmiergeldskandalen wieder stark in Mode gekommen sind.

So lautet es in den Compliance-Richtlinien von Siemens:

Beispiel

Die Business Conduct Guidelines fordern nicht nur von allen Führungskräften und Mitarbeitern gesetzestreues Verhalten, sondern enthalten auch präzise Vorgaben etwa zur Beachtung des Wettbewerbsrechts und des Antikorruptionsrechts, zur Handhabung von Spenden, zur Vermeidung von Interessenkonflikten bei der Dienstausübung, zur Beachtung des Insider-Handelsverbots und zum Schutz des Unternehmensvermögens (*Quelle: Compliance-Richtlinien.* siemens.com).

Compliance-Richtlinien sollen vor allem sicherstellen, dass gesetzliche Vorgaben eingehalten werden, wohingegen im „Code of Conduct" auch häufig nicht gesetzlich vorgeschriebene Sachverhalte geregelt werden. „Durch sie soll der Missbrauch von vertraulichen Daten und daraus folgende mögliche Schadensersatzklagen ebenso wie ein Imageschaden des Unternehmens abgewehrt werden. Die meisten Großunternehmen haben heute eigene Compliance-Abteilungen und Compliance-Manager, die die Einhaltung aller Vorgaben überwachen. Die Bilanzskandale der letzten Jahre zeigen, dass Konzerne solche Selbstverpflichtungen (…) zum Teil nicht eingehalten haben (z. B. die Bilanzskandale der amerikanischen Großunternehmen Enron und Worldcom). Hier reagierte die US-Justiz 2002 mit dem Sarbanes-Oxley-Act (kurz: SOX), der die wahrheitsgetreue Berichterstattung der Unternehmen garantieren sollte. Die Geschäftsführung haftet seit Inkrafttreten persönlich für fehlerhafte oder geschönte Bilanzen. Ziel dieser Verordnungen ist es, das Vertrauen der Anleger und der Öffentlichkeit in die Richtigkeit der veröffentlichten Finanzdaten zu stärken. (…) Weltweit gibt es über 10.000 Compliance-Vorschriften, die international operierende Unternehmen beachten müssen" (Pirker 2008, S. 18). Es ist selbstverständlich, dass nicht jede Führungskraft alle diese Richtlinien kennen kann. Systeme müssen her, die große Unternehmen dabei unterstützen, alle Richtlinien einzuhalten.

Leitbilder

Darüber hinaus haben viele Unternehmen ein Leitbild entwickelt, das die Grundprinzipien und das Selbstverständnis einer Organisation deutlich machen soll. Es ist Teil des normativen Managements und soll die Unternehmenskultur prägen. Die Funktion eines Leitbilds soll vor allem in die Organisation hinein wirken. Nach außen soll es die Einordnung einer Organisation in ein Wertebild möglich machen, im Sinne einer positiven Öffentlichkeitsarbeit. Ein Leitbild soll auch Verunsicherungen vorbeugen und die Kommunikation erleichtern. Interne Anlässe zur Leitbildentwicklung können die Verbesserung der Zusammenarbeit, der Identifikation und Motivation, aber auch die Verbesserung des Betriebsklimas allgemein oder des Führungsverhaltens sein. Externe Anlässe sind häufig die Verbesserung der Akzeptanz, Veränderung des Images oder die Steigerung des Bekanntheitsgrads. Damit verfolgt die Entwicklung eines Leitbildes ähnliche Ziele wie die Entwicklung einer Marke. Leitbilder sind auch ein Instrument zur Organisationsentwicklung und können dazu eingesetzt werden, gemeinsame Werte zu identifizieren und darüber ein Zusammengehörigkeitsgefühl zu erzeugen. Wirksamer als die Kommunikation eines fertigen Leitbilds ist für die Steigerung der gemeinsamen Identität sicherlich der Entstehungsprozess. Leitbilder übernehmen für Organisationen die Aufgabe, die gemeinsame Identität in Worten und Bildern festzuhalten. Die Hauptkritik an Leitbildern ist, dass sie häufig lediglich ein Idealbild zeichnen, das wenig mit der aktuellen Unternehmenssituation und -kultur zu tun hat. Über die Aneinanderreihung von Allgemeinplätzen ist an anderer Stelle genug diskutiert worden. Ein weiterer Kritikpunkt ist, dass Leitbilder zu häufig von außen beeinflusst werden und die Sichtweise einzelner dominanter Personen im Unternehmen abbilden. Die Verbreitung im Unternehmen wird als zu gering eingestuft. Es wird bemängelt, dass die meisten Personen die Inhalte nicht kennen. Alles sei zu unverbindlich und somit wirkungslos. „Unsere Werte sind der Ankerpunkt unseres Denkens und Handelns. Auf ihnen basiert unser Anspruch, uns auf den Pioniergeist des Unternehmens zu zurückzubesinnen und die Welt nachhaltig mitzugestalten. Nur wenn wir unseren Werten und unserer Vision treu bleiben, können wir langfristig erfolgreich sein." Peter Löscher, Vorsitzender des Vorstands der Siemens AG: „Unsere Werte – Verantwortungsvoll, Exzellent und Innovativ – sind seit über 160 Jahren das Fundament für den Erfolg von Siemens" (Werte. siemens.com).

Leitlinien

Neben einem Leitbild, oder manchmal auch stattdessen, entwickeln viele Unternehmen Leitlinien für alle Mitarbeiter und manchmal auch ergänzend Leitlinien, die nur für Führungskräfte gelten sollen. Die Leitlinien von SolarWorld lauten:

> **Beispiel**
>
> SolarWorld Leitlinien: „Es gibt nichts Gutes, außer man tut es." (Erich Kästner)
>
> - Wir stehen für menschenwürdige Behandlung und Chancengleichheit.
> - Wir produzieren umweltschonend und wenden die bestmöglichen Prozess- und Produktstandards an.
> - Mit den vorhandenen Ressourcen gehen wir verantwortungsvoll und sparsam um.
> - Gesundheitliche Beeinträchtigungen und Risiken durch Prozesse und Produkte der SolarWorld werden bestmöglich vermieden.
> - Fairer Wettbewerb ist die Grundlage unserer Geschäftätigkeit: Bestechung und Korruption sind rechtswidrig und werden nicht toleriert.
> - Wir stellen den Schutz privater und sensibler Daten vor unzulässiger Offenlegung sicher.
> - Eine Verquickung von Beruflichem und Privatem ist nur erlaubt, solange keine Interessenkonflikte entstehen und keine Rechte verletzt werden.
> - Wir kommunizieren transparent und korrekt innerhalb des Unternehmens sowie nach außen.
> - Die lokalen, nationalen sowie internationalen gesetzlichen Bestimmungen sind stets einzuhalten. Falls interne Regeln der SolarWorld über diese gesetzlichen Bestimmungen hinausgehen, ist der striktere Standard der SolarWorld zu beachten.
> - Wir unterstützen den Global Compact der Vereinten Nationen – insbesondere das Verbot von Kinderarbeit und Zwangsarbeit – und fordern dessen Einhaltung auch von unseren Lieferanten und Geschäftspartnern (*Quelle: Werte und Leitlinien*. solarworld. de).

Es gibt zahlreiche Versuche, nach innen und außen Orientierung zu geben, Vertrauen zu bilden, Identität und Image zu prägen, Zusammengehörigkeit zu fördern, Identifikation möglich zu machen – all das, um in letzter Konsequenz vor allem eines zu erreichen: den größtmöglichen Unternehmenserfolg.

Tabelle 4.1 zeigt, dass die zur Hilfe genommenen Instrumente in Unternehmen ganz verschiedene Absender haben. Fühlen sich für Leitbild und Vision eher die PR-Abteilungen oder Unternehmenskommunikation zuständig, so sind es bei den Leitlinien die Personaler, bei den Führungsleitlinien ganz speziell die Führungskräfte- oder Organisationsentwickler. Die (Marken-)Werte werden im Marketing betreut, der Verhaltenskodex in der Strategieabteilung und die Compliance-Richtlinien entweder in der Rechts- oder eigens dafür eingerichteten Abteilung.

Alle Abteilungen wollen (für sich und) das Unternehmen nur das Beste und erzeugen in Summe aufeinander abgestimmte Instrumente, die bei der Zielgruppe, beispielsweise den Führungskräften, eher ein zynisches Abwenden als ein dankbares Zuwenden zur Folge haben, ganz nach dem Motto: „Was sollen wir denn noch alles auf dem Schirm haben?

Tab. 4.1 Instrumente, die Orientierung geben sollen (eigene Darstellung)

Instrument	Verantwortung
Code of Conduct (Verhaltenskodex)	Strategieabteilung
Compliance-Richtlinien	Compliance- oder Rechtsabteilung
Leitbild	Unternehmenskommunikation oder PR-Abteilung
Leitlinien	Personalabteilung
Führungsleitlinien	Abteilung für Führungskräfte- oder Organisationsentwicklung
Werte & Vision	Marketing
Unternehmensphilosophie	Personalabteilung
Unternehmensmarke	Marketing
Arbeitgeberpositionierung	Personalmarketing

Die haben ja wohl nicht alle Tassen im Schrank. Typisch Elfenbeinturm der Fachabteilungen in der Hauptverwaltung. Jetzt haben die wieder eine sinnlose Idee, die zu nichts führt. Die haben doch überhaupt keine Ahnung, worauf es in meinem Tagesgeschäft wirklich ankommt, schließlich muss ich hier schwarze Zahlen schreiben usw." Führungskräfte machen in Folge lieber ihr eigenes Ding und setzen eigene Prioritäten. Gewonnen ist damit leider wenig, eher etwas verloren gegangen, nämlich die Chance, den Führungskräften eine gemeinsame Ausrichtung leicht zu machen, sie in dem zu stärken, was sie tun, und damit dazu beizutragen, dass sie ihren Job als Führungskraft erfolgreicher ausfüllen können.

Die Lücke zwischen der Unternehmensstrategie, dem gut überlegten Weg zum Unternehmenserfolg und dem Führungsverhalten, bleibt somit bestehen (Abb. 4.3). Wie kann es dennoch gelingen, nach Einführung all dieser gut gemeinten Instrumente den Führungskräften Orientierung zu geben? Hier können wir sehr viel über die Wirkungsprinzipien einer Marke lernen, denn starke Marken entstehen vor allem durch ein beherztes Positionbeziehen und die Wiederholung einer Botschaft – und zwar derselben Botschaft über einen langen Zeitraum. Marken bringen ihre Botschaft oft durch einen Slogan werblich auf den Punkt. Wofür steht BMW? Für Freude am Fahren, richtig. Was fällt Ihnen ein, wenn Sie Nike hören? Just do it? Sehr wahrscheinlich ja. Advocard? Ist Anwalts Liebling. Die feine englische Art? Na, da ist doch wohl After Eight gemeint. Oder Sie singen ganz beschwingt: „Nichts geht über…?" Bärenmarke! Ein ganzer Kerl dank Chappi (mehr Slogans unter markenlexikon.com).

Unternehmen sollten sich fragen: Was ist meine Botschaft an die Führungskräfte? Welches Wort, welcher Satz oder welches Thema fällt ihnen im Zusammenhang mit Führung ein? Dabei geht es nun nicht darum, alle anderen, mühsam eingeführten Instrumente wieder in Frage zu stellen oder gar abzuschaffen. Wie Abb. 4.4 illustriert, geht es vielmehr darum, die verbindende Klammer zu finden, zu verdichten und zu fokussieren. Nur auf

Abb. 4.3 Zu viele Botschaften an Führungskräfte (eigene Darstellung)

diese Weise kann die Lücke zwischen Unternehmensstrategie und Führungshandeln geschlossen werden.

▶   Leadership Branding möchte Führungskräften einen gemeinsamen Orientierungspunkt geben und dabei die Vielzahl an Botschaften verdichten und reduzieren.

Der Effekt einer solchen Arbeit zeigt sich aktuell beim Softwareunternehmen DATEV eG, wie in Kap. 6 nachzulesen ist.

Kurzes Fazit

Leadership Branding fördert die Umsetzung der Unternehmensstrategie durch die Führungskräfte. Organisationen unternehmen einiges, damit Führungskräfte im Sinne der Unternehmensstrategie handeln und diese umsetzen. Sie verfassen Leitbilder, Führungsleitlinien, Richtlinien etc. Doch diese Instrumente bringen oft nicht den gewünschten Erfolg, weil sie zu umfangreich und zu generisch sind und damit zu beliebigen Allgemeinplätzen ohne Relevanz für das Handeln degenerieren. Leadership Branding dagegen nutzt die Erfolgsfaktoren von Marken, um Führungskräften Orientierung zu geben: Fokussierung auf eine prägnante Botschaft, die kontinuierlich wiederholt wird. Der Schlüssel für die Verbindung von Führung und Unternehmensstrategie ist das markenspezifische Führungsverständnis. Dieser gemeinsame Orientierungspunkt ist profilstark und auf das Wesentliche

Abb. 4.4 Markenspezifisches
Führungsverständnis als gemeinsamer Orientierungspunkt
(eigene Darstellung)

reduziert – so kann er sich im Bewusstsein der Führungskräfte verankern und ihr tagtägli-
ches Führungshandeln wirksam beeinflussen. Die Führungskräfte sind an der Entwicklung
eines markenspezifischen Führungsverständnisses beteiligt und können es mit Bedeutung
füllen. Marke ist außerdem die direkteste Verbindung zwischen Unternehmensstrategie
und Führung; denn in der Marke drückt sich aus, mit welcher Idee das Unternehmen heute
und in Zukunft erfolgreich sein will und der Welt ein relevantes Angebot machen möchte.
Wenn Führungskräfte im Sinne der Marke führen, realisieren sie die Unternehmensstrategie – und sichern damit die Zukunft ihrer Organisation.

4.2 Produktivität von Führung steigern

> Nach den verschiedenen Wellen der Prozessoptimierung liegen heutzutage in der Führung
> die größten Produktivitätsreserven. Unser markenspezifisches Führungsverständnis hilft uns,
> diese Potenziale zu nutzen. Mit der Ausrichtung an der Marke DATEV können wir unsere
> Kräfte auf das konzentrieren, was essentiell ist für uns und unseren Erfolg.
>
> Jörg Rabe von Pappenheim, DATEV Personalvorstand

In der Führung stecken die größten Produktivitätsreserven eines Unternehmens. Führung
wird durch die Ausrichtung an Markenwerten unternehmensspezifisch fokussiert und damit produktiv. Führungskräfte bekommen durch die Marke eine klare Orientierung für ein

gemeinsames und zur Strategie des Unternehmens passendes Führungsverständnis und wachsen als Führungsmannschaft zusammen.

Der wirtschaftliche Erfolg eines Unternehmens ist nicht etwa in erster Linie abhängig von sog. „harten" Faktoren wie Strukturen, Prozesse und Steuerungsmechanismen, sondern vielmehr von sog. „weichen" Faktoren wie Führung und Mitarbeiter, Kooperation und Veränderungskompetenz. Die Unterscheidung zwischen „harten" und „weichen" Faktoren stammt aus dem betriebswirtschaftlichen Kontext und besagt, dass „Hartes" mit Kennzahlen belegbar ist und „Weiches" nicht. Ich finde diese Begrifflichkeiten nicht nützlich, denn sie verstärken eine in den häufig eher kaufmännisch geprägten Chefetagen vertretene Annahme: „Alles, was wir messen können, ist eine gute Basis für Entscheidungen. Alles, was wir nicht messen können, liefert keine Basis für Entscheidungen." Doch diese Annahme ist nicht intelligent, denn sie verstellt den Blick aufs Wesentliche und verhindert Erfolg. Und sie lässt völlig den gesunden Menschenverstand außer Acht. So fragte mich vor einiger Zeit der Geschäftsführer eines mittelgroßen Handelsunternehmens, ob ich denn anhand von Zahlen belegen könne, dass sich die Investition in die Entwicklung der Unternehmensmarke auch auszahle. Ich sagte, dass mir aufgefallen sei, dass die Büros in der Hauptverwaltung sehr modern eingerichtet seien, dass ich in jedem Büro Schreibtische und Stühle entdeckt hätte, und dass dies doch sicherlich eine recht große Investition gewesen sei, auf diese Art über 2000 Arbeitsplätze auszustatten. Er nickte zustimmend. Ich fragte ihn, auf welcher Basis er denn die Entscheidung getroffen habe, Tische und Stühle in jedes Büro zu stellen? Und welche Zahlen, Daten und Fakten er zugrunde gelegt habe, bevor er die Möbel bestellen ließ? Und woher er denn überhaupt wisse, dass es eine lohnende Investition sei, Tische und Stühle in jedes Büro zu stellen, schließlich könnten die Mitarbeiter doch auch auf dem Boden sitzen, und da hätte es doch auch ein schöner Bodenbelag getan …?

Eine BCG-Studie „Organisation 2015. Designed to Win" zeigt, dass Führungskompetenz den Unternehmenserfolg viel besser erklärt als beispielsweise Maßnahmen zur Kostenreduktion oder Restrukturierung. Für die Studie wurden 1000 Führungskräfte zu ihren Schwerpunkten und Kompetenzen befragt und diese dann mit der Ertrags- und Wachstumsstärke der jeweiligen Unternehmung verglichen. Darüber hinaus wurden über 100 Reorganisationsprojekte ausgewertet. Dabei zeigen sich signifikante Unterschiede zwischen solchen Unternehmen, deren Prioritäten und Kompetenzen vorrangig im „harten" Bereich liegen, und jenen Unternehmen, die ihre Schwerpunkte im „weichen" Bereich setzen und sich in diesen Dimensionen als besonders kompetent wahrnehmen. Als Maßstab für den finanziellen Erfolg des Unternehmens wurde für die Studie eine Kombination aus Marge und Wachstum gewählt (BCG 2009). Die meisten Unternehmen setzen sowohl in der Krise als auch langfristig auf eindeutig messbare Faktoren und konzentrieren sich darauf, hier immer noch besser zu werden. Das allein bringt jedoch keinen Erfolg. Im Gegenteil, denn erfolgreicher sind die Unternehmen, die ihren Fokus konsequent auf die weniger objektiv messbaren Themen wie Führung legen. Wie ist zu erklären, dass die Beschäftigung mit Führung, Mitarbeitermotivation oder interner Kommunikation erfolgreicher ist als mit Prozessoptimierung und Kostensenkung? Sehr wahrscheinlich liegt das an den veränderten Rahmenbedingungen, in denen Unternehmen heute handlungsfähig sein müssen. Unternehmen müssen durch die Globalisierung (geografische Marktbesonderheiten), wiederkehrende Krisen, wechselnde Kundenbedürfnisse und höhere Innovationsgeschwindigkeit schnell, flexibel, differenziert und effizient agieren können. „Strategien und Geschäftsmodelle sind in Bewegung" (BCG 2009, S. 5). Feste Strukturen und Prozesse können gar nicht schnell genug angepasst werden. Wer sich trotzdem daran festhält, geht mitsamt seiner Struktur unter. Die Organisationskompetenz der eigenen Unternehmen, also das Unterstützen der Unternehmensstrategie durch die Organisation, wird von den Führungskräften als erschreckend gering eingeschätzt. Dabei gibt es oft eine große Lücke zwischen der Strategie, die das Unternehmen verfolgt, z. B. Innovationsführer zu sein, und den dafür notwendigen Kompetenzen. Hier identifiziert die BCG-Studie Handlungsbedarfe in genau den für die Umsetzung einer Strategie relevanten Kompetenzen. Es wird also viel versprochen, was nicht gehalten werden kann. Unternehmen werden von außen extrem verunsichert. Zu allem Überfluss reagieren die Geschäftsleitungen mit immer häufigeren Reorganisationen, was zu einer zusätzlichen, nun aber von innen kommenden Verunsicherung führt. Führungskräfte und Mitarbeiter sehen sich dadurch zusätzlichen Veränderungen gegenüber, die aber in den meisten Fällen auch nicht zu einer Steigerung des Markterfolges führen. Zudem erhöhen die Unternehmen ihre interne Komplexität durch die Einführung immer wieder neuer Instrumente und Regelwerke. Anstatt die Aufmerksamkeit der Belegschaft auf das Wesentliche zu fokussieren, werden die Anforderungen unübersichtlich bis undurchschaubar, was zu Überforderung, Stress und Frustration führt. Erfolgreicher sind diejenigen Unternehmen, die Führung bewusst zum Thema machen, ihren Führungskräften ermöglichen, sich auf das Wesentliche zu konzentrieren und ihnen den direkten Bezug zwischen ihrem Führungshandeln und den strategischen Geschäftsanforderungen verdeutlichen. Ein markenspezifisches Führungsverständnis tritt als Bindeglied zwischen Führungshandeln und Anforderungen. So können Stress, Überforderung und Frustration vermieden oder abgebaut werden.

„Harte" Faktoren sind jedoch keinesfalls aus dem Auge zu verlieren, denn sie schaffen die notwendigen Strukturen, um die „weichen" Themen zu unterstützen. Mal angenommen, ein Unternehmen identifiziert als wesentliches Führungsthema die größtmögliche Eigenverantwortung der Mitarbeiter. Dann müssen Strukturen und Prozesse auch Entscheidungs- und Handlungsspielräume vorsehen, denn sonst wird das definierte Führungsverständnis durch den harten Rahmen konterkariert. Hier zeigt sich auch, wie wichtig es ist, die Entwicklung eines markenspezifischen Führungsverständnisses als Organisationsentwicklung zu betrachten. Leadership Branding geht einher mit Organisationsentwicklung, weil weiche und harte Faktoren in dieselbe Richtung arbeiten müssen. Dies ist ein ständiger Prozess und bedarf immer wieder neuer Aufmerksamkeit. In Summe konnte die BCG-Studie belegen, dass eine Kombination aus einfachen und flexiblen Grundstrukturen und exzellenter Führung eine erfolgreiche Unternehmung ausmacht, wobei die Wettbewerbsvorteile aus der Fokussierung auf die weichen Themen erwachsen. Strukturen und Regelwerke bewirken hingegen keine unternehmerischen Vorteile. Ganz nach dem Motto „Behavior drives business" (BCG 2009, S. 5) passen die Ergebnisse der Studie sehr gut zum Konzept des Leadership Branding, weil hier auch das Verhalten und die Kommunikation

der Organisationsmitglieder im Vordergrund stehen und nicht irgendwelche Kennzahlen.
„Zum entscheidenden Kriterium wird die möglichst gute Übereinstimmung der kollektiven und individuellen ‚Behaviors‘ mit den strategischen Geschäftsanforderungen und
-zielen des Unternehmens" (BCG 2009, S. 5). Aus der Fokussierung auf das Thema Führung
erwachsen Wettbewerbsvorteile.

In Übereinstimmung mit den zuvor geschilderten Studienergebnissen berichtet Prof.
Dr. Felix C. Brodbeck, Lehrstuhl für Organisations- und Wirtschaftspsychologie der
Ludwigs-Maximilian-Universität München, in seiner Vorlesung „Führen im Wandel. Erfolgsfaktor Mensch(lichkeit)", dass mehr als 100 Jahre Führungsforschung zeigen, dass
sich die Produktivität eines Unternehmens – neben den Faktoren Markt, Umwelt, Unternehmen, Strategie, Mitarbeiter und Zufall – zu insgesamt 40 % durch die Führungskräfte
erklärt. 20 % der Produktivität sind abhängig von der Intelligenz und der Persönlichkeit
der Führungskräfte, wobei diese Aussagen auf Meta-Analysen von ca. 220 Stichproben mit
80.000 Führungskräften basieren (Judge et al. 2002, 2004). 10 % lassen sich auf das Führungsverhalten zurückführen (basiert auf Meta-Analysen von ca. 300 Stichproben mit N ~
52.000 (Judge et al. 2004)) und 10 % auf die Beziehung zwischen einer Führungskraft und
ihren Mitarbeitern (basiert auf ca. 200 Korrelationen mit N ~ 26.000 (Judge und Piccolo
2004)). Insgesamt 40 % der Produktivität lassen sich durch Führung entscheiden – das ist
fast die Hälfte –, und das lässt es schier unverantwortlich erscheinen, dass Unternehmen
das Thema Führungsentwicklung meist weit hinten auf ihrer Agenda stehen haben.

Das erinnert mich an ein Gespräch, das ich Anfang 2009 mit der Personalleiterin einer Versicherung geführt habe (Grubendorfer 2009a). „Ich denke, Leadership ist ein von
Vorständen und Geschäftsführern häufig verkanntes Thema", so die Personalleiterin. „Man
fokussiert eher auf Handelsbilanzen und Sonderregelungen, will äußerlich den Schein wahren und als Kaufmann gut dastehen. Andere Vorstände sind einfach unbeholfen, es könnten
ja Dinge ans Tageslicht kommen, die peinlich sind." Ob sich ein Unternehmen mit Führung
befasst, hängt von der persönlichen Reife der Geschäftsleiter ab, und die habe nicht sehr
viel mit dem Alter zu tun. Rational gesehen, gäbe es gute Gründe, das Thema Führung bei
dem Versicherungsunternehmen viel stärker zum Thema zu machen, doch die emotionale
Komponente sei dabei groß: „Auch sind Machtverhältnisse und Uneinigkeit in den eigenen
Reihen sicherlich häufig der Grund dafür, das Thema Führung auf Vorstandsebene auszublenden", meint die Personalleiterin, die sich von der Geschäftsleitung anhören musste, ob
sie denn nicht Wichtigeres zu tun habe, als sie das Thema Führung auf die Agenda brachte.
„Das Vorhandensein von Hochglanzbroschüren heißt noch lange nicht, dass es einheitli-
che Führungswerte gibt, und umgekehrt kann es sein, dass in einem Unternehmen ganz
starke, informelle Gesetze herrschen, die zwar unausgesprochen Orientierung geben, aber
nirgendwo explizit formuliert worden sind. Beide Fälle sind unbefriedigend, weil unfair",
so die Personalexpertin. Im ersten Fall werden Ansprüche ausgerufen, an die sich keiner
hält und die unverbindlich sind, und im zweiten Fall werden diejenigen Personen erfolgreich sein, die es verstehen, zwischen den Zeilen geschriebene Gesetze herauszulesen und
sich daran zu halten. Der Kampf der Personalfrau gegen die Windmühlen endete mit ihrer Freisetzung. Ihre Erfahrung ist leider kein Einzelfall. Personaler rennen nicht selten auf

Vorstandsebene „gegen die Wand" und trösten sich mit altbekannten Sprüchen, dass man „in dicke Bretter eben nur beständig Löcher bohren" müsse. Kommunikationsabteilungen haben da meist eine bessere Chance, schließlich sind die legitimierten „Vorstandsflüsterer" zumindest dafür zuständig, dass der schöne Schein nach außen gewahrt wird, sei es die Inszenierung eines CEO auf einer wichtigen Veranstaltung oder die am Wochenende schnell noch angefertigte Powerpoint-Präsentation für die Ratingagentur, in der in den blumigsten Worten der Führungsanspruch des Unternehmens angepriesen wird (den es aber gar nicht gibt). So kann jedoch nicht wirklich die Produktivität von Führung gesteigert werden. Es braucht mutige und postheroische Führungskräfte mit herausragendem diplomatischen Geschick und großer Hartnäckigkeit, um das Thema Führung auf die Agenda zu setzen.

Leadership Branding will das Thema Führung in den Fokus der Aufmerksamkeit bringen. Der Wirtschaftsjournalist Axel Gloger fasste unser Gespräch darüber zusammen: „Leadership Branding dürfte sich als ein Weg erweisen, Führung wirkungsvoll als Wertschöpfungsfaktor zu erkennen und seine konkrete Ausprägung so zu gestalten, dass die angestrebten positiven Wirkungen auch tatsächlich spürbar sind und die Bottom-Line des Unternehmens stärken. Deshalb hat das Management von morgen die Aufgabe, die Führung als Wertschöpfungsfaktor zu begreifen, als erlebbaren Wert zu gestalten und dieses Thema auch nach außen zu kommunizieren. Es darf, wie die Negativbeispiele zeigen, eben nicht mehr sein, dass die Broschüre mit dem Titel ‚Führungsverständnis' zwar mit hohem Aufwand erstellt wurde – dann aber in den Schreibtischen verstaubt, ohne weitere Folgen auf den Alltag zu entfalten. Führung braucht in Zukunft die Verbindlichkeit der Marke, also die Einigung auf einen Konsens von Grundwerten, die immer und überall im Unternehmen ausstrahlen und mit denen das Unternehmen von Außenstehenden identifiziert wird" (Gloger 2010, S. 83–84).

▸   Leadership Branding erweist sich als Weg, Führung zum Wertschöpfungsfaktor zu machen.

Kurzes Fazit

Der wirtschaftliche Erfolg eines Unternehmens ist stärker von Führung abhängig als beispielsweise von Prozessoptimierung und Kostensenkung. Führung beeinflusst die Produktivität einer Organisation maßgeblich und verschafft ihr Wettbewerbsvorteile. Durch die gemeinsame Fokussierung auf das Wesentliche macht Leadership Branding Führung produktiv. Es ist Aufgabe jeder einzelnen Führungskraft, in ihren Teams die Voraussetzung dafür zu schaffen, dass Mitarbeiter am Erfolg des Unternehmens mitarbeiten können. Wenn Führungskräfte diese Voraussetzung nicht schaffen, z. B. weil sie ihren Mitarbeitern keine Orientierung geben, sie gar irritieren oder die Aufmerksamkeit in eine Richtung lenken, die nicht im Sinne des Unternehmens ist, entstehen Reibungsverluste, die die Produktivität der Organisation verringern. Leadership Branding schafft ein gemeinsames Führungsverständnis unter den Führungskräften, das sich an der Marke orientiert. Der klare Fokus, der sich in solch einem Führungsverständnis ausdrückt, vereinfacht es Führungskräften, sich selbst zu orientieren und diese Orientierung an ihre Teams weiter zu geben. Die Verbindung zur Marke sorgt dafür, dass sich die Aufmerksamkeit auf den Kern der Unternehmensstrategie konzentriert, also in eine für das Unternehmen nützliche Richtung weist. Nach einem Leadership Branding Prozess teilen Führungskräfte ein gemeinsames, markenspezifisches Führungsverständnis. Sie können folglich aufeinander abgestimmt agieren und Reibungsverluste durch unterschiedliche Kommunikation und konträre Entscheidungen minimieren. So steigert Leadership Branding die Produktivität in Organisationen.

4.3   Markenkraft des Unternehmens stärken (Corporate Branding)

Die positive Beziehung zwischen Markenstärke und Unternehmenserfolg ist belegt und unbestritten (Esch et al. 2006, S. 2). Trotzdem befinden sich viele Unternehmen in einem Dornröschenschlaf und nutzen noch nicht die erheblichen Wachstumspotenziale, die in einer starken Unternehmensmarke stecken. Ganze Branchen gilt es hier „wachzuküssen". So ist der Anteil des Markenwerts am Unternehmenswert in der kurzlebigen Konsumgüterbranche mit 62 % am höchsten und in der Industriegüterbranche mit 18 % noch vergleichsweise niedrig (Kernstock et al. 2006). Zu den wertvollsten Marken der Welt gehörten im Jahr 2011 Apple, Google, IBM, McDonald's, Microsoft, Coca-Cola und General Electric (Millward und Brown 2011; Interbrand 2011). Eine Marke ist weit mehr als ein Logo oder ein Produkt. Eine Unternehmensmarke bringt identitätsbasiert, authentisch und glaubwürdig auf den Punkt, wofür ein Unternehmen steht. Dabei ist eine Markenpositionierung immer auf das Wesentliche reduziert, fokussiert, profiliert und beschreibt den Unterschied zu Wettbewerbern. Die Unternehmensmarke adressiert alle Zielgruppen (Stakeholder) des Unternehmens und nicht nur die Kunden, wie dies Produktmarken tun.

Doch was macht eine starke Marke aus? Wie stark eine Unternehmensmarke ist, lässt sich daran festmachen, wie konsistent sich die interne Markenidentität im externen Markenimage widerspiegelt. Und wie konsequent die interne Markenidentität Antwort gibt auf die Erwartungen der verschiedenen Zielgruppen der Marke. Nur zur Wiederholung: Die Kraft einer Marke kommt dabei immer von innen (Abschn. 2.3), weshalb Marken von innen nach außen und nicht umgekehrt entwickelt werden müssen. Das bedeutet, die Antwort auf die Frage, wer überhaupt Zielgruppe des Unternehmens sein kann, muss sich auf Basis der geteilten Geschichte, der Führung, der Werte und der Kompetenzen der Organisationsmitglieder – die in Summe die Markenidentität ausmachen – ergeben.

Führungskräfte tragen die Marke in die Welt und sind die Repräsentanten des Unternehmens – und der Marke. Ohne Führungskräfte, die eine Marke leben, kann eine Marke nicht stark werden. Klingt logisch. Warum ist die Rolle der Führungskräfte in der Markenentwicklung dann bisher so wenig hervorgehoben worden? Dass sich die Markenwelt mit all ihren Begrifflichkeiten wohl deshalb so facettenreich gestaltet, weil die Experten der Reihe nach verschiedene Wirkungsfelder in den Fokus der Aufmerksamkeit rücken möchten – was es gar nicht bräuchte, wenn es ein geteiltes, ganzheitliches Verständnis von Markenentwicklung gäbe –, wurde in Kap. 2 beschrieben.

Wenn die Rolle der Führungskräfte in Publikationen über Corporate Branding Erwähnung findet, dann entweder im Zusammenhang mit einer Führungsstildebatte: Wie muss geführt werden, um den Gedanken, dass Marke an sich wichtig ist, im Unternehmen zu verankern? (Morhart 2009; Morhart 2011; Morhart et al. 2008), oder im Zusammenhang mit der Implementierungsfrage: Was muss getan werden, um eine Marke zum Leben zu erwecken? (Burmann 2007; Schmidt 2007; Schmidt und Krobath 2010; Zeplin 2006). „Auch das Führungsverhalten des Managements spielt dabei eine wichtige Rolle. Die Mitglieder der Unternehmensleitung sollten mit gutem Beispiel vorangehen und in ihrem Verhalten und ihrer Kommunikation der Corporate Brand ein klares und positives Gesicht verleihen" (Einwiller 2007, S. 127).

Der Gedanke, Führung und Marke konsequent zusammenzudenken als zwei Seiten derselben Medaille, ist hingegen neu. In aller Konsequenz bedeutet dieser Gedanke, dass sämtliche Bemühungen, als Unternehmen Markenkraft zu entwickeln, nutzlos sind, wenn Führung und Führungskräfte nicht wesentliche Bestandteile der Markenentwicklung und Markenführung sind und ihr Verhalten allein an der Marke ausrichten, während eben dieses Verhalten aber bereits die Basis für die Markenpositionierung sein muss. Die Frage, ob und wie Führung in den Fokus der Aufmerksamkeit gelangt, hat Auswirkungen auf den Erfolg von Unternehmen.

Wie wichtig das Zusammenspiel von Top-Management und Marke ist, betont auch Esch (2007). „Der Vorstand und die Führungskräfte bilden das Rückgrat der internen Markenführung. Nur wenn der Vorstand die Markenidentität unterstützt und nach innen vorlebt, kann der interne Roll-out der Marke gelingen" (Esch und Knörle 2008, S. 362). Sobald ein Unternehmen beginnt, sich als Marke zu präsentieren, indem es zum Beispiel Markenwerte kommuniziert, muss sich das Top-Management auch in diesem Sinne verhalten. Es entsteht ein Imageschaden, sobald das Verhalten von CEO oder Geschäftsführung im Widerspruch zu den Markenversprechen steht.

Mal davon abgesehen, dass hier auch wieder nur ein Implementierungsverständnis vorliegt und der Hinweis darauf fehlt, dass das Verhalten des Top-Managements essenzieller Bestandteil der Markenidentität ist und deshalb bereits für die Markenentwicklung wichtig ist, lässt sich das Grundverständnis des Vorstandsvorsitzenden bzw. Geschäftsführers in seiner Markenrolle, angelehnt an Esch und Knörle (2008, S. 354), wie folgt differenzieren:

1. Die Marke bestimmt das Handeln im Unternehmen. Sie bildet den einzigen Anker für das Verhalten des Top-Managements.
2. Die Marke spielt eine tragende Rolle. Sie setzt Leitplanken, ohne dominant im Vordergrund zu stehen. Das Top-Management orientiert sich an der Marke und parallel an anderen Strategieansätzen. Es kommt dadurch zu Konflikten, z. B. schnelles Wachstum versus Markenwert Nachhaltigkeit.
3. Die Marke spielt eine untergeordnete Rolle. Es ist schwierig, dem Top-Management zu vermitteln, dass es sich in seinem Verhalten an der Marke orientieren sollte.
4. Die Marke spielt gar keine Rolle. Das Top-Management lehnt es ab, das Unternehmen als Marke zu positionieren.

Es liegt auf der Hand, dass Leadership Branding in Fall eins bereits realisiert wurde. In Unternehmen, die unter 2. beschrieben werden, könnte Leadership Branding zur notwendigen Auflösung von Zielkonflikten beitragen – über die gemeinsame Fokussierung der Aufmerksamkeit. Im dritten Fall ist Leadership Branding eher ein langwieriger Prozess, der die Chance in sich birgt, sowohl die Kraft der Marke zu entdecken als auch die ungenutzten Produktivitätsreserven in der Führung nutzbar zu machen. Im vierten Fall ist die Nutzung von Leadership Branding eher unwahrscheinlich, da hier jegliche Markenaffinität fehlt.

Will ein Unternehmen seine Markenkraft stärken, so sollten sich die Verantwortlichen fragen, welches (eventuell überholte) Verständnis von Marke im Unternehmen geteilt wird. Auf jeden Fall sollte ein Blick auf die Führungsqualität geworfen werden und darauf, wie gut das Führungsverständnis und die Marke zusammenpassen. Denn Führung ist der Schlüssel für den Markenerfolg.

Kurzes Fazit

Leadership Branding stärkt die Corporate Brand. Unternehmen profitieren von einer starken Unternehmensmarke. Führungskräfte aller Ebenen haben es in der Hand, durch ihr Handeln, ihre Entscheidungen und ihre Kommunikation eine Marke zu stärken oder zu schwächen. Das Zusammenspiel von Marke und Führung entscheidet über Erfolg und Zukunftsfähigkeit eines Unternehmens. Deswegen betrachtet Leadership Branding Führung und Marke als zwei Seiten einer Medaille, die gar nicht eng genug miteinander verbunden sein können. Denn je stärker die Führungskultur einer Organisation in die Entwicklung der Marke einfließt, desto glaubwürdiger wird die Marke gelebt werden können. Und wird der Geist der Marke in einem gemeinsamen Führungsverständnis explizit für Führung anwendbar gemacht, werden Führungskräfte konsistenter im Hinblick auf die Marke handeln. So stärkt Leadership Branding die Kraft der Marke nach innen und außen und damit letztendlich den Unternehmenserfolg.

4.4   Mitarbeiter zu Markenbotschaftern entwickeln

Oftmals wird gefordert, dass Mitarbeiter als Markenbotschafter auftreten. Innovative Produkte oder Dienstleistungen allein reichen nicht mehr aus, um im globalen Wettbewerb die Gunst der Konsumenten zu erobern – und zu bewahren (vgl. Grubendorfer und Kilian 2010). Eine Marke verankert sich in den Köpfen der Kunden heute vor allem durch eigene Erfahrungen im direkten Kundenkontakt sowie über Beratung und Serviceleistungen. Das Markenversprechen von Apple lautet „Think different" und wird im Design der Produkte lebendig. „Der Kunde will das AirBook, das in ein Briefkuvert passt; der Kunde will den iPod mit der kongenialen iTunes Software; der Kunde will das iPhone, bei dem man Bildausschnitte am Touchscreen mit den Fingern groß- und kleinzieht. Alles Produkte der anderen Denkart" (Tometschek 2008, S. 1). „Think different" ist gelebte Überzeugung des kürzlich verstorbenen Steve Jobs und aller Apple-Mitarbeiter. (Auch wenn Kritiker meinen, „Denke anders" heiße intern soviel wie „Denke wie ich".) In der Regel sind das Wissen, das Verständnis und die emotionale Verbundenheit zur Unternehmensmarke jedoch von Abteilung zu Abteilung, über verschiedene Hierarchiestufen hinweg und letztendlich von Mitarbeiter zu Mitarbeiter unterschiedlich stark ausgeprägt. Solange sich Mitarbeiter nur als „Zuschauer" empfinden oder teilnahmslos agieren, sind überzeugte Markenbotschafter reine Utopie. Eine gelebte Marke, wie Apple es vormacht, ist jedoch mittlerweile ein unerlässlicher Wertschöpfungsfaktor, ermöglicht sie doch, alle Stakeholder an das Unternehmen zu binden und das Management dabei zu unterstützen, die Unternehmensziele zu erreichen.

Führungskräfte müssen heute eine Vorbildrolle im Sinne der Marke übernehmen. Wie das erreicht werden kann, ist jedoch häufig noch unklar. Damit alle Mitarbeiter über die Marke geführt werden können und sie in ihrem täglichen Verhalten leben, sind ein einheitliches Markenverständnis und ein unternehmensweit abgestimmtes Führungsverständnis erforderlich. Ein Markenversprechen nach außen impliziert auch ein Führungsversprechen nach innen. Streng genommen müssen alle Entscheidungsprozesse im Unternehmen so ausfallen, dass das gewünschte Markenbild dadurch erlebbar wird – in den meisten Fällen noch Zukunftsmusik. So existiert in vielen Unternehmen weder ein einheitliches Markenverständnis noch ist den Führungskräften bereichsübergreifend klar, wie markenadäquat geführt werden sollte. Und das, obwohl Manager als Vorbilder heute eine zentrale Rolle bei der Förderung markenkonformen Verhaltens spielen. Der CEO als höchster Repräsentant des Unternehmens muss sich selbst als erster Markenbotschafter verstehen. Neben seiner Vorbildfunktion erfüllt der CEO auch eine strukturelle Funktion, indem er Ressourcen zum Aufbau und zur Pflege der Marke bereitstellt und die inhaltliche und organisatorische Verantwortung dafür trägt, dass Führungskräfte zu markenkonformen Vorbildern und Mitarbeiter zu Markenbotschaftern werden. Dabei gilt es zu beachten, dass Mitarbeiter das Verhalten des CEO und ihres Vorgesetzten genau beobachten. Sie ziehen daraus Rückschlüsse für ihr eigenes Verhalten. Eine Möglichkeit, um sowohl beim Topmanagement als auch bei allen Mitarbeitern ein zur Marke passendes Verhalten zu etablieren, bietet Leadership Branding und damit die Erarbeitung eines markenspezifischen Führungsverständnisses, das auf die Passung zwischen Marke und Führung abzielt. So wird Marke alltäglich und nicht zu einem „Implementierungsprojekt", wie dies im Konzept des „Internal Branding" häufig dargestellt wird: „Ziel des Internal Branding ist die Übersetzung von abstrakten Markenwerten in konkretes Mitarbeiterverhalten. (…) Wie lassen sich Mitarbeiter auf die Marke einschwören? Zum Beispiel, indem man die Markenwerte und das Markenmotto, die Metapher, visualisiert. Hochglanz-Broschüren listen Werte aber nur auf – sie bewirken allein natürlich noch keine Verhaltensänderung. Führungskräfte und Mitarbeiter brauchen Raum und Zeit für die aktive Auseinandersetzung mit den Werten. Ob in der Großgruppe oder in kleineren Workshops, es geht um das Verbinden der eigenen Gefühle mit den Werten der Marke. Beispielsweise mit der Methode des Storytelling: Jeder Mensch, der Erfolgsgeschichten hört und erzählt, weiß, wie sich der abstrakte Wert konkret anfühlt – jeder hat es schon privat oder beruflich erlebt. Diese Geschichten transportieren weit mehr Spirit als klassische Vorworte der Geschäftsleitung im Mitarbeitermagazin" (Tometschek 2008, S. 2). Dabei ist die Idee des Internal Branding ein wichtiger Schritt in die richtige Richtung, denn besser als Hochglanzbroschüren zu drucken und zu verteilen sind Workshops mit Mitarbeitern und Führungskräften auf jeden Fall. Doch es darf nicht dabei bleiben, denn Marke bleibt nie stehen. Marke wird ständig neu ausgehandelt, und es ist kein Projekt, eine Marke zu entwickeln, sondern ein kontinuierlicher Prozess. Um Marke im Fokus der Aufmerksamkeit zu halten, ist es unabdingbar, dass sich Führungskräfte als Repräsentanten der Marke verstehen. Dies kann aber nur gelingen, wenn es nach den oben zitierten Workshops eine verbindliche Definition eines gemeinsamen und markenspezifischen Führungsverständnisses gibt. Internal Branding hat, so wie es allgemein verstanden wird, eine zweite Schwachstelle. Statt sich darum zu kümmern, bereits verabschiedete Markenwerte zu implementieren, sollten Mitarbeiter und Führungskräfte besser von Anfang an als Teil der Markenentwicklung gesehen werden, wie es das Konzept der identitätsbasierten Markenentwicklung vorsieht (siehe Kap. 2).

Kurzes Fazit

Leadership Branding macht Mitarbeiter zu Markenbotschaftern. Ob Mitarbeiter wirklich zu Botschaftern ihrer Marke werden, steht und fällt mit den Führungskräften. Leben diese als Vorbilder den Geist der Marke vor? Schaffen sie für ihre Teams einen organisatorischen und atmosphärischen Rahmen, der ihnen hilft, in allen Situationen des Tagesgeschäfts im Sinne der Marke zu agieren? Leadership Branding generiert ein gemeinsames, markenspezifisches Führungsverständnis im Unternehmen. Die Führungskräfte werden durch Leadership Branding die Marke für sich mit Bedeutung füllen und verinnerlichen. In all ihren Entscheidungen und Handlungen wird das Feuer der Marke brennen und jeden einzelnen Mitarbeiter anstecken, der die Flamme der Marke wiederum im Umgang mit Kunden, Geschäftspartnern und anderen Stakeholdern entzündet.

4.5   Ein Beispiel für eine Krisenbewältigung – Orthomol

> Krise kann ein produktiver Zustand sein. Man muss ihr nur den Beigeschmack der Katastrophe nehmen.
>
> Max Frisch

„Eine Krise bedeutet eine Zuspitzung von problematischen Ereignissen bzw. einen Wendepunkt einer (kontinuierlichen) Entwicklung. Die Krise von Unternehmen ist dadurch gekennzeichnet, dass sie schwer beherrschbar ist, die Aufmerksamkeit von Akteuren auf sich zieht, den Fortgang der Entwicklung beeinträchtigt, bewältigt werden oder in die Katastrophe führen kann" (business-wissen.de). Gründe für eine Krise können außerhalb des Unternehmens liegen, z. B. eine Naturkatastrophe. Doch viel häufiger sind die Gründe selbstgemacht. Krisen können ausgelöst werden durch „falsche Entscheidungen bei der Besetzung von Führungspositionen, falsche Einschätzung der Marktentwicklung, Missachtung neuer Wettbewerber oder neuer Technologien für die eigene Branche, Verschuldung für den Kauf eines anderen Unternehmens oder bei einem Zusammenschluss, Verlust der Kundenorientierung, Fehler bei der Gestaltung des Produktprogramms, falsche Entscheidungen bei technologischer Ausstattung, Rohstoffsicherung, Standortwahl, finanzieller Ausstattung oder bei Betriebsabläufen, Mängel bei Organisation, Planung und Information" (business-wissen.de). Eine Studie von A. T. Kearney (2009) zur Ursache von Insolvenzen zeigt, dass Krisen in 34 % der Fälle zwar rechtzeitig erkannt werden, das Management aber verspätet und nicht konsequent genug handelt. Zudem sind strategische Maßnahmen zur Bewältigung einer Krise notwendig, jedoch als Lösungsweg unterrepräsentiert. Die Entwicklung eines markenspezifischen Führungsverständnisses ist eine strategische Maßnahme von höchster Bedeutung für die Bewältigung von Krisen. Ist die Krise jedoch einmal da, so ist es meist zu spät für Leadership Branding. Vorzeichen müssen erkannt und intelligent bewertet werden, sodass es frühzeitig zur richtigen Entscheidung kommt, die Kraft von Marke und Führung strategisch zu entwickeln, um sie dann in einer Krise nutzen zu können. Klug sind sicherlich diejenigen Unternehmen, die einen Leadership Branding Prozess in Zeiten des unternehmerischen Wohlergehens anstoßen. Nochmal zur Erinnerung: Was kann Leadership Branding leisten? Leadership Branding fokussiert die Aufmerksamkeit aller Organisationsmitglieder auf das Wesentliche. Dabei sind all die Dinge wesentlich, die das Überleben einer Organisation sichern. Das führt zu einer starken Unternehmenskultur, die allen Beteiligten den Weg weist. Wann könnte das wichtiger sein als in einer Krise?

Wie bereits erwähnt, haben vor allem große Unternehmen Probleme damit, eine starke Unternehmenskultur zu entwickeln. In kleinen und eventuell inhabergeführten Unternehmen gibt es hingegen oft eine starke Prägung der Kultur durch die Geschäftsleitung. Die Brücke zwischen der starken Idee des Unternehmers und den Beschäftigten ist viel leichter für 500 Mitarbeiter zu bauen als für 12.500 Mitarbeiter. Leadership Branding ist der ideale Weg, diese Brücke für größere Unternehmen zu bauen – der Weg führt über die Orientierung der Führungskräfte.

Wie groß der Nutzen einer starken Unternehmenskultur in einer Unternehmenskrise sein kann, möchte ich am Beispiel Orthomol erzählen. „Innerhalb von 20 Jahren hat sich Orthomol dank Engagement, Enthusiasmus und Expertise einen uneinholbaren Vorsprung erarbeitet und ist so zum europäischen Marktführer im Bereich der ergänzenden bilanzierten Diäten geworden" (www.orthomol.de). Treiber des Unternehmenserfolgs ist die große Überzeugung, dass die orthomolekulare Ernährungsmedizin positiven Einfluss auf die Gesundheit und das Wohlbefinden vieler Menschen hat. Orthomol beschäftigt heute rund 450 Mitarbeiter in Langenfeld, Nordrhein-Westfalen und stellt hochdosierte Mikronährstoffkombinationen für 22 verschiedene Indikationen her. Den ersten Kontakt zum Familienunternehmen Orthomol hatte ich 2006 zu Gesche Hugger, Tochter des Gründers von Orthomol, Dr. Kristian Glagau – damals noch in meiner Funktion als Gründerin und Geschäftsführerin der Deutschen Employer Branding Akademie. Gesche Hugger, die als Personalleiterin agierte, beeindruckte durch ihre warmherzige und authentische Art. Die Website des Unternehmens dagegen wirkte diffus und blass. Dies bemerkte ich auch Gesche Hugger gegenüber: „Wenn ich Sie sprechen höre, Frau Hugger, so bekomme ich ein

Bild des Arbeitgebers Orthomol als eine Blumenwiese im Sommer, mit Schmetterlingen, Hummeln und Vögeln, die sich possierlich darin tummeln … wenn ich mir Ihre Website ansehe, so finde ich nichts von diesem Wunderbaren dort wieder – wie wollen Sie so Menschen finden, die zu Ihnen passen?" Viele kleinere mittelständische Unternehmen haben dieses Problem. Sie sind im Inneren „wunderschön" und wirken nach außen unattraktiv. Besser so als andersrum – wie es ja leider oft bei großen und sehr großen Unternehmen der Fall ist, die sich mit allen Mitteln der werblichen Kunst nach außen präsentieren. Oder wie eine Bekannte es letztens ausrückte: „Innen Schwan und außen Ente, oder innen Ente und außen Schwan, das ist hier die Frage…?" – ein gängiges Bild, das die Beraterbranche nutzt, um die häufig anzutreffende Differenz zwischen interner Markenidentität und externem Markenimage zu beschreiben.

Bislang hatte sich die Aufmerksamkeit der Geschäftsleitung fast ausschließlich auf das Produkt Orthomol konzentriert, weniger auf das Unternehmen Orthomol, weshalb das Unternehmen hier in seiner Wirkung auf wichtige Zielgruppen wie die eigenen Mitarbeiter, Bewerber und die allgemeine Öffentlichkeit, Politik und Wissenschaft weit hinter seinen Möglichkeiten zurückblieb. Es fiel beispielsweise schwer, wichtige Schlüsselpositionen wie die Marketingleitung dauerhaft zu besetzen. Auch mit dem Anteil der Initiativbewerbungen war Frau Hugger unzufrieden, der damals bei ca. zwölf Prozent lag. In den folgenden Monaten durften wir[1] Orthomol dabei begleiten, sich als Unternehmensmarke zu positionieren und sich in einem Atemzug ein unverwechselbares Profil als Arbeitgeber zu schaffen.

Als Kern der Marke Orthomol kristallisierte sich im Markenentwicklungsprozess folgendes Unterscheidungsmerkmal gegenüber den Wettbewerbern heraus: „Wir entwickeln Gesundheitsprodukte aus Überzeugung. Wir wissen, dass unsere Produkte das Wohlbefinden und die Leistungsfähigkeit des Menschen steigern. Für die ‚Idee der Gesundheit' geben wir täglich unser Bestes." Abbildung 4.5 zeigt, wie der Orthomol Markenkern „Überzeugung" durch drei Markenwerte genährt wird: Zuversicht, Tatendrang und Gelassenheit. „Wir lassen uns von neuen Ideen begeistern und gehen mit *Tatendrang* an die Arbeit. Jeder Mitarbeiter leistet einen wichtigen Beitrag zum Erfolg unserer Produkte. Deshalb tragen wir Verantwortung für den Einzelnen. Aber auch für die Gesellschaft. Wir sind uns dieser sozialen Verpflichtung bewusst. Sie zu übernehmen und zu gestalten, empfinden wir als selbstverständlich. Der Erfolg unserer Marke lässt uns voll *Zuversicht* in die Zukunft blicken. Wir haben noch viel vor, werden die nötigen Entwicklungen aber nicht überstürzen. Produktive *Gelassenheit* ist für uns ein wichtiger Motor. (…) Diese Werte zeichnen uns aus, und daran lassen wir uns messen" (Markenwerte Orthomol, www.orthomol.de). Die Arbeitgeberpositionierung von Orthomol lag auf der Hand, denn wir erlebten die Mitarbeiter und Führungskräfte als starke „Gemeinschaft von Überzeugungstätern", die überdurchschnittlich viel Ansporn zu haben schienen, die „Idee für mehr Gesundheit" voranzutreiben.

---

[1] Mit „wir" meine ich mein damaliges Team bei der Deutschen Employer Branding Akademie.

Abb. 4.5 Markenkern und Markenwerte des Unternehmens Orthomol (Hugger 2011)

Nun war die Überarbeitung des Unternehmensauftritts, zum Beispiel im Internet, ein Leichtes, für Stellenanzeigen konnte ein außergewöhnliches Kreativkonzept entwickelt werden und die Anzahl der Initiativbewerbungen stieg bis 2010 von 12 % auf 44 %. Für Orthomol hat sich die Investition in die Unternehmensmarke gelohnt. Die Effekte im Personalbereich zeigen sich laut Gesche Hugger in fünf Dimensionen:

1. Mitarbeitergewinnung: passgenauere Bewerbungen und schnelleres Finden der richtigen neuen Mitarbeiter,
2. Mitarbeiterbindung: Senkung der Fluktuationskosten, Identifikation mit Unternehmen steigt, Mitarbeiterzufriedenheit steigt,
3. Performance-Management: Leistungsmotivation steigt, Führungsaufwand sinkt,
4. Unternehmenskultur: Arbeitsklima und Zusammenhalt steigt,
5. Verbesserung des Unternehmensimages.

Orthomol war vor allem durch eine Person durch und durch geprägt: den Gründer und Geschäftsführer Dr. Kristian Glagau, der im Jahr 2009 plötzlich und unerwartet im Alter von 65 Jahren starb. Mittlerweile haben sein Sohn und seine Tochter die Geschäftsführung von Orthomol übernommen. Das im Oktober 2011 mit Gesche Hugger durchgeführte Interview vermittelt einen Einblick in das Führungsverhalten des Firmengründers.

Beispiel

CG: Wie beschreiben Sie die Haltung und Art und Weise, mit der Ihr Vater das Unternehmen und die Mitarbeiter geführt hat? Was war ganz typisch für ihn?

GH: Wie ich ihn erlebt habe, war er immer jemand zum Anfassen. Er ist nie abgehoben, sondern hat versucht, jeden Einzelnen zu beachten, denn jeder Einzelne war ihm wichtig. Und jeder konnte zu ihm kommen. Mit einer gewissen Autorität, keine Frage, war er ein Typ zum Anfassen. Er hat keine Unterschiede zwischen Mitarbeitern gemacht. Der Putzfrau gegenüber war er genau so freundlich und nett wie einer hochkarätigen Führungskraft gegenüber. Und er forderte dieses Verhalten auch bei allen

Mitarbeitern ein. Auch als das Unternehmen weiter gewachsen ist, hat er das beibehalten. In unregelmäßigen Abständen hat er den Kontakt gesucht. Freitagnachmittags drehte er häufig seine Runde durch die Produktion. Auf Betriebsfeiern hat er gemeinsam mit den Mitarbeitern ordentlich gefeiert. Er hat einfach überall mal vorbei geguckt. Das bekommen wir jetzt immer aufs Brot geschmiert. Die Produktion sagt: „Der Glagau war doch immer bei uns", und halten uns das heute vor: „Kommt Ihr doch auch mal vorbei!" Dabei ist ganz klar, dass die Mitarbeiter das in der Rückschau auch etwas verklärt sehen. Mein Vater ist zwar regelmäßig in die Produktion gegangen, aber so oft war er nun auch nicht dort. So ein Produktionsrundgang nimmt aber viel Raum ein, so zwei bis drei Stunden sind weg, die muss man erst mal haben. Mein Vater tauchte meist unangekündigt irgendwo auf. Er hatte zudem ein bombastisches Gedächtnis. Er wusste immer noch alles, was er mit einem Mitarbeiter besprochen hatte, und fragte nach, wirklich ein Elefantengedächtnis. Bei Sorgen und Nöten war er derjenige, der sagte, da können wir helfen, beispielsweise mit einem Darlehen, er war immer nah an den Mitarbeitern dran. Die Mitarbeiter haben das sehr geschätzt. Wenn man ihn ein bisschen kannte, konnte man das ausnutzen nach dem Motto: „Wenn ich auf die Tränendrüse drücke, dann gibt's eine saftige Gehaltserhöhung." Ich hatte schon den Eindruck, die Leute haben primär für meinen Vater gearbeitet und sekundär für die Firma. Als er starb, hatten wir Angst, dass die Mitarbeiter dann gehen. Aber viele haben gesagt: „Super, die Kinder machen das weiter".

CG: Was war ihm besonders wichtig im Bezug auf die Führung der Mitarbeiter und des Unternehmens?

GH: Er war sehr leistungsorientiert und hat das immer wieder eingefordert. Er wollte einerseits schon sehen, dass Leistung erbracht wird, sonst war man schnell wieder weg. Andererseits war er eben sehr sozial und verständnisvoll. Er war unglaublich gut darin, Enthusiasmus zu zeigen. Wenn er eine Idee hatte, musste er es allen mitteilen, und es ist ihm immer gelungen, seine Begeisterung weiterzugeben. Irgendwie war er ein klassischer Unternehmer, wie er im Buche steht. Dieser Unternehmertyp will alles selbst machen und auch unter Kontrolle haben. Jeden Tag hat er sich einen Überblick über alle Rechnungen zeigen lassen. Das Unternehmen war einfach sein Baby. Das hatte leider auch zur Folge, dass die Führungskräfte, die direkt an ihn berichteten, kaum mehr eigene Entscheidungen getroffen haben. Sie haben sich mit der Zeit daran gewöhnt, dass er alles alleine entscheidet und nicht unbedingt der Empfehlung seiner Führungskräfte folgt. Die Führungskräfte haben dann gesagt: „Es ist ja egal, was ich entscheide, wenn es ihm nicht passt, schmeißt er alles wieder um, und bevor ich falsch entscheide, entscheide ich lieber gar nicht". Er hat teilweise auch alle Wege der Einbeziehung und Mitsprache ausgespart und direkt entschieden.

CG: Wenn Sie Ihren Blick auf den Markenkern von Orthomol, die Überzeugung, richten – wie stark hat Ihr Vater dazu beigetragen, dass Orthomol eine Gemeinschaft von Überzeugungstätern geworden ist?

GH: Unsere Philosophie hängt ja mit der Überzeugung zusammen. Er hat Orthomol groß gemacht in Deutschland. Von Anfang an war er davon überzeugt. Und auch von seinem Marketingansatz, dass Erfolgsfaktor Nummer eins der Arzt ist. Die Apotheke kam dann später hinzu. Am Anfang war das nicht einfach. Trotzdem war er der größte Überzeugungstäter von allen.

CG: Was von der Wirkung Ihres Vaters auf die Unternehmenskultur ist heute noch spürbar?

GH: Dass es auf die Mitarbeiter ankommt. Er hat den Grundstein für das familiäre und leistungsbezogene Ambiente gelegt. Das ist auch auf uns Kinder übergegangen.

CG: Werden Geschichten über Ihren Vater erzählt?

GH: Die Leute erzählen teilweise mit Tränen in den Augen über ihn. Da merkt man, wie wichtig er war. Gerade auch im Außendienst – er war ja rhetorisch brillant und seine Motivationsreden waren sehr einprägsam. Das Miteinander-Feiern konnte motivierender sein als Reden zu halten. Er hat sich bei Festen auch nie groß verabschiedet. Es war typisch für ihn, dass er irgendwann einfach weg war. Es gibt aber auch Geschichten über seinen Anspruch an Leistung, das sind eher die negativen. Er war sehr fixiert auf Lebensläufe. Wenn gute Firmen drinstanden, z. B. renommierte Pharmafirmen, dann musste dieser Bewerber unbedingt eingeladen werden, auch nach Feierabend oder samstags. Da erinnere ich mich an diverse Bewerbungsgespräche. Er konnte sich total für Personen begeistern, sah nur den Leistungsaspekt und hörte auch nicht darauf, wenn andere bestimmte Einwände hatten. Diese Personen konnten ihm dann alles Mögliche abfordern, auch wenn das ein Ungleichgewicht ins Unternehmen gebracht hat. Er machte dann viele Ausnahmen. Doch nicht immer haben dann diese Mitarbeiter die erwarteten Leistungen gebracht und dann hat er sich auch schnell wieder von ihnen getrennt. Er neigte zu solchen Spontanaktionen. Wir haben dann versucht, es arbeitsrechtlich einigermaßen sauber über die Bühne zu bekommen, aber die Kosten waren ihm egal. Am Anfang himmelhochjauchzend und dann zu Tode betrübt.

CG: Welche seiner Verhaltensweisen wurden von anderen Führungskräften übernommen?

GH: Er war ein totales Unikat und hat seine Sache mit Leib und Seele gemacht. Das konnte man nicht nachmachen. Für die Führungskräfte galt: „Was er predigt, predige ich weiter". Doch kopiert hat ihn keiner. Man war stolz darauf, mit ihm zusammenzuarbeiten. Für uns war es unmöglich, in seine Fußstapfen zu treten, sie waren viel zu groß. Wir haben es uns aber zum Ziel gemacht, das Unternehmen im Sinne meines Vaters weiterzuführen, aber mit unserem eigenen Stil. Ich muss schon sagen, mein Bruder Nils hat überraschend viel von meinem Vater. Früher waren sie sehr gegensätzlich. Nun hat er sich aber sehr schnell mit Leib und Seele reingearbeitet. Er geht mit Herzblut an die Sache ran. Er macht es nicht bewusst, aber er wird in Gestik und Mimik meinem Vater immer ähnlicher. Er löst schon eine ähnliche Faszination bei Mitarbeitern und Bekannten aus. Mein Vater ließ sich ja sehr ungern etwas sagen. Mein Bruder ist da schon offener für Kritik. Für mich ist das jetzt oft ein entspannteres Arbeiten.

CG: Was ist durch seinen überraschenden Tod im Unternehmen passiert? Welche Effekte hatte das auf die Unternehmenskultur? Und wie hat der Markt reagiert?

GH: Am Anfang war erst mal Schockstarre. Es gab ja keine Nachfolgeregelung oder Ähnliches. Wir waren völlig unvorbereitet. Das hatte zum Glück nicht wirklich einen negativen Einfluss auf das Unternehmen, denn die Mitarbeiter haben gesagt: „Okay, Ihr braucht erst mal Zeit, Euch zu sortieren. Wir halten so lange die Fahne vor Ort weiter hoch. Wenn es sein muss, geben wir unser letztes Hemd, damit Ihr als Familie eine Lösung findet." Die Mitarbeiter gingen richtig gut ihrer Arbeit nach und wollten uns in dieser schwierigen Zeit nicht enttäuschen. Ich spürte eine große Dankbarkeit seitens der Mitarbeiter, dass es mit dem Laden weitergeht. Und Erleichterung, dass wir diese Bürde auf uns nehmen. Allen war klar, dass wir eine schwierige Nachfolge antraten. Mein Mann und ich waren zwar schon lange dabei, aber mit Geschäftsführung hatten wir uns bisher nicht beschäftigt. Sie haben uns aber alle vertraut. Sogar die guten Führungskräfte haben an uns geglaubt. Alle sind im ersten Jahr bei uns geblieben und haben uns zur Seite gestanden.

CG: Warum war das so?

GH: Sicherlich hat dazu beigetragen, dass mein Bruder zurückgekommen ist und Marketing und Vertrieb übernommen hat. Und ich glaube, dass das Thema Überzeugung da auch wieder eine Rolle gespielt hat. Alle haben die Idee, die hinter unserem Unternehmen steckt, so verinnerlicht. Sie wollten das Thema, diese Idee nicht aufgeben. Sie sind überzeugt von Orthomol. Wir haben auch gesagt, dass es ohne Mitarbeiter und Führungskräfte nicht geht. Das Tolle war, wie geduldig alle mit uns waren. Es gab sogar zwei Führungskräfte, die erst nach dem Tod meines Vaters bei uns angefangen haben. Über „den Glagau" hatten sie viel gehört und wegen dem sind sie auch gekommen. Sie sind geblieben, weil sie vom Unternehmen begeistert waren. Wir Kinder gehen es nun ein bisschen anders an. Für so manche Führungskraft ist es jetzt angenehmer geworden. Wir sind da kooperativer und bringen den Führungskräften nochmal eine andere Wertschätzung entgegen, fordern aber auch deutlich mehr Eigenverantwortung. Nach einem Jahr der Eingewöhnung haben wir uns dann auch gewagt, alte Zöpfe abzuschneiden, und uns zum Teil von Personen getrennt, die zu lange „unter dem Schutz" meines Vaters gestanden haben. Vom Markt kam in dieser Zeit viel Respekt und viel Zuspruch.

CG: Hat sich in der Unternehmenskultur darüber hinaus weiteres spürbar verändert?

GH: Nein, spürbar noch nicht. Im September 2010 haben wir eine Mitarbeiterbefragung durchgeführt, die extrem hohen Zuspruch hatte und sogar besser ausgefallen ist als die Mitarbeiterbefragung vor drei Jahren. Nächstes Jahr wollen wir mal schauen, ob die Werte, die wir im Rahmen des Employer Branding Prozesses gefunden haben, noch zutreffen. Überzeugung ist ganz klar noch Markenkern. Aber haben die anderen Markenwerte (Tatendrang, Gelassenheit, Zuversicht) noch Bestand? Wir sind das erste Mal in unserer Unternehmensgeschichte so weit, dass wir eine Vision 2020 aufgestellt haben, und arbeiten jetzt auch an der Strategie. So weit waren wir noch nie in der Festlegung von strategischen Zielen, der Ableitung von Projekten und der Festlegung von Projektverantwortlichen.

CG: War die Marke Orthomol etwas, an dem man sich „festhalten" konnte? Oder welche Rolle hat die Unternehmensmarke Orthomol in dieser Neuordnungsphase gespielt?

GH: In der Neuordnungsphase spielte die Marke explizit keine Rolle. Die Überzeugung war ja da. Das Zusammenwachsen, das Familiäre: „Wir stehen füreinander sein", – das war immer schon präsent.

CG: In der Markenentwicklung wurde ja berücksichtigt, was das Unternehmen von innen heraus stark macht. Nun hat sich in dieser Phase gezeigt, dass diese Werte einfach selbstverständlich gelebt wurden. Man musste nicht an sie erinnern. – Haben Sie eine Empfehlung an kleinere Familienunternehmen, bei denen auch eine starke Persönlichkeit das Unternehmensgeschehen prägt?

GH: Wichtig ist es, die Frage des Nachfolgers frühzeitig zu regeln. Wichtig ist natürlich auch die Unternehmenskultur. Man hat sie oder man hat sie nicht. Sie steht und fällt mit der Person, die sie prägt. Man muss früh Leute aufbauen, die diese Gesinnung teilen. Einen Kreis auf die Beine stellen, der sich mit strategischen Themen beschäftigt. Es ist zwar schwierig, aber der Unternehmer sollte versuchen, Aufgaben zu delegieren, andere zu coachen und zu begleiten. Um damit langfristig den eigenen Rückzug vorzubereiten.

CG: Ihr persönliches Fazit zur Führung Ihres Vaters?

GH: Er hat mit seiner Persönlichkeit geführt. Auch wenn seine negativen Seiten gefürchtet waren, so überwiegt heute das positive Bild. Er ist eine Überfigur, die hell leuchtet.

CG: Was hat bewirkt, dass Orthomol seinen Siegeszug auch nach dem Tod von Kristian Glagau fortsetzen konnte?

GH: Auf jeden Fall unsere Unternehmenskultur. Sie war es, die uns in der Krise geholfen hat. Nichts anderes. Eine Marke, die nur draußen stark ist, hilft gar nicht. Denn wenn sich die Mitarbeiter verweigern, geht nichts mehr.

CG: Ob Führung wirksam ist, zeigt sich in der gelebten Unternehmenskultur. Und die hilft dabei, ein Unternehmen sicher durch eine schwere Krise zu steuern. Liebe Frau Hugger, ich danke Ihnen ganz herzlich für das Gespräch.

Nun mag sich der werte Leser fragen, wieso Orthomol als Beispiel gewählt wurde, um die Kraft des Leadership Branding für Krisen zu beschreiben – denn bei Orthomol wurde doch gar kein Leadership Branding Prozess durchgeführt? Richtig, doch Orthomol hatte zur Bewältigung der Krise das vorzuweisen, was durch Leadership Branding erreicht werden soll: eine starke Unternehmenskultur. Obwohl ich nun seit 15 Jahren Organisationen berate, sind mir bislang wenige begegnet, die eine derart einprägsame und einzigartige Unternehmenskultur vorzuweisen hatten, wie dies bei Orthomol der Fall ist. Woran liegt das? Meine Hypothese ist, dass dies vor allem daran liegt, dass es den wenigsten Unternehmen bisher gelingt, die Lücke zwischen der fundamentalen Idee des Unternehmens (wie sie durch einen Gründer geprägt wurde), der sich aus dieser Idee entwickelnden Identität des Unternehmens und den Personen zu schließen, die das Unternehmen führen. Denn Führungskräfte prägen durch ihr Verhalten, ihre Kommunikation und ihre Entscheidungen die Kultur eines Unternehmens mehr als alles andere. Hier ist noch viel Luft nach oben. Denn nur mit einer starken Unternehmenskultur und einer klaren Führung lassen sich Krisen auch bewältigen.

Kurzes Fazit

Leadership Branding stärkt die Unternehmenskultur und macht Unternehmen somit widerstandsfähiger. Denn Unternehmen können Krisen bewältigen, wenn sie beherzt, schnell und konsequent handeln. Doch in einer Organisation, in der viele Menschen mit unterschiedlichen Perspektiven und Interessen zusammenkommen, ist die zur Krisenbewältigung notwendige Schnelligkeit nur dann realisierbar, wenn eine kritische Masse von Führungskräften und Mitarbeitern gemeinsam an einem Strang zieht. Es gilt, in die gleiche Richtung zu schauen, die gleichen Prioritäten zu setzen, einander zu vertrauen und viele Aktivitäten jenseits der Routinen zügig aufeinander abzustimmen. Nur so können zügige Entscheidungen getroffen werden. Diese Phase intensivierten Kommunikationsbedarfs wird nur mit einer starken Unternehmenskultur gelingen. Ein Leadership Branding Prozess stärkt die Unternehmenskultur, bevor sie sich in einer Krise bewähren muss. In der Entwicklung eines markenspezifischen Führungsverständnisses setzen sich die Führungskräfte damit auseinander, was für ihr Unternehmen, ihre Marke und ihre Führung wesentlich ist. Indem sie das dann auch leben, wird die gesamte Kultur des Unternehmens gestärkt, denn die Kräfte werden gebündelt. In einer Krisensituation erleichtert dies das schnelle Handeln, denn man muss sich nicht erst noch zusammenfinden.

4.6 Reputation erhöhen

Dass die Reputation eines Unternehmens in einem positiven Zusammenhang mit dem Unternehmenserfolg steht, konnte mehrfach gezeigt werden (Fuente et al. 2003). Reputation zählt zum immateriellen Vermögen eines Unternehmens, wie auch Patente oder Markenrechte dazu gehören. Die Reputation, der Ruf eines Unternehmens, wird immer wichtiger und wird von verschiedenen Zielgruppen eines Unternehmens zur Entscheidungsfindung genutzt – zum Beispiel von Bewerbern. Dabei entscheidet ein Unternehmen nicht selbst, ob es eine gute Reputation hat oder nicht. „Reputation im Sinne von Unternehmensreputation ist die Gesamtheit dessen, wie ein Unternehmen von seinen Interessengruppen unter Einbezug vergangener und zukünftiger Aspekte wahrgenommen wird. Sie ist ein Extrakt verschiedener individueller Erfahrungen, Anforderungen und kognitiver Einstellungen, die es Menschen ermöglicht, das zukünftige Verhalten eines Unternehmens und dessen Auswirkung auf ihre Bedürfnisse zu antizipieren. Aufgrund dessen ist Reputation stark abhängig vom sozio-kulturellen Umfeld. Reputation ist wertneutral. Eine positive

Reputation wird charakterisiert von vier Dimensionen: Glaubwürdigkeit, Zuverlässigkeit, Vertrauenswürdigkeit und Verantwortung" (Burckhardt 2011).

Wie entwickelt sich Reputation? Wie beim Markenimage, das sich im Gegensatz zur Markenidentität der direkten Beeinflussung entzieht, kann Reputation lediglich „kommuniziert", nicht jedoch „gemanagt" werden. Wie wichtig es deshalb ist, vor jeglicher Kommunikationskampagne das Innen zu beleuchten und ein konsistentes Handeln der Führungskräfte sicherzustellen, kann gar nicht oft genug betont werden. Nur so kann nachhaltig Vertrauen aufgebaut werden. Organisationen unternehmen vieles, um ihre Reputation positiv durch Kommunikation zu beeinflussen. Warum präsentieren sich Unternehmen im Internet? Mal abgesehen davon, dass es ein „Muss" geworden ist, sich im World Wide Web zu zeigen – das heißt, wer dies nicht tut, wirkt im besten Fall seltsam, wenn nicht unprofessionell – so geht es doch in erster Linie um den Aufbau der Reputation. So ist für Arbeitnehmer häufig der Unternehmens- bzw. Arbeitgeberauftritt im Internet eine ganz entscheidende Informationsquelle im Entscheidungsprozess für oder gegen eine Arbeitsstelle. Untersuchungen zeigen zudem, dass Bewerbern die Führungs- und Unternehmenskultur immer wichtiger wird (Becker et al. 2008). Vor diesem Hintergrund wäre es sinnvoll, in den Unternehmens- bzw. Arbeitgeberauftritt eine Präsentation des Führungsanspruches zu integrieren.

Das Misstrauen gegenüber Top-Managern, insbesondere großer Unternehmen, ist in den letzten Jahren stark gewachsen. Astronomische Gehälter und Abfindungen, undurchsichtige Vermögensanlagen, kurzfristige Unternehmensstrategien, Bilanzfälschungen, unmoralisches Verhalten und Bestechlichkeit sind Inhalte öffentlicher Diskussionen geworden (Credit Suisse, Enron, ERGO, Holzmann, Infineon, MAN, Siemens …). Auch deshalb muss das Thema Führung ein relevanter Bestandteil einer Vertrauen stiftenden Unternehmenskommunikation sein. Mitarbeiter, Bewerber, Kunden und Investoren interessieren sich zunehmend für das Führungsverständnis der Unternehmen. Stakeholder wünschen sich Unternehmensführer, die klare Positionen vertreten und zu ihrem Wort stehen – Manager, die man einschätzen und denen man vertrauen kann.

Um Erwartungen, die das Unternehmen bei diesen Anspruchsgruppen weckt, zu erfüllen und erlebbar zu machen, sollte das Führungsverhalten markenspezifisch gestaltet und kommuniziert werden. Dies stiftet Orientierung und stellt Konsistenz sicher, sowohl im internen Erleben als auch in der externen Wahrnehmung. Die Möglichkeiten eines externen Firmenauftritts, z. B. im Internet, sollte genutzt werden, um eine sichtbare Verbindung zwischen Marke und Top-Management, zwischen Führungsverhalten und Markenversprechen zu schaffen. Leadership Branding ist das probate Mittel, diese Verbindung herzustellen, um damit ein solides Fundament für die Unternehmenskommunikation zu schaffen.

Doch die Erkenntnis, dass Führung einen starken Einfluss auf die Reputation eines Unternehmens hat und deshalb Führung auch als Inhalt in die Unternehmenskommunikation gehört, scheint sich noch nicht herumgesprochen zu haben. Eine LEA-Expertise aus 2010 zeigt, dass DAX 30-Unternehmen deutlichen Nachholbedarf in der Unternehmenskommunikation haben. In ihren Online-Auftritten treffen DAX 30-Unternehmen kaum

Abb. 4.6 Der Vorstand der Salzgitter AG (salzgitter-ag.de)

Aussagen über Führung, Führungswerte und Führungsverhalten. Expliziten Bezug zwischen Marke und Führung stellt keines der Unternehmen her.

DAX 30-Unternehmen …

… die keinen Bezug zwischen Marke und Vorstand herstellen: 28
… die ihren Vorstand überhaupt nicht präsentieren: 2
… die auf Aussagen zum Thema Führung gänzlich verzichten: 23
… die Aussagen zum Thema Führung machen, die keinen Bezug zur Marke haben: 7

Werden denn zumindest die Vorstände so präsentiert, dass die Marke dadurch implizit lebendig wird? Gibt es Statements von Vorständen? Werden sie in ihren Werten und Eigenschaften beschrieben? Kommt auf der Website rüber, was dem Top-Management wichtig ist und warum? Schaut man sich die Darstellung der Konzernlenker an, ist die Aussicht ernüchternd. Wo explizit die Möglichkeit besteht, ein „personalisiertes" Markenimage zu schaffen, herrschen Grautöne vor (Abb. 4.6 zeigt zum Beispiel den Vorstand der Salzgitter AG).

Von den 30 begutachteten Unternehmen haben 28 überhaupt keinen Bezug zwischen ihren Vorständen und ihrer Marke geschaffen. Annähernd alle Unternehmen präsentieren ihre Vorstände rein faktisch über deren Lebenslauf. Ein Bezug zwischen der einzelnen Persönlichkeit und dem Unternehmen wird nicht hergestellt. Nachvollziehbare, spürbare Begeisterung für die aktuelle Aufgabe sieht anders aus. So bleiben Marke und Führung nebeneinander stehen, statt sich gegenseitig zu stärken. So kann die Reputation nicht positiv beeinflusst werden, da so eine Darstellung an den Erwartungen der Zielgruppen vorbeigeht. Einzig bei Daimler und der Deutschen Bank wusste man zum Untersuchungszeitpunkt im Jahr 2010 immerhin mit berühmten Köpfen aufzufallen. Diese beiden Unternehmen setzten Vorstand und Markenauftritt in Beziehung zueinander, wobei hier aber auch kein markenspezifisches Führungsverständnis beschrieben, sondern lediglich durch die Präsenz der Vorstandsvorsitzenden für Identifikationsmöglichkeiten gesorgt wurde. Durch den Daimler-Auftritt zog sich zum Untersuchungszeitpunkt immer wieder die Präsenz des Vorstandsvorsitzenden Dieter Zetsche, durch den der Deutschen Bank Statements von Josef Ackermann, der auf das Deutsche-Bank-Credo „Leistung aus Leidenschaft" referierte. Heute hat Daimler seinen Unternehmensauftritt überarbeitet und es ist kein Zusammenhang zwischen Marke und Führung mehr erkennbar. Auch der 2010 noch auffindbare Abschnitt über die Führungsgrundsätze ist verschwunden. Und auch die Deutsche Bank hat die Fotos von Herrn Ackermann ersetzt. Trotzdem sticht die Deutsche Bank in ihrem Markenauftritt positiv hervor. Unter „Leitbild und Marke" wird kurz und knapp die Marke mit ihren Eigenschaften und Versprechen vorgestellt. Auch wenn dort nicht explizit auf ein dazu passendes Führungsverständnis eingegangen wird, so braucht es nicht viel Phantasie, um sich vorzustellen, welcher Führungsanspruch sich aus dieser Markenpositionierung ableiten lässt:

Beispiel

Unsere Marke

Die Deutsche Bank hat ein klares Profil: Sie steht für Leistung – im Geschäft und darüber hinaus. Die Verbindung von Passion und Präzision macht unsere Leistung aus und gibt uns das Selbstbewusstsein, Neues offensiv anzugehen. Wir stellen Herkömmliches immer wieder in Frage und entwickeln neue Lösungen für alle, die mit uns zusammenarbeiten. (…) Leistung aus Leidenschaft.

Unsere Persönlichkeit

Wir sind: passioniert (…) Wir sind: präzise (…) Wir sind: selbstbewusst (…) Wir sind: offen für Neues.

Unser Versprechen

Spitzenleistungen (…) Kundenorientierte Lösungen (…) Verantwortung (…) (*Quelle:* deutsche-bank.de).

Auch in den Website-Bereichen „Werte", „Leitbilder", „Unternehmensstrategie", kommunizierte kein einziges der 30 Unternehmen ausdrücklich ein markenspezifisches Führungsverständnis. Nur sieben der 30 Unternehmen trafen 2010 überhaupt eine Aussage zum Thema Leadership – diese war jedoch in allen Fällen unternehmensunspezifisch und austauschbar. Bei der Allianz liest sich das etwa so: „Die Leadership Values wurden eingeführt, um die Qualität des Führungsverhaltens zu verbessern und die Entwicklung einer

Leistungskultur in der Allianz Gruppe zu beschleunigen. Sie sollen sicherstellen, dass die Führungskräfte konzernweit ein gemeinsames Verständnis unserer grundlegenden Ziele haben. Sie vermitteln jedem Manager einen klaren Rahmen und verbinden die Unternehmensziele mit dem entsprechenden Führungsverhalten. Der Kulturwandel, den die Leadership Values zum Ziel haben, soll eine offene Kommunikation und vertrauensvolle Atmosphäre im Umgang mit Mitarbeitern und Kunden schaffen. Beides ist notwendig, um die Erreichung unserer strategischen Ziele voranzutreiben" (allianz.com). Nun werden diese „Leadership Values" aufgelistet:

Beispiel

Unsere Strategie konsistent vermitteln

Wir arbeiten zusammen, um eine konsistente Umsetzung unserer Unternehmensstrategie in der gesamten Gruppe zu erreichen. Dabei ist es eine unserer Hauptaufgaben als Führungskräfte, diese Strategie glaubhaft nach innen und nach außen zu kommunizieren.

Unsere Leistungskultur stärken

Wir setzen und vereinbaren gemeinsam klare Ziele, die auf unsere Unternehmensziele ausgerichtet sind. Wir geben unseren Mitarbeitern Feedback und Unterstützung und wir sorgen dafür, dass gute Leistungen auch die entsprechende Anerkennung finden.

Unseren Fokus auf die Kunden richten

Bei allem, was wir tun, stellen wir unsere Kunden in den Mittelpunkt. Wir bauen gute Kundenbeziehungen auf und festigen diese. So erreichen wir ein profitables Wachstum und erhöhen den Wert unseres Unternehmens. Das erfordert, dass unsere Produkte und Unternehmensabläufe exzellent und unser Verhalten beispielhaft gut sind.

Unsere Mitarbeiterinnen und Mitarbeiter fördern

Wir investieren in unsere Mitarbeiter. Bei der Auswahl und Entwicklung von talentierten Mitarbeitern setzen wir hohe Maßstäbe. Wir fördern Vielfalt und damit eine Kultur, die unterschiedliche Persönlichkeiten respektiert und schätzt. So profitieren wir von verschiedenen Meinungen und Einstellungen. Karrieremöglichkeiten schaffen wir auf der Basis von persönlichen Leistungen und Fähigkeiten und sind dabei in unserer Vorgehensweise transparent. Wir wollen in allen Belangen ein attraktiver Arbeitgeber sein.

Auf Vertrauen und Feedback bauen

Unser Erfolg basiert auf gegenseitigem Vertrauen, Fairness, Integrität und einer klaren und offenen Kommunikation. Wir ermutigen unsere Mitarbeiter, innovativ zu sein, Geschäfts- und Verbesserungspotenziale aufzuzeigen, Wissen und Ideen weiterzugeben und sorgen für motivierendes und konstruktives Feedback (*Quelle:* allianz.com).

Zwischen der Marke Allianz, die für Sicherheit, Solidität und Verlässlichkeit steht (allianz.com) und diesen generischen, und wohl für alle Unternehmen passenden Sätzen wird kein Bezug erkennbar. Ob dies absichtlich oder unabsichtlich so ist, bleibt unbeantwortet. Die Möglichkeit, sich über ein markenspezifisches Führungsverständnis zu differenzieren sowie Identifikation und Vertrauen zu schaffen – und letztlich positive Reputation aufzubauen –, bleibt jedenfalls auch hier gänzlich ungenutzt. Besonders schmerzhaft ist mangelnde Differenzierung, wenn sich Unternehmen in hart umkämpften Märkten tummeln, wie dies in der Finanzbranche definitiv der Fall ist.

Wäre ich eine Führungskraft bei der Allianz, so wüsste ich darüber hinaus jetzt immer noch nicht, was von mir erwartet wird. Dabei freut sich die Allianz nach eigener Aussage über die Auszeichnung bei den Chief Marketing Officer-Awards 2010 von Booz & Co. Für den Leiter Group Market Management der Allianz, Joseph Gross, ist sie ein Zeichen dafür, dass die Marke Allianz immer stärker wird (allianz.com). Auf die Frage: „Wie stellt man denn sicher, dass mehr als 150.000 Mitarbeiter in mehr als 70 Ländern alle dasselbe Verständnis von Allianz haben, auch wenn sie zum Teil in sehr unterschiedlichen Geschäftsbereichen tätig sind?", antwortet Joseph Gross: „Versicherung oder Vermögensverwaltung sind kein Konsumgut, wie zum Beispiel Limonade. Da ist es tatsächlich schwieriger, eine Identifizierung mit der Marke zu schaffen. Aber wie schon gesagt, die Allianz ist ein traditionsreiches Unternehmen, in dem Werte wie Sicherheit, Serviceorientierung und Zuverlässigkeit im täglichen Kundenkontakt wirklich gelebt werden, und das weltweit. Diese Werte sind im Kern der Markenpositionierung der Allianz verankert, die weltweit umgesetzt wird" (allianz.com).

Es wäre sicherlich eine spannende Erweiterung der Markenführung der Allianz, das Thema Führung als Treiber für die Marke zu entdecken und ein markenspezifisches Führungsverständnis als Bindeglied zwischen Marke Allianz und Führung bei Allianz einzusetzen. Doch die Allianz ist dabei kein Einzelfall, denn auch die anderen sechs Unternehmen, die wenigstens eine Aussage zum Thema Leadership treffen, bleiben weit hinter ihren Möglichkeiten zurück, ihre Marke und die Unternehmensführung profilstark darzustellen.

Im Bereich des Arbeitgeberauftritts („Karriereseiten") kommt die LEA Expertise (2010) zu ähnlichen Ergebnissen. Auch hier wird das Thema Führung nicht strategisch genutzt, um ein Arbeitgeberimage aufzubauen. Die Güte der Karriereportale der Unternehmen ist höchst unterschiedlich. Einige Unternehmen begnügen sich damit, mehr oder weniger übergangslos auf die interne Stellen-Datenbank zu verlinken (zum Beispiel dp-dhl.com), andere schalten noch einige ansprechend gestaltete Seiten vor, deren Kommunikationskraft allerdings gering ist (salzgitter-ag.de). Einen klar erkennbaren Arbeitgeberauftritt mit einer entsprechenden Arbeitgeberpositionierung haben immer noch die wenigsten Unternehmen. Es mangelt häufig an konkreten Aussagen, wofür das Unternehmen als Arbeitgeber steht. Noch weniger klar sind die Hinweise, welche Menschen zum Unternehmen passen und welche nicht. Leider wird auch die Chance vertan, ein Führungsverständnis zu kommunizieren. Bewerber erfahren nichts über die im Unternehmen zu erwartende Führungskultur. Das ist eine verschenkte Möglichkeit, sich als attraktiver

Arbeitgeber zu positionieren, und kann auch zu falschen Erwartungen und damit zu Enttäuschungen bei Bewerbern führen. Denn eine Führungskultur lässt sich nicht einfach aus dem allgemeinen Unternehmensauftritt ableiten. So schilderte der Personalleiter eines Sportartikelherstellers, dass sich viele Bewerber keine realistischen Vorstellungen darüber machten, welcher Arbeits- und Kommunikationsstil sie tatsächlich im Unternehmen erwartet. Die Produkte stehen für Coolness und Lockerheit. Wenn ein Bewerber erwartet, er könne deshalb mit umgangssprachlich saloppen Formulierungen im Vorstellungsgespräch für eine Stelle im Marketing punkten, so sei er falsch gewickelt. Denn im Unternehmen wird auf korrekte Sprache und gewählte Ausdrucksweise großen Wert gelegt. Auch wenn zum Anzug Sportschuhe getragen werden dürfen, sollten trotzdem keine Löcher in der Hose sein, nur weil das eventuell in bestimmten Kreisen als cool gilt. Was der Personalleiter beschreibt, ist ein schönes Beispiel dafür, welche Schwierigkeiten Unternehmen mit sehr bekannten Produktmarken im Recruiting haben können – immer dann, wenn die Eigenschaften, für die ein Produkt steht, ganz anders sind, als die Werte, die das Unternehmen als Arbeitgeber hoch hält. Eine klare Kommunikation eines markanten Führungsverständnisses im Bereich Arbeitgeberauftritt könnte dieser Erwartungsenttäuschung von vornherein entgegenwirken.

Es sollte in Zukunft zum Standard werden, beim Internet-Auftritt neben den Rubriken „Vorstand", „Aufsichtsrat", „Unsere Mitarbeiter", „Unternehmen in Zahlen" usw. auch eine Rubrik „Unser Führungsverständnis" aufzunehmen. Dies würde nicht nur allen Zielgruppen des Unternehmens mehr Orientierung geben, sondern hätte auch einen positiven Effekt auf die Reputation des Unternehmens.

Kurzes Fazit

Leadership Branding macht Führung zum Thema und stärkt so die Reputation von Unternehmen. Vor dem Hintergrund des Vertrauensverlustes, den viele Unternehmen oder ganze Branchen derzeit erleiden, werden Reputation und das Vertrauen der Stakeholder zu einem immer kostbareren Gut. Führungskräfte nehmen für Schutz und Stärkung der Reputation eine Schlüsselrolle ein. Denn Stakeholder wünschen sich Unternehmensführer, die klare Positionen vertreten und zu ihrem Wort stehen. Kurz: Manager, die man einschätzen und denen man vertrauen kann. Leadership Branding hilft Führungskräften, eine klare Haltung im Sinne ihrer Marke einzunehmen und in all ihre Handlungen einfließen zu lassen. So entstehen in der Außenwirkung eines Unternehmens die Konsistenz und Verlässlichkeit, die Vertrauen schaffen und positive Reputation aufbauen. Wenn ein Unternehmen über Leadership Branding zu einem markenspezifischen Führungsverständnis gefunden hat, kann es dies außerdem als Thema der Unternehmenskommunikation nutzen und so eine weitere vertrauensstiftende Botschaft in die Welt schicken: „Wir machen Führung zum Thema, führen bewusst und verantwortungsvoll – orientiert an den klaren Werten unserer Marke. Darauf kann man sich verlassen."

Abb. 4.7 Wirkungsbereiche des Employer Branding (eigene Darstellung)

4.7   Attraktiv als Arbeitgeber sein (Employer Branding)

Employer Branding will Unternehmen vor allem einen Vorteil im Wettbewerb um passende Bewerber verschaffen. Dabei meint Employer Branding die Entwicklung einer Arbeitgebermarke und damit die Positionierung des Unternehmens als attraktiver und glaubwürdiger Arbeitgeber. Hauptziel des Employer Branding ist also der Erfolg auf dem Arbeitsmarkt, indem ein Unternehmen sich als attraktiver Arbeitgeber positioniert und (potenziellen) Mitarbeitern ein klares Signal gibt, ob sie zum Unternehmen passen oder nicht. Gleichzeitig will Employer Branding Unternehmen helfen, attraktiver für die passenden Mitarbeiter zu werden, also auch die eigene Arbeitgeberqualität zu verbessern. Weitere Ziele sind die Bindung von Potenzialträgern und die Leistungssteigerung aller Mitarbeiter durch verstärkte Identifikation mit dem Unternehmen, wie Abb. 4.7 veranschaulicht.

Bevor ich 2009 die LEA Leadership Equity Association GmbH gründete, schrieben mein damaliger Geschäftspartner und ich uns im Jahr 2006 das Thema Employer Branding auf die Fahnen unserer derzeit neu gegründeten Firma, der Deutschen Employer Branding Akademie. Schnell wurden wir gewahr, dass es im deutschsprachigen Raum kein einheitliches Begriffsverständnis von Employer Branding gab. Die wenigen Experten, die sich auf dem Gebiet tummelten, verwendeten Employer Branding als Synonym für Personalmarketing, der Anwendung des Marketinggedankens auf die Personalbeschaffung. Der Effekt war, dass mit Employer Branding in den Unternehmen nicht viel mehr gemeint wurde, als alle Anstrengungen, die man unternahm, um Personal zu rekrutieren, wie zum Beispiel die Gestaltung von Stellenanzeigen, die Präsenz auf Absolventenmessen, allenfalls noch das Bewerbermanagement und die Betonung der angebotenen Sozialleistungen. Von Marke bzw. Arbeitgebermarke sprach in diesem Zusammenhang eigentlich niemand. Das war ein lukratives Betätigungsfeld für sogenannte Personalmarketingagenturen, denn die Auftraggeber waren ja meist Personaler, die sich in der Regel bisher nicht mit Fragen des Marketings oder der Werbung beschäftigt hatten und deshalb froh waren, sich externe Unterstützung zukaufen zu können. Es herrschte zudem die Auffassung vor, Unternehmen müssten zuerst die Bedürfnisse der begehrten Zielgruppe mit Hilfe von Marktforschung in Erfahrung bringen, um diese dann in der externen Recruiting-Kommunikation zu berücksichtigen. Es fehlte gänzlich der Blick nach innen, auf die „wahre" Qualität des Arbeitsplatzes. Niemand fragte sich, ob die in den Markt getätigten Versprechen auch wirklich im Unternehmen gehalten werden könnten. Darum ging es gar nicht, sondern nur darum, sich mit möglichst spektakulären Personalkampagnen im Markt hervorzutun, was sich nur die ganz großen Unternehmen leisten konnten. So entstand auch schnell der Eindruck im Markt, dass Employer Branding vor allem etwas für die großen Konzerne sei, nicht aber für mittelständische oder gar kleine Unternehmen. Aus diesem Grund brachte Employer Branding keinen wirklichen Mehrwert für die Unternehmen, was vielleicht auch erklärt, warum es erst mal wieder still geworden war um das von den US-Wissenschaftlern Simon Barrow und Richard Mosley in den Neunzigerjahren geprägte Konzept.

Es war uns ein ernsthaftes Anliegen, das große Nutzenpotenzial des Employer Branding hervorzuheben, gerade vor dem Hintergrund des eklatanten Fach- und Führungskräftemangels. Dies konnte gelingen, indem wir die Aufmerksamkeit der Fachgemeinschaft auf die markenstrategische Komponente des Employer Branding richteten – im Sinne von Marke als einem Instrument der strategischen Unternehmensführung – und folglich von der Entwicklung einer „Arbeitgebermarke" sprachen. Damit lenkten wir den Fokus zudem weg vom (zu rekrutierenden) Personal hin zum Unternehmen, das dieses Personal sucht, dem Arbeitgeber. Anstatt einseitig auf die Effekte im Markt zu schielen, wollten wir die Unternehmen dazu anregen, sich erst mit sich selbst zu befassen, um herauszufinden, welche Arbeitgeberversprechen denn sinnvoll und machbar sind. Zudem galt es herauszufinden, wo in der Unternehmenskultur Besonderheiten zu finden sind, die genügend Potenzial haben, das Unternehmen als Arbeitgebermarke zu positionieren: Was an uns als Arbeitgeber ist besonders? Was macht uns aus? Was unterscheidet uns von anderen? Wir richteten den Blick also nach innen – ohne natürlich den externen Arbeitsmarkt aus den Augen zu verlieren. Denn trotz großem Ehrgeiz, die sogenannten Bewerberpräferenzen ausfindig zu machen, vergaßen selbst die großen Konzerne zuweilen den Blick auf die Personalwerbung ihrer wichtigsten Wettbewerber. Unser Lieblingsbeispiel war eine ganze Zeit lang der Vergleich der Stellenanzeigen RWE und EnBW. Während RWE die Bewerber in ihren Personalimageanzeigen mit dem Slogan „Ihre Energie ist unser Antrieb" lockte, titelte EnBW mit „Unsere Energie. Ihr Antrieb". Diesen unbeabsichtigten Schulterschluss krönend, taucht in Stellenanzeigen von E.ON der folgende Satz auf: „Energie ist ein wichtiger Antrieb …".

Kulturelle Passung

Passung statt Masse – wichtiger, als eine Vielzahl von Bewerbungen zu bekommen, ist es doch, die passenden Bewerbungen zu bekommen. Der Cultural Fit beantwortet die Frage, welche Menschen in ihren Einstellungen und Werten zu einem Unternehmen passen und welche eher nicht. Es hat sich mittlerweile herumgesprochen, dass es ganz und gar nicht egal ist, bei welchem Unternehmen man anheuert, denn über Erfolg oder Misserfolg, über gute, mittelmäßige oder schlechte Leistung entscheiden nicht nur die Fähigkeit und Persönlichkeit einer Person, sondern mindestens ebenso stark die Umgebung, in der diese Person agiert. Deshalb ist es auch so absurd, von „High Potentials" zu sprechen als wundersamen Wesen, die, egal wo man sie einsetzt, zu Überfliegern werden sollen. Denn Talent ist relativ, Talent ist abhängig von der Umgebung. So kann es sein, dass jemand in einem Unternehmen die große Karriere macht, sich dann für den Wechsel in ein anderes Unternehmen entscheidet und dort kläglich scheitert. Grund dafür sind die unterschiedlichen Kulturen in den Unternehmen. Unternehmenskultur ist wie die Bodenbeschaffenheit, auf der etwas wachsen soll: Die eine Pflanze wächst besser im Sumpf, die andere im Lehmboden und die nächste eben am besten im Wüstensand. So wie jeder Mensch ein Individuum ist, so hat jedes Unternehmen seine ganz eigene Kultur. Die Frage ist also, wer zu dieser Kultur passt. Wie muss jemand sein, um innerhalb einer bestimmten Unternehmenskultur erfolgreich zu sein? Schwierige Frage? Eigentlich nicht, denn sie lässt sich beantworten, indem beobachtet wird, welche Menschen im Unternehmen erfolgreich sind und was diese Menschen miteinander verbindet bzw. welche Ähnlichkeiten zwischen ihnen bestehen.

Denken wir an die Personalabteilung eines großen deutschen Automobilkonzerns, die auf der Suche nach einem neuen Top-Manager ist. Ist nun die in einem internationalen Handelskonzern erfolgreich gewordene Marketingkoryphäe, die in der Marketingfachcommunity für ihre Kreativität gefeiert wird, automatisch die richtige Wahl zur Besetzung des Postens? Natürlich nicht, denn was bei dem Handelskonzern funktioniert, muss in anderen Unternehmen nicht das Gelbe vom Ei sein. Trotzdem verfallen viele Personalentscheider dieser Illusion. An anderer Stelle erfolgreich gewordene Top-Manager werden vertrauensvoll ins eigene Unternehmen geholt, weil angenommen wird, dass sie den Erfolg hier weiterführen. Das ist jedoch nicht zwingend der Fall. Ob ein Mensch erfolgreich ist, hängt neben seiner Person ganz wesentlich vom Kontext ab. Verändert sich der Kontext, ist ganz neu zu prüfen, ob Passung besteht. Um die Frage nach der Passung, dem „Cultural Fit", zu beantworten, muss ein Unternehmen viel über sich selbst wissen und erst dann über andere Unternehmen.

> Employer Branding ist die identitätsbasierte, intern wie extern wirksame Entwicklung und Positionierung eines Unternehmens als glaubwürdiger und attraktiver Arbeitgeber.
>
> DEBA, 2006

Glaubwürdigkeit

Damit durch Employer Branding die gewünschten Effekte eintreten, braucht das Unternehmen also eine Arbeitgeberpositionierung, und zwar eine glaubwürdige und trotzdem profilstarke, differenzierende Positionierung, die zudem noch so gewählt ist, dass sie über mehrere Jahre Bestand hat. Was nicht einfach ist, da sich die Märkte, in denen sich ein Unternehmen tummelt, in der Regel verändern und sich das Unternehmen folglich auch verändern muss. Eine Positionierung muss immer den Spagat schaffen zwischen Gegenwart und Zukunft. Um so eine Arbeitgeberpositionierung zu formulieren, muss sich das Unternehmen zunächst mit sich selbst beschäftigen und einerseits die eigene Identität in einem organisationalen Selbstreflexionsprozess auf den Punkt bringen und gleichzeitig einen Blick auf die gewünschte Unternehmensentwicklung und die Unternehmensziele werfen, die in den nächsten Jahren erreicht werden sollen. Kurz: Ist und Soll analysieren.

Bei der Selbstreflexion der eigenen Identität geht es vor allem darum, die Glaubwürdigkeit der Positionierung sicherzustellen. Glaubwürdigkeit ist das höchste Gut der Arbeitgeberattraktivität. Das heißt, ein Unternehmen darf nichts in den Arbeitsmarkt hinein versprechen, was es nicht auch halten kann, denn sonst führt das ganz schnell zum handfesten Imageschaden. Zumindest kostet das viel Geld, denn die Mitarbeiter und Führungskräfte würden sich wundern, wenn da plötzlich Dinge versprochen werden, die sie selbst gar nicht zu spüren bekommen. Und neu rekrutierte Fach- und Führungskräfte verlassen ein Unternehmen auch ganz schnell wieder, wenn sie feststellen, dass sie eine andere Wirklichkeit im Unternehmen vorfinden, als ihnen im Rekrutierungsprozess vorgemacht wurde.

Die Versprechen, die ein Unternehmen im Arbeitsmarkt, also an seine Belegschaft und potenziellen Mitarbeiter macht, sind als besonders imagekritisch zu betrachten. Die „Kauf"-Entscheidung für einen Arbeitsplatz ist weitaus bedeutsamer als die für ein paar Sportschuhe oder ein Waschmittel. Die Arbeitskraft eines Menschen ist ein besonders sensibles Gut, das nicht umworben werden will wie ein schnell verkonsumiertes Produkt. Ganze Familienschicksale hängen an Arbeitsplatzentscheidungen, aber auch die körperliche und psychische Gesundheit sind oft stark damit verbunden. Als Verbraucher drücken wir ein Auge zu, wenn uns die Werbung künstlich geschaffene Vorteile eines Produkts vorgaukelt – jeder weiß schließlich, dass es keine „Piemont-Kirschen" gibt, wie sie in der mit Zartbitterschokolade umhüllten Brandweinpraline „Mon Chéri" Verwendung finden, sondern dass „Piemont-Kirsche" ein von der Firma Ferrero erfundener Begriff ist, der die Praline zu etwas ganz Besonderem machen soll. Wenn es aber um unsere Zukunft und die unserer Familie geht, dann verstehen wir keinen Spaß und wollen nichts versprochen bekommen, was es gar nicht gibt und wir folglich nicht bekommen. Wir wollen nicht durch behauptete Vorteile eines Arbeitgebers angelockt werden, sondern sicher sein, dass der gewählte Arbeitsplatz mitsamt seiner Umgebung, den Kolleginnen und Kollegen und vor allem der für uns zuständigen Führungskraft zu uns passt. (Zum Thema Unzufriedenheit mit dem Chef siehe Abschn. 1.8). Und doch hat sich in viele Personalabteilungen ein gemeiner „Werbe-Virus" eingeschlichen, der bereits immun gegen die Erkenntnis geworden scheint, dass man als Arbeitgeber nichts versprechen darf, was man nicht auch halten kann. Liest man die Stellenanzeigen in der Wochenendausgabe der großen deutschen Tageszeitungen, so wird hartnäckig überall das Gleiche versprochen: attraktive Aufgaben, Aufstiegschancen/Karriere, gutes Arbeitsklima und Weiterbildungsmöglichkeiten – gerne auch zusätzlich noch internationale Einsatzmöglichkeiten und attraktives Gehalt. Wie kommt das und welche Effekte hat das für Bewerber und die werbenden

Unternehmen? Woher diese Begriffe kommen, ist schnell beantwortet – sie sind die Top-Bewerberpräferenzen, wie sie durch zahlreiche Studien produziert werden (z. B. Trendence Absolventenbarometer, Towers Perrin Talent Report u. v.m). Dass man in diesen Studien meist das Gleiche herausfindet, liegt sicherlich auch am methodischen Vorgehen, denn schließlich lässt sich nur finden, wonach gefragt wird. Doch die Studien kämpfen noch mit ganz anderen Problemen, denn Bewerberpräferenzen verändern sich auch stark über die Zeit. Es ist leicht nachvollziehbar, dass ein Absolvent ganz andere Präferenzen hat als eine Fachkraft mit 20 Jahren Berufserfahrung. Neben der Berufserfahrung unterscheiden sich Präferenzen nach Geschlecht, professioneller Heimat (Fachrichtung), kultureller Prägung und auch einfach der aktuellen persönlichen Situation. Die oben genannten Präferenzen wie Karriere, attraktive Aufgaben usw. liegen in den Studien zwar nicht immer genau auf demselben Platz, aber es sind über alle Studien die am häufigsten genannten Begriffe. Und es muss doch schon ein großer Zufall sein, wenn alle Unternehmen, die sich die Finger nach Fach- und Führungskräften lecken, plötzlich all das zu bieten haben – und vor allem alle das Gleiche. Nein, sie haben sich in ihrer Rekrutierungsnot einfach die Frage gestellt: „Was müssen wir über uns sagen, damit ein Bewerber uns möglichst attraktiv findet"? Und da kommen solche Studien sehr gelegen, schließlich muss dann nur noch abgeschrieben werden, was dort steht, und fertig ist die neue Stellenanzeige. Was dann auch gleich ein großer Markt für Marktforschungsunternehmen geworden ist, die sehr gerne die Fragen der Unternehmen beantworten, die schon ein bisschen mehr wissen, nämlich wie relativ die Bewerberpräferenzen sind. Und die dann ganz spezifisch in Erfahrung bringen möchten, was sie über sich als Arbeitgeber sagen müssen, damit sie von einem 35-jährigen Maschinenbauingenieur mit internationaler Berufserfahrung attraktiv gefunden werden. „Stopp!", möchte da so manch einer rufen, der versteht, in welchem Ausmaß dadurch Schaden produziert wird. Denn nun passiert genau das, was doch nicht passieren soll: Statt sich ernsthaft mit sich selbst zu beschäftigen und sich zu fragen, was das eigene Unternehmen als Arbeitgeber zu bieten hat, werden Dinge versprochen, die allenfalls noch das Potenzial haben, den ersten Preis im „Buzzword-Bingo" zu gewinnen. Profilieren und differenzieren kann sich ein Unternehmen durch alleinige Aufzählung dieser vermeintlichen Arbeitgebervorteile leider nicht. „Karriere" machen ist schon ganz lange kein Alleinstellungsmerkmal mehr. So positioniert sich kein Unternehmen im Getümmel der Arbeitgeber auf dem Arbeitsmarkt. Bewerber, die sich durch die Nennung dieser generischen Begriffe noch hinter dem Ofen hervorlocken lassen, dürften schnell gezählt sein. Doch was passiert bei den Bewerbern? Stellenanzeigen werden einfach nicht mehr ernst genommen? Davon ist eher nicht auszugehen, denn hier siegt eher das Prinzip Hoffnung. Doch ganz sicher helfen sie einem Bewerber nicht bei der Auswahl eines Arbeitgebers, der wirklich zu ihm passt. Aber das möchte ein Unternehmen doch erreichen: Es sollen sich diejenigen Menschen angesprochen fühlen, die zum Unternehmen passen. Wobei die Frage der Passung natürlich vor dem Hintergrund einer anderen Frage zu beantworten ist: „Wer und was macht uns in Zukunft wettbewerbsfähig?" Um Menschen zu rekrutieren, die zum Unternehmen passen, muss sich ein Unternehmen also nicht mit den Präferenzen der Bewerber beschäftigen, sondern mit den eigenen: Wer sind wir und wofür stehen wir als

Arbeitgeber? Was können wir versprechen? Wer passt zu uns? Für wen sind wir attraktiv? Und Attraktivität ist schließlich relativ. Wer wen attraktiv findet – da verhält es sich wie in der Liebe –, ist nun wirklich Geschmackssache. Langfristig erfolgreich am Arbeitsmarkt sind nur Arbeitgeber, die glaubwürdig sind. Und glaubwürdig sind nur Unternehmen, die es schaffen, sich selbst authentisch zu beschreiben.

Um eine glaubwürdige Position einzunehmen, ist es also in erster Linie erstrebenswert, diese Position auch mit Leben füllen zu können. Und zwar heute schon und nicht erst in Zukunft. Nun sprechen wir aber nicht umsonst von „Strategie". Denn während sich ein Unternehmen fragt: „Was macht uns aus? Wofür stehen wir? Und wie müssen wir sein, um in Zukunft wettbewerbsfähig zu sein?", könnte es sein, dass es mit einer Diskrepanz zwischen der heutigen Unternehmenskultur und der zukünftig benötigten Unternehmenskultur konfrontiert wird. Heißt im Klartext: Manche Unternehmen sind einfach nicht zukunftsfähig und wissen, dass sie sich verändern müssen, um am Markt langfristig zu bestehen. Was also, wenn ich meine Positionierung als Arbeitgeber nicht einfach im Hier und Jetzt verankern kann? Was mache ich, wenn ich merke, dass ich mich so nicht positionieren kann, weil ich dann gar nicht die Menschen ins Unternehmen hole, die ich aber brauche, um den Schritt in die Zukunft und die nötige Veränderung zu schaffen? Dann brauche ich eine Strategie!

In dieser Strategie muss ich mir verschiedene Szenarien überlegen, mit welchem Versprechen ich mich als Arbeitgeber positioniere. Diese Szenarien können beispielsweise unterschiedlich stark im Ist und Soll verankert sein, wie Abb. 4.8 illustriert. Je weiter eine Positionierung im Soll liegt, desto gewissenhafter muss ich mir die Frage beantworten, ob die zur Realisierung dieser Positionierung notwendigen organisationalen Veränderungen auch realistisch zu erreichen sind. Zu weit im Soll sollte die Positionierung nicht liegen, denn dann wird es Mitarbeitern und Bewerbern schwer fallen, einen Bezug zur aktuellen Unternehmenswirklichkeit herzustellen. Das heißt in aller Konsequenz: mit Glaubwürdigkeit allein ist es auch nicht getan, denn nicht immer ist der Status quo auch zukunftstauglich.

Eine weitere Herausforderung in der Entscheidung für eine profilstarke, differenzierende Positionierung liegt im Weglassen. Es kann passieren, dass in der Selbstreflexion der Unternehmenskultur vieles zutage gefördert wird, was die beteiligten Akteure als Stärke empfinden. Die wichtige Frage ist jedoch, was von all dem die Kultur am stärksten prägt. Und welche Idee sozusagen als Herzschlag der Organisation dahintersteckt. Direkt gefolgt von der Frage, ob das auch die Punkte sind, die das Unternehmen in Zukunft wettbewerbsfähig machen. Wohl dem, der diese Frage mit Ja beantworten kann. Wie auch immer, es braucht viel Fingerspitzengefühl und Erfahrung, diejenigen Aspekte in den Vordergrund zu rücken, die sich für eine Arbeitgeberpositionierung eignen. Wichtig ist es auch, die eher generischen Aspekte wegzulassen – auch, wenn da etwas dabei ist, was einem selbst ungemein wichtig erscheint. So präsentierten wir beispielsweise bei einem Mandanten drei Vorschläge für die Positionierung seiner Unternehmensmarke, um eine profilierende und differenzierende Markenpositionierung zu finden. Ein Mitglied der Geschäftsleitung konnte sich auf Anhieb mit keinem der drei Vorschläge so richtig anfreunden und begründete

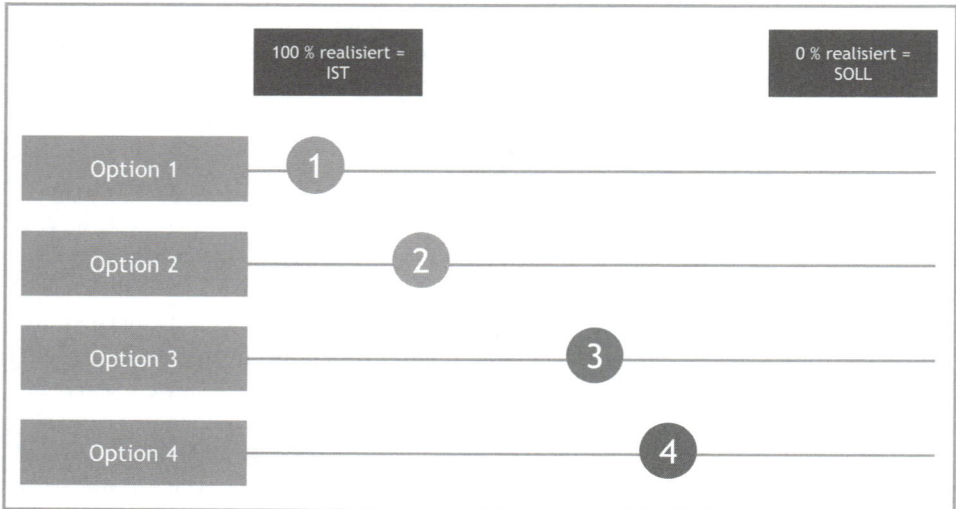

Abb. 4.8 Soll-Ist-Bewertung verschiedener Positionierungsoptionen einer Marke (eigene Darstellung)

dies damit, dass wichtige Attribute nicht in der Positionierung aufgegriffen worden seien. Er wollte die Formulierungen gerne breiter und weiter fassen, damit auch alles Wichtige drinstünde. Diesen „Abschiedsschmerz" erleben wir häufig und ermutigen unsere Mandanten dann zur Entscheidung für einige wenige Attribute, die in ihrer Zusammenschau und durch ihre Reduktion das Potenzial haben, das Unternehmen auch wirklich als Marke zu positionieren. Eine Marke kann nicht stark werden, wenn sie sich nicht klar fokussiert. Für die Positionierung eines Arbeitgebers gilt dies umso mehr, denn gerade auf dem Arbeitsmarkt wiederholen sich die immer gleichen Botschaften. Hier ist es wichtig, einen Unterschied zu machen.

Die optimale Positionierung ist Spiegel dessen, was heute ist, und weist gleichzeitig den Weg in die Zukunft. Damit aber nicht genug. Bevor ich mich für eine Positionierung entscheide, sollte ich mir auch schon geeignete Maßnahmen überlegen, wie ich diese Positionierung leben werde. Was muss ich tun, um auf diese Positionierung immer und immer wieder einzuzahlen? Wie muss in Zukunft mein Arbeitgeberauftritt aussehen? Wie gestalte ich die interne Kommunikation? Wie verknüpfe ich die HR-Prozesse, z. B. das Bewerbermanagement, damit? Und die vielleicht wichtigste Frage – womit wir dann auch wieder beim Leadership Branding angekommen sind: Wie muss Führung aussehen, um diese Arbeitgeberpositionierung in Führungsverhalten zu übersetzen? Dazu gleich mehr.

Employer Branding betont also die Stärken und Werte eines Unternehmens als Arbeitgeber und will das Unternehmen gleichzeitig zu einem attraktiveren Arbeitgeber entwickeln, indem es das Unternehmen auf ebendiese Stärken und Werte aufmerksam macht. Aber natürlich nicht ohne auch einen Finger in die Wunde der Schwächen zu legen. Denn manchmal reicht es nicht aus, sich nur auf die Stärken zu konzentrieren und die Schwächen auszublenden. Es kann sogar sein, dass eine vermeintliche Schwäche eher zur Stärke wird, indem diese Schwäche ehrlich eingestanden wird und sich der Arbeitgeber damit ein unverwechselbares Profil gibt. Das funktioniert wie beim einzelnen Menschen auch. Wer sich seiner selbst bewusst ist, kann sich authentisch verhalten und wirkt in der Regel attraktiver. Und auch Schwächen können attraktiv machen – manchmal sind dies sogar die Dinge, die wir an unseren Liebsten am liebsten haben, weil Schwächen uns Menschen so liebenswert machen. Ein Unternehmen, das es versteht, seine Schwächen charmant zu kommunizieren, kann einen größeren Erfolg im Arbeitsmarkt haben als ein Unternehmen, das aalglatt seine Vorzüge betont.

Beispiel

Ein gutes Beispiel für diesen Ansatz gibt McDonald's. In Internet-Chatforen finden sich rege Diskussionen über die Frage: „Wieso sind bei McDonald's fast nur Ausländer angestellt?" (gutefrage.net). Antwort gibt „ag125": „Hallo, ich bin auch Ausländer, habe auch mal 1 Jahr bei McDonald's gearbeitet, so wie die anderen schon sagen, die Deutschen sind sich für diese Arbeit zu schade, die bekommen lieber Hartz4 als für 7,35€ arbeiten zu gehen, man steht halt ständig unter Stress und muss trotzdem alles richtig machen, so ist das eben, und man steht 8,5 Std. durchgehend!" (gutefrage.net). In Fernsehspots wirbt McDonald's für seine Ausbildungskapazitäten, verwandelt die Kritik, dass bei McDonald's hauptsächlich Menschen mit Hauptschulabschluss sowie Ausländer beschäftigt seien, in einen Arbeitgebervorteil und rügt bei der Gelegenheit das deutsche Bildungssystem: „Ein Ausbildungsplatz – mit Hauptschule? Vergiss es!", so Kübra B. im McDonald's-Spot. „Viele schauen nur auf deine Noten, aber nicht auf dein Talent. Studieren ist echt ein Luxus, wenn du aus einer Arbeiterfamilie kommst. Bei McDonald's, da habe ich erst gelernt zu zeigen, was ich kann. Hier wirst du gefördert, aber auch echt gefordert" (Laura-Maria W., Studentin bei McDonald's). „Häng dich rein und du bekommst hier deine Chance!" (mcdonalds.de).

Wahre Schönheit kommt bekanntlich von innen. Und die Kraft einer Marke auch. Wer also attraktiv als Arbeitgeber sein will, muss sich erst mal um das Innere, um die Arbeitgeberidentität kümmern. Manche sprechen in diesem Zusammenhang auch von Arbeitgeberqualität. Ich habe genügend Erfahrung in organisationalen Veränderungsprozessen gesammelt, um zu wissen, dass sich die Qualität eines Arbeitsplatzes nicht einfach auf Anordnung von oben verändern lässt. Um eine Arbeitgebermarke zu entwickeln, braucht es viel Energie und Know-how im Umgang mit Systemen, womit der einzelne Mitarbeiter, aber auch ganze Teams und Abteilungen bis hin zur gesamten Organisation gemeint sind, die analysiert und auch verändert werden sollen.

Erst ganz zum Schluss geht es um die Imagepolitur außen, also die Frage, was von der innen erlebbaren Arbeitgeberidentität nach außen kommuniziert werden und wie der Arbeitgeberauftritt aussehen soll. Wie das dann letztlich bei der Zielgruppe der potenziellen Mitarbeiter, Fach- und Führungskräfte ankommt, kann nicht direkt gesteuert werden, sondern muss ein Stück aus der Hand gegeben werden. Marken entstehen eben an der Schnittstelle zwischen innen und außen. Und „managen" kann man nur das Innere, zum Beispiel, in dem man sich für eine bestimmte Arbeitgebermarkenstrategie entscheidet. Die Wettbewerbsfähigkeit als Arbeitgeber erhöht ein Unternehmen also nur dann, wenn es sich nicht in erster Linie darauf konzentriert, Werbung für sich zu machen und das Image durch externe Kommunikation zu verbessern, sondern wenn es sich auf sich selbst konzentriert, sich ehrlich hinterfragt und bereit ist für substanzielle Veränderungen.

Arbeitgebermarke

Nun ist häufig der Begriff „Arbeitgebermarke" gefallen. Was ist denn eine Arbeitgebermarke, und macht es überhaupt Sinn, diesen Begriff zu verwenden? Mit Arbeitgebermarke ist das Gesicht eines Unternehmens im Arbeitsmarkt gemeint, die Position, die ein Unternehmen als Arbeitgeber einnimmt. Streng genommen braucht man den Begriff Arbeitgebermarke nicht, denn es gibt nur eine Marke, die Unternehmensmarke, und diese hat mehrere Gesichter, auch eines im Arbeitsmarkt. Trotzdem kann es sinnvoll sein, von Arbeitgebermarke zu sprechen, weil viele Unternehmen diesen Aspekt der Arbeitgeberattraktivität bei der Wahl ihrer Unternehmensmarkenpositionierung schlicht vergessen zu haben scheinen. Es gibt viele Markenpositionierungen, die wunderbar im Absatzmarkt funktionieren, aber für den Arbeitsmarkt hinterfragt werden müssen. Benutzt ein Unternehmen beispielsweise den Markenclaim „Wir entwickeln Sie weiter", und meint damit, dass durch Überlassung von hochqualifiziertem Fachpersonal der Kunde weiterentwickelt wird, so muss sich das Unternehmen fragen, ob dieses Versprechen auch für die eigenen Mitarbeiter gilt. Ist Weiterentwicklung tatsächlich ein so stark erlebbares Element der Unternehmenskultur? Und wenn ja, ist diese Botschaft im Arbeitsmarkt tatsächlich profilstark genug? Behaupten nicht fast alle Unternehmen, ihren Mitarbeitern attraktive Weiterbildungsangebote zu machen? In diesem Fall könnte es also sinnvoll sein, die Unternehmensmarke für den Arbeitsmarkt weiterzuentwickeln. Dabei darf und soll die Unternehmensmarke nicht verletzt werden. Es geht also darum, eine Arbeitgeberpositionierung zu finden, die gut zur Unternehmensmarke passt, diese im besten Fall sogar stärkt.

Ich hatte einmal mit einem Unternehmen zu tun, das von einem Inhaber, einem echten Patriarchen, geführt wird. Er trifft jede Entscheidung selbst, wirbt in Stellenanzeigen aber um Mitarbeiter, die eigenverantwortlich handeln und kreativ sind. Das widerspricht sich, denn Menschen, die Ideen haben, wollen diese auch umgesetzt sehen. Besagtes Unternehmen hat aber auch Trümpfe, etwa eine hohe wirtschaftliche Dynamik, viel Aufregung im Arbeitsalltag und exklusive Produkte. Wer dort eine Zeit lang gearbeitet hat, wird woanders mit Kusshand genommen, da man weiß, dass dieses Unternehmen sehr hohe Ansprüche an die Leistung hat. „In einem Bewerbungsgespräch gehören genau diese Widersprüche auf den Tisch. Ich würde den Bewerbern offen sagen: Unsere Führungskultur ist herausfordernd, ja, es kann sein, dass sich gute Ideen nicht immer durchsetzen lassen. Können Sie damit leben?" (Stehr 2007).

Führung

Alle Bemühungen, sich als attraktiver Arbeitgeber in Stellung zu bringen, verpuffen allerdings in Sekundenschnelle, wenn der entscheidende Faktor, die Führungskräfte, nicht berücksichtigt werden. Denn wer wird von einem Mitarbeiter als „mein Arbeitgeber" wahrgenommen? Sicherlich nicht vorrangig die Kollegen, sondern die eigene Führungskraft, eventuell auch die Führungskraft der eigenen Führungskraft und deren Kollegen, sicherlich aber die Unternehmensleitung. Einmal mehr wird an dieser Stelle deutlich, wie wichtig es ist, bereits im Prozess der Entwicklung einer Arbeitgeberpositionierung die Führungskräfte zu berücksichtigen. Dies sollte in zweierlei Hinsicht geschehen. Wenn ich mir schon die Mühe mache, meine Identität zu hinterfragen, so sollte das Thema Führung ein Suchfeld sein. Denn Führung ist stark identitätsstiftend und elementar für die Prägung einer Unternehmenskultur: Wie wird aktuell geführt? Welche Führungssituationen mit welchen Entscheidungen sind ganz typisch für die Unternehmenskultur? Und wie muss Führung in Zukunft aussehen, um unsere Unternehmensentwicklung in die gewünschte Richtung voranzubringen? Gibt es bereits so etwas wie ein unternehmensweit geteiltes Führungsverständnis? Oder macht jede Führungskraft, was sie will? Gibt es starke Unterschiede in der Führung verschiedener Unternehmensbereiche? Führen junge Führungskräfte anders als alte Hasen? Wie hat sich Führung in den letzten Jahren verändert? Was wird von den Führungskräften in der Reflexion selbstkritisch angeprangert? Neben dem Suchfeld Führung in der Analysephase sollten Führungskräfte aber auch deshalb in die Entwicklung einer Arbeitgeberpositionierung einbezogen werden, weil sie diese nämlich später leben sollen und müssen, damit das ganze Unterfangen sinnvoll ist. Ohne Führungskräfte, die eine Arbeitgeberpositionierung leben, kann eine Arbeitgebermarke nicht stark werden. Abbildung 4.9 veranschaulicht den Zusammenhang zwischen Unternehmensmarke, Arbeitgeberpositionierung und dem markenspezifischen Führungsverständnis.

▶ **Arbeitgeberattraktivität ergibt sich aus der Führung.**

Es ist bis hierher wohl deutlich geworden, dass es relativ kompliziert ist, eine Arbeitgeberpositionierung zu formulieren. Trotzdem ist es wichtig, sich als Marke zu positionieren, denn anders werden Unternehmen wohl langfristig nicht wettbewerbsfähig bleiben. Weil der Weg recht komplex ist, kann man es nachvollziehen, dass Unternehmen hier lieber schludern. Da wird das Thema unter der Überschrift „Recruiting" irgendwo auf die dritte oder vierte Führungsebene im Personalbereich delegiert, und schlimmstenfalls dilettiert ein Laie im Markenthema herum. Dabei gehört Employer Branding doch eigentlich auf die Chefebene, ist ein Querschnittsthema der Organisation und benötigt viele verschiedene Kompetenzen, um erfolgreich durchgeführt zu werden. So ist es nicht verwunderlich, dass vermeintliches Employer Branding weit hinter seinen möglichen Effekten zurückbleibt. An dieser Stelle soll nochmal hinterfragt werden, wie sinnvoll es ist, neben die Unternehmensmarke eine Arbeitgeberpositionierung zu stellen, denn automatisch entstehen wieder zahlreiche Botschaften an die Führungskräfte. Leichter wäre es doch, die Folgen für den Arbeitsmarkt bei der Entwicklung einer Unternehmensmarke gleich mitzubedenken und dann daraus ein markenspezifisches Führungsverständnis abzuleiten, das diese Mar-

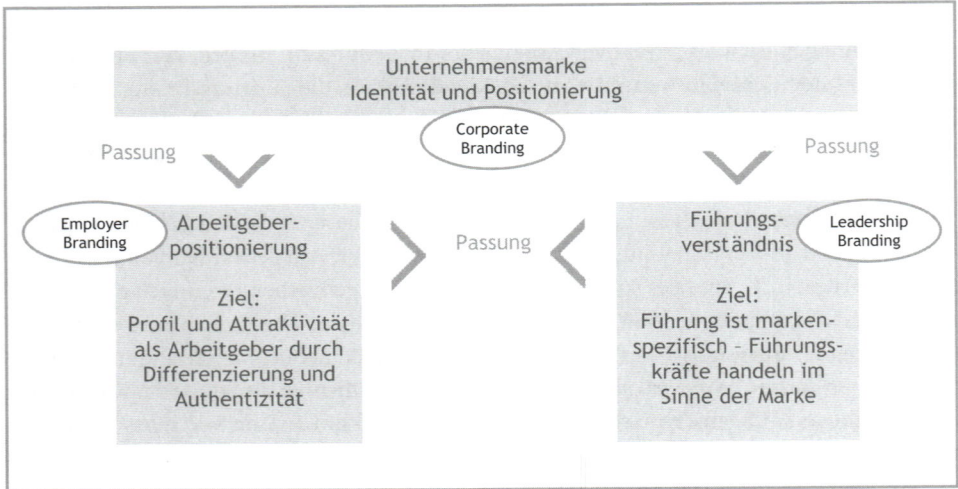

Abb. 4.9 Marke aus einem Guss (eigene Darstellung)

ke stärkt und selbstverständlich auch dazu beiträgt, dass das Unternehmen ein attraktiver Arbeitgeber ist. Wie auch immer der Weg im Einzelnen aussieht, wichtig ist, dass alles miteinander im Einklang ist (siehe hierzu auch den Fall DATEV in Kap. 6).

Kurzes Fazit

Glaubwürdiges Employer Branding braucht markenspezifische Führung. Unternehmen wollen attraktive Arbeitgeber sein und versprechen im Employer Branding vieles, was sie ihren Mitarbeitern bieten (wollen). Die Arbeitgeberkommunikation bezieht sich meist auf die Qualität von Arbeitsplatz und Arbeitsklima. Es liegt in der Verantwortung der Führungskräfte, diese Versprechen zu halten und eine Arbeitsumgebung zu schaffen, die einerseits Mitarbeiter anzieht und bindet sowie andererseits die Leistungsfähigkeit der Organisation sichert oder steigert. Deswegen spricht vieles dafür, Employer Branding eng mit Leadership Branding zu verzahnen. Denn nur ein markenspezifisches Führungsverständnis gibt Führungskräften eine klare Orientierung und gewährleistet, dass sie die Versprechen der Arbeitgeberpositionierung Wirklichkeit werden lassen. Somit ist Leadership Branding der Schlüssel zur vollen Entfaltung der Markenwirkung auf dem Arbeitsmarkt – im Unternehmen und außerhalb des Unternehmens.

4.8 Führungskräfte markenspezifisch entwickeln

Dass Führungskräfteentwicklung bestenfalls unternehmensspezifisch ausgestaltet wird, wurde bereits ausgeführt. Gloger (2010) erkennt die Konsequenzen des Leadership Branding Trends für die Weiterbildungsbranche: „Daraus erwächst für die Weiterbildung eine wichtige Aufgabe. In Zukunft werden Trainer und Weiterbildungsdienstleister die Aufgabe haben, die Herausforderungen des Themas Leadership Branding oder vergleichbarer Vorgehensweisen anzunehmen. (…) Formate und Inhalte von Trainings werden sich also stärker als bisher auf das einstellen müssen, was die Unternehmen als Normwerte ihrer Führungspraxis vorgeben. So wie eine Werbeagentur eine Nivea-Anzeige immer nach den Richtlinien der Nivea-Markenidentität gestalten muss, wird auch der Weiterbildungsdienstleister ein Umsetzungsgehilfe einer Leadership-Markenidentität sein. Das wird an die Briefings bei der Auftragsvergabe und die Schnittstelle zwischen Kunden und Dienstleister deutlich höhere Anforderungen stellen als bisher. Überdies erhalten Weiterbildungsdienstleister mit dem Aufkommen von Instrumenten wie Leadership Branding auch eine umfassende Gestaltungsaufgabe – denn viele Kunden werden darauf angewiesen sein, dass sich der Externe an der Entwicklung einer Leadership-Marke beteiligt und mit seinem Wissen zu einer wirkungsvollen Konzeption beiträgt. Hier kann die Weiterbildungswirtschaft ihre Stärken voll einbringen und sich neben der Durchführung von Maßnahmen (Trainings, Seminare) ein wertschöpfungsintensives Wirkungsfeld mit strategischem Bezug erschließen. Für ganzheitlich aufgestellte Dienstleister schafft das neue Chancen auf ein anspruchsvolles Geschäft.“

Führungskräfte müssen markenspezifisch entwickelt werden. Führungskräfte brauchen Unterstützung. Sie benötigen Halt und Orientierung durch klare Anforderungen. Sie müssen wissen, wofür sie stehen, was dran ist und was zählt. Wie sollen sie sonst ihren Mitarbeitern Orientierung geben? Und wie sollen sie sonst Sinn stiften und emotionale Bindung herstellen? Das geht nur, wenn sie sich selbst beantworten können, welchen Sinn ihre Führungsaufgabe macht. Und wenn sie im Unternehmen, für das sie tagtäglich arbeiten, ein quer durch alle Führungspositionen abgestimmtes, unternehmensweites Führungsverständnis vorfinden. Fest steht: Unternehmen haben hier großen Entwicklungsbedarf, denn in den seltensten Fällen gibt es schon ein gemeinsames und gelebtes Führungsverständnis. Insbesondere die Geschäftsleitungen und Eigner sind gefragt, das Thema Leadership auf die Agenda zu setzen und allen Managern eine klare Orientierung zu geben, wofür sie stehen und welchen Anspruch sie zu erfüllen haben. Es ist scheinbar verführerisch, sich ein Führungsverständnis auf die Fahnen zu schreiben, das man sich woanders abgeguckt hat. Wie sonst ist zu erklären, dass sich die Versuche, den Anspruch des Unternehmens an seine Führungskräfte zu formulieren, bei vielen Unternehmen so gleich anhören? Ich bin mir manchmal nicht sicher, was der Grund dafür ist: Mangel an Kreativität, fehlende Einsicht in die Notwendigkeit, diese Frage unternehmensindividuell zu beantworten, oder schlicht Lustlosigkeit? Welcher Führungsanspruch ergibt sich aus unserer Unternehmensstrategie? Welche Einstellungen und welche Werte muss eine Führungskraft in unserem Unternehmen leben? Wer passt zu uns als Manager? Diese Fragen nach dem „Leadership-Fit" zu beantworten, damit wäre schon viel erreicht. Denn Führung muss in jedem Unternehmen anders aussehen. Es kann nicht sein, dass Führung bei IKEA denselben Prinzipien folgt wie Führung bei der Deutschen Bank oder bei BASF, denn diese Unternehmen sind in verschiedenen Märkten tätig, sind anders organisiert und haben eine unterschiedliche Unternehmenskultur. Führung kann in diesen Unternehmen nicht gleich verstanden werden. Schaut man sich die Führungskräfte-Entwicklungsprogramme vieler Unternehmen an, so kann aber leicht der Eindruck entstehen, es gäbe tatsächlich keinen Unterschied in der Führung zwischen diesen Unternehmen. Überall werden die gleichen Themen behandelt, ähnliche Kompetenzen sollen entwickelt werden und der Programmverlauf ist auch sehr vergleichbar. Das ist das Gegenteil von unternehmensspezifisch und leider auch von nützlich: Je besser ein Unternehmen auf den Punkt bringt, welche Art von Führung gebraucht wird, um die Ziele des Unternehmens zu erreichen und um in Zukunft wettbewerbsfähig zu sein, desto produktiver kann Führung werden. Geschieht dies nicht, so bleibt Führung generisch und in ihrer Wirkung weit hinter ihren Möglichkeiten: „Vanilla competency models generate vanilla leadership" (Ulrich und Smallwood 2007, S. 3). Doch wie kann Führung unternehmensspezifisch entwickelt werden? Durch Orientierung an der Marke bzw. durch die Formulierung eines markenspezifischen Führungsverständnisses als Bindeglied zwischen Marke und Führungskräfteentwicklung. Es sei nur kurz erwähnt, dass nicht nur die Führungskräfteentwicklung markenspezifisch erfolgen sollte. Ist einmal ein gemeinsamer Führungsanspruch definiert, dann sollten sich Leistungsbeurteilungssysteme auch darauf beziehen. „Eine markenspezifische Rekrutierungs- und Aufstiegslogik wäre sicherlich ein Analyse- bzw. Handlungsfeld", meint Prof. Dr. Thomas Behrends, Junior-Professor für Personal & Organisation an der Universität Flensburg.

Wie sieht es mit der Führungskräfteentwicklung in den Unternehmen – mit dem Management- oder Leadership Development – aus? „Selbstverständlich haben wir das", so meistens die Antwort auf meine Frage. Stolz wird von groß angelegten Programmen berichtet, manchmal sogar von richtig kostspieligen, die in Zusammenarbeit mit renommierten Hochschulen umgesetzt werden. Es fallen die Namen von bekannten Kapazitäten in Forschung und Lehre und wundervoll klingenden Zertifikaten und Abschlüssen. Manchmal werden die Programme sogar absichtlich ins Ausland verlegt und in einer anderen Sprache abgehalten, um dem internationalen Anspruch des Unternehmens gerecht zu werden. Schon beim Zuhören bekomme ich allzu oft Lust, auch Teil davon zu sein, und kann die Begeisterung ehrlich teilen. Wenn ich dann ganz gespannt weiterfrage, welchen Effekt das Programm auf die Umsetzung der Unternehmensstrategie hat, wie das Programm die Unternehmensmarke stärkt oder sich das Unternehmensergebnis sogar schon durch das Programm verbessert hat, so ernte ich große Augen, ein Schweigen, ein Räuspern oder eine Antwort auf eine Frage, die ich nicht gestellt hatte. „Ich verstehe Ihre Frage nicht", so die ehrliche Reaktion einer Führungskräfteverantwortlichen im Personalbereich eines großen Energiekonzerns: „Wieso sollte das Programm denn etwas mit unserer Marke zu tun haben? Darum geht es doch gar nicht … oder? Und die Unternehmensstrategie ist uns sowieso gar nicht bekannt, die wird immer nur im engsten Kreis des Top-Managements besprochen. Darauf könnten wir unser Programm gar nicht abstimmen." Bei allem Mitgefühl für die spürbare Ohnmacht der Verantwortlichen, frage mich in solchen Situationen oft, wozu es dann überhaupt Leadership-Development-Programme gibt. Aufgabe des Leadership Development ist doch, den Führungskräften die Idee des Unternehmens näher zu bringen, damit sie diese dann an ihre Mitarbeiter weitergeben können. Da sprechen mir

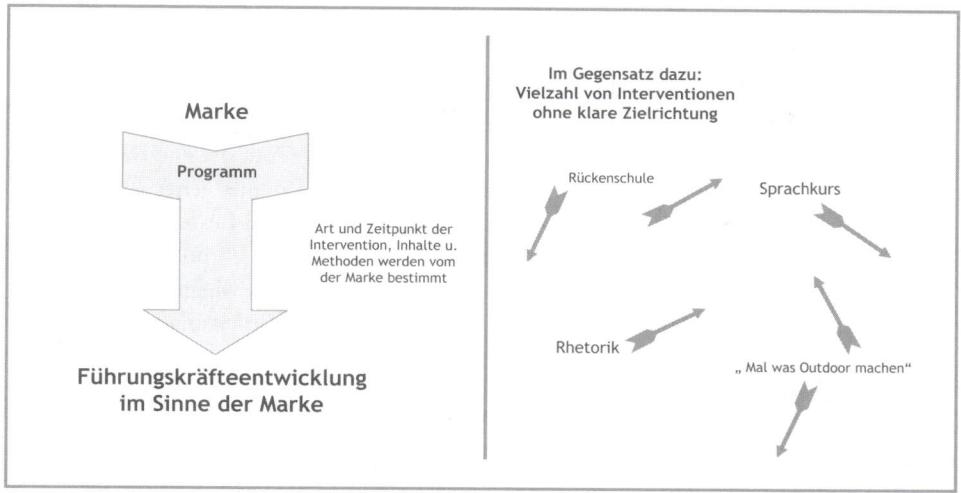

Abb. 4.10 Marke als Zielrichtung der Führungskräfteentwicklung (angelehnt an Bartels 2009, S. 17)

Sonja Radatz und Oliver Bartels, beide Chefredakteure der österreichischen Zeitschrift für systemisches Management und Organisation „Lernende Organisation", in ihrem Vorwort der Ausgabe 50 (2009) aus dem Herzen. Leadership Development Programme haben eine strikt formulierte Aufgabe: „Sie sollen den Rahmen des Unternehmens, seine Identität und die Unternehmensstrategie auf allen Ebenen zum Leben erwecken. Aus diesen Faktoren bestimmen sich auch die Tools, die vermittelt werden – neben der im Unternehmen geförderten und geforderten Führungshaltung. Perfekt auf die Strategie abgestimmtes WAS und WIE, Stringenz, roter Faden und ein ganzheitliches Konzept (…) – das verstehen wir unter einem gelungenen Leadership Development Programm. Haben nicht so viele Unternehmen (…)."

Markenorientierung heißt in meinem Verständnis automatisch auch fokussiert – spezifisch auf die Marke ausgerichtet. Es wäre ja oft schon viel gewonnen, wenn Unternehmen ihre Führungskräfte in entsprechenden Entwicklungsprogrammen in eine bestimmte Richtung entwickeln würden – also überhaupt mal in irgendeine Richtung. Dies würde eine Entscheidung bzw. Unterscheidung voraussetzen. Abbildung 4.10 zeigt, wie es aussieht, wenn sich Entwicklungsprogramme aus einer Vielzahl von Maßnahmen zusammensetzen, die keine gemeinsame Zielrichtung verfolgen. Diese dürften streng genommen auch gar nicht als Programm bezeichnet werden, da dies ja per Definition schon eine gemeinsame Ziel- oder Leitvorstellung haben sollte. Nahezu revolutionär scheint ja der doch eigentlich so naheliegende Gedanke zu sein, die Entwicklungsprogramme an der Marke auszurichten. Das heißt, es geht darum, alle Maßnahmen in einem Programm so auszuwählen, dass die Marke darin erlebbar wird und in Führungsverhalten umgesetzt werden kann.

Kurzes Fazit

Leadership Branding steigert die Wirksamkeit von Führungskräfteentwicklung. Denn Ressourcen, die Unternehmen in Management- oder Leadership Development Programme investieren, sind am besten angelegt, wenn das Programm genau die Haltung fördert, die es braucht, um die Unternehmensstrategie umzusetzen – und hier bestehen große Unterschiede zwischen Unternehmen. Führungskräfteentwicklung, die nur generische, handwerkliche Standards vermittelt, ohne die Inhalte und Methodik den Besonderheiten von Organisation und Marke anzupassen, verschenkt großes Potenzial. Eventuell fehlt vielen Verantwortlichen für das Management Development noch die Idee, wie genau die handwerklichen Standards auf die besondere Situation in ihrem Unternehmen angepasst werden können. Diese Orientierung bietet Leadership Branding in Firmen, die es praktizieren. Denn das markenspezifische Führungsverständnis bringt auf den Punkt, worauf Führung in der konkreten Organisation fokussieren sollte, und hilft bei der Konzeption spezifischer und wirksamer Führungskräfteentwicklung.

4.9   Corporate Responsibility umsetzen

In der aktuellen Wirtschaftskrise ist der Ruf nach Unternehmen laut geworden, die verantwortungsbewusst und mit Weitblick handeln. Der Wunsch, dass Unternehmen Werte und Nachhaltigkeit nicht der Profitmaximierung unterordnen oder opfern, besteht jedoch schon länger – bei Mitarbeitern, Kunden und verstärkt auch bei Investoren (Schmitz und Grubendorfer 2010).

Mitarbeiter wollen einen Arbeitgeber, mit dem sie sich identifizieren können, und möchten stolz auf ihre Tätigkeit sein. Gerade hoch qualifizierte Fachkräfte suchen neben dem Geldverdienen einen tieferen Sinn in ihrer Arbeit. So hat eine Studie der Wertekommission (Bucksteeg und Hattendorf 2009) belegt, dass über drei Viertel der Befragten davon überzeugt sind, dass Werte für die Motivation der Mitarbeiterinnen und Mitarbeiter immer wichtiger werden. Entsprechend sind die Steigerung von Mitarbeitermotivation und Arbeitgeberattraktivität zentrale Treiber des Corporate Social Responsibility Engagements von Unternehmen. Kunden wollen Produkte kaufen, bei denen sie ein gutes Gewissen haben können. Konsumgüter sollen gerecht und umweltverträglich in Produktion und Nutzung sein. So steigt z. B. der Absatz von Fair-Trade-Produkten seit Jahren massiv und ist auch im Krisenjahr 2008 weiter gewachsen. Eine Studie von Roland Berger (2009) konnte belegen, dass verantwortliches Handeln von Unternehmen gerade bei attraktiven, kaufkräftigen Zielgruppen relevant für Kaufentscheidungen ist. Investoren greifen immer häufiger zu nachhaltigen Geldanlagen. Menschen, die über Kapital verfügen, werden sich immer bewusster, dass sie mit der Auswahl ihrer Investments eine Verantwortung für die Zukunft der Welt tragen und auch wahrnehmen können. So sind nach einer Studie des Forums Nachhaltige Geldanlage die Assets in nachhaltigen Investments von 2006 auf 2007 in Deutschland um über 80 % gestiegen (2008). Gerade in der Finanzkrise entwickeln sich die nachhaltigen Finanzprodukte immer mehr zum Krisengewinner. So konnte die sozial-ökologische GLS Bank in 2008 ihre Bilanzsumme um über 25 % steigern. Die Anpassung an gesellschaftlichen Wandel ist für Unternehmen seit jeher überlebensnotwendig. Derzeit ist aber ein gesellschaftlicher Paradigmenwechsel von radikalem Ausmaß im Gange – angetrieben durch Zukunftsfragen wie Klimawandel, zunehmenden Ressourcenmangel oder globale Armut und auch die aktuelle Wirtschaftskrise. Unternehmen sollten sich dies bewusst machen, wenn sie auch in Zukunft das Vertrauen der Kunden haben wollen, für hochqualifizierte Mitarbeiter der „Employer of Choice" sein möchten und für ethische Investoren attraktiv.

Was bedeutet das für Unternehmen? Die Botschaft ist jedenfalls angekommen. Selbst Wal-Mart will in Zukunft seine komplette Produktpalette mit einem Label versehen, das die Nachhaltigkeit der einzelnen Produkte für den Konsumenten nachvollziehbar macht. Aber die Öffentlichkeit bleibt skeptisch. Viele Unternehmen wirken in ihrem neuen grünen Gewand nicht glaubwürdig. Die aufmerksamen Stakeholder unterstellen eher Greenwashing (Grünfärberei) als einen grundlegenden Wandel in den Unternehmen. Ein ernsthafter Schritt zu mehr Nachhaltigkeit zeigt sich in Taten, nicht in Berichten oder Hochglanzbroschüren. Für Marken, die wirklich als Pionier eines neuen Nachhaltigkeitsverständnisses in der Wirtschaft wahrgenommen werden wollen, reicht es nicht, Kinderarbeit zu vermeiden oder über „Cause Related Marketing" punktuell einen guten Zweck zu unterstützen. Sie müssen die Zukunftsfähigkeit ihrer Produkte und Dienstleistungen zum Kern ihres Wirtschaftens machen und damit als erste neue Lösungen für morgen entwickeln. Gute Beispiele hierfür sind der Toyota Prius oder die Kooperation von Volkswagen mit dem Ökostromanbieter Lichtblick, die mit ihrem „Zuhausekraftwerk" neue Möglichkeiten klimafreundlicher Energieerzeugung und gleichzeitig auch eine ganz neue Produktkategorie geschaffen haben.

Unternehmen, die mit ihren Marken in den vergangenen Jahrzehnten auf Sicherung des Status quo und Profitmaximierung gesetzt haben, stehen hier vor einer massiven Herausforderung. Ein Wandel vom Shareholder Value zur Corporate Responsibility erfordert mehr, als einen CSR-Beauftragten einzusetzen. Ein Commitment des Top-Managements ist notwendig, reicht aber nicht aus. Die gesamte Organisation muss umdenken. Verhaltensmuster und Wertesets, die sich über lange Jahre eingeschliffen haben, müssen sich nun ändern. Die Systeme, die hinter den Marken stehen, müssen sich öffnen und neu orientieren.

Dies kann nur funktionieren, wenn auch die Führungskräfte auf allen Ebenen mitziehen und die Sinnhaftigkeit von mehr Nachhaltigkeit für sich persönlich realisieren. So wie es z. B. für Lidl nicht reichen wird, eine für Discounterverhältnisse ungewöhnlich emotionale Werbekampagne zu schalten, um das angekratzte Image nach dem Bespitzelungsskandal aufzupolieren. Das Image des „bösen Arbeitgebers" kann Lidl nur dauerhaft und wirksam bekämpfen, wenn sich das Führungsverständnis innerhalb des Unternehmens grundsätzlich verändert und die Mitarbeiter und Mitarbeiterinnen in den einzelnen Filialen mehr Wertschätzung erfahren und diese dann auch an die Kunden weitergeben – was diese wiederum die Marke positiver erleben lässt. Um diese grundlegende Transformation erfolgreich durchzuführen, kommt sowohl der Marke als auch den Führungskräften eine zentrale Rolle zu.

Welche Rolle spielt Führung bei der Transformation zu mehr Nachhaltigkeit? Führungskräfte stehen vor einer großen Herausforderung: Sie müssen eine größere Komplexität in ihrem Wirkungskreis zuzulassen, denn mehr Nachhaltigkeit erfordert ein langfristigeres Denken, das auch die Perspektive vieler Stakeholdergruppen außerhalb des Unternehmens berücksichtigt. So werden neue Key-Performance-Indikatoren eine Rolle spielen müssen. Ökologische und soziale Auswirkungen treten an die Seite der wirtschaftlichen Ertragsrechnung. Die Definition wirtschaftlicher Ziele muss auch die langfristigen Effekte für das eigene Unternehmen miteinbeziehen – ein Thema, das auch in der aktuellen Diskussion um Manager-Boni eine wichtige Rolle spielt. Wie sollen Führungskräfte in einem so komplexen Zielesystem noch sicher führen? Wie können sie eine klare Richtung vorgeben, wenn viele Fragen, die die Zukunft betreffen, sich nicht mit Sicherheit beantworten lassen? Gerade in komplexen Umbruchsituationen, in denen alte Sicherheiten ihre Geltung verlieren und neue Werte aufkommen, ist Leadership gefragt. Aber jede einzelne Führungskraft braucht dafür die Unterstützung durch eine Transformation in der Unternehmenskultur. Es ist eine betriebsinterne Wertewelt gefragt, die nicht maximale Profite belohnt, sondern den Mut, klare Wertvorstellungen zu verfolgen und Ideen zu entwickeln, wie diese realisiert werden können. Nur wenn Querdenker mehr Reputation erlangen als Bewahrer, werden Innovationen vom Kaliber eines Toyota Prius häufiger – Erfindungen, die wirklich neue Möglichkeiten wie den Hybridantrieb erschließen, statt das Alte zu verbessern, wie z. B. die Effizienzsteigerung von Benzinmotoren. Ideen, die Bestehendes verbessern, können auch zu mehr Umweltschutz beitragen, werden einer Unternehmensmarke aber nicht den Differenzierungsvorteil bringen, der sie zum Strahlen und Leuchten bringt.

In einem Unternehmen, das auf Transformation zu mehr Nachhaltigkeit setzt, ist es für Führungskräfte wichtig, eine erkennbare Position zu beziehen und dabei z. B. selbst den Mut zu unorthodoxem Handeln aufzubringen. So demonstrieren sie ihren Mitarbeitern als Role Model, dass Veränderung gewünscht ist, und schaffen so Freiräume, in denen Neues entstehen kann. Führungskräften fällt die Aufgabe zu, neue Werte und Entscheidungskriterien für ihre Teams anschlussfähig zu machen und im alltäglichen Handeln zu etablieren. Dies erfordert die Änderung von etablierten Gewohnheiten und Prozessen. Wie können Unternehmen einen so weitreichenden internen Transformationsprozess zu mehr Nachhaltigkeit umsetzen, ohne dabei ihre Funktionsfähigkeit zu gefährden? Hier spielt die Marke eine zentrale Rolle.

Warum unterstützt eine starke Marke die Transformation zu mehr Nachhaltigkeit? Eine fundierte und authentische Markenidentität ist von Dauer und gibt einem Unternehmen langfristig Orientierung, worauf es seine Aufmerksamkeit konzentrieren sollte und worauf nicht. Insofern bewahrt eine klare Markenidentität Unternehmen und auch ihre Führungskräfte davor, auf beliebige nachhaltige oder grüne Themen aufzuspringen, die gerade in Mode sind, aber nicht zum Wesen der Marke passen. Denn gerade im aktuellen „Green Hype" ist Differenzierung besonders wichtig. Da sehr viele Marken sich mehr Umweltfreundlichkeit auf die Fahnen schreiben, muss jedes Unternehmen seinen eigenen Weg finden. In einer Transformation zu ernstgemeinter Corporate Responsibility, die mehr Nachhaltigkeit anstrebt, ist es entsprechend wichtig für ein Unternehmen, sich nicht zu verstellen, sondern sich glaubwürdig zu transformieren. Es gilt, die Identität der Marke weiterzuentwickeln, ohne ihren Kern aufzugeben. Denn in den Werten und Versprechen einer Marke spiegeln sich auch ihre Relevanz in Bezug auf die zentralen Bedürfnisse von Kunden und Mitarbeitern wider. Diese gilt es auch weiterhin im Blick zu behalten, wenn auch im Kontext einer Welt, die sich verändert, neu zu interpretieren. So zeigt die Markenidentität als Leitstern die Richtung auf, wie sich Nachhaltigkeit für ein Unternehmen konkret glaubwürdig, differenzierend und relevant interpretieren lässt.

Leadership Branding und Nachhaltigkeit: Die Führungskräfte als zentraler Transmissionsriemen des Wandels und eine klare Markenidentität als Leitstern für die Richtung der Veränderung sind der Schlüssel für den erfolgreichen und ernsthaften Wandel eines Unternehmens hin zu mehr Corporate Responsibility und Nachhaltigkeit. Leadership Branding stärkt die Führungskräfte in einer Haltung und Integrität, die notwendig ist, um Corporate Responsibility glaubwürdig zum Leben zu erwecken. So hilft ein auf den Markenwert Nachhaltigkeit ausgerichtetes Führungsverständnis, diese Markenpositionierung ins Unternehmen zu transportieren. Sie schafft bei den Mitarbeitern Stolz auf die Marke und motiviert sie, über sich und ihren Job als Mitglied einer Markencommunity nachzudenken. Sie regt die Mitarbeiter an, sich an einem Transformationsprozess hin zu mehr Nachhaltigkeit zu beteiligen und diesen Weg mitzugehen. Leadership Branding vermittelt den Mitarbeitern, welchen Beitrag sie zum Markenversprechen leisten können und wie sie ihre Rolle als Markenrepräsentanten ganz individuell ausfüllen können. Führungskräfte sollten ihren Mitarbeitern vermitteln können, wie ihre Marke Nachhaltigkeit interpretiert und wo sie hin will. Sie sollten den Schwung des Aufbruchs vorleben. So wird ein Unternehmen zusätzliche Kraft gewinnen – und mit dieser Kraft die Potenziale von Nachhaltigkeit und Corporate Responsibility auch wirklich für den eigenen Erfolg und die eigene Zukunftsfähigkeit nutzen können.

Kurzes Fazit

Leadership Branding kann verantwortungsvolles Wirtschaften unterstützen. Unternehmen werden derzeit mit einem enormen Veränderungsdruck konfrontiert. Kunden, Investoren, und Gesellschaft fordern, dass sie ökologischer, sozialer und insgesamt verantwortungsvoller im Hinblick auf die Folgen ihres Handelns werden. Der anstehende Umbau ist nicht einfach und erfordert eine massive Umorientierung innerhalb der Organisationen. Dabei kann Leadership Branding ein kraftvolles Instrument sein, um den Transformationsprozess erfolgreich zu durchlaufen. Führung wird zum Thema. Und so können Führungskräfte und Unternehmensleitung klären, wie sie führen wollen, um Nachhaltigkeit und Verantwortung sicherzustellen. Die Anbindung dieser Diskussion an die Marke als beständigen Leitstern der Organisation verhindert Beliebigkeit und Aktivismus angesichts des enormen Veränderungsdruckes. Die Marke stellt eine stringente Verbindung zu den Schätzen der Vergangenheit her. Mit einem klaren Bewusstsein für den Kern der Marke können die bewährten Stärken in neue zeitgemäße Formen übersetzt und genutzt werden. Mit einem markenspezifischen Führungsverständnis erarbeiten sich Organisationen einen Kompass, der sie auch in bewegten Zeiten verantwortlich und überlegt agieren lässt.

Der Weg zum Gipfel –
der Leadership Branding Prozess

5

Leadership Branding ist ein markenstrategisch fundierter Organisationsentwicklungsprozess mit dem Ziel, ein gemeinsames und unternehmensspezifisches Führungsverständnis zu entwickeln, das den Unternehmenserfolg fördert und die Unternehmensmarke stärkt.

(LEA Leadership Equity Association 2010).

Wie verbessern wir die Produktivität unserer Führung? Wie stärken wir unsere Unternehmensmarke? Wie entwickeln wir ein gemeinsames markenspezifisches Führungsverständnis? Wie schließen wir die Lücke zwischen Marke und Führung (siehe Abb. 5.1)? Eine wichtige Erkenntnis: So komplexe Veränderungen werden eher nicht von alleine passieren, sie müssen organisiert werden.

Die Ausgangspunkte und Ziele für einen Leadership Branding Prozess können ganz unterschiedlich sein. So wird das eine Leadership Branding Vorhaben wie eine leichte Wanderung durch die Eifel sein, das andere wie eine Tagesexkursion zum Feldberg und das nächste wie eine Expedition zum Mount Everest. Doch auch Letzteres ist mit der richtigen Vorbereitung, dem richtigen Team und der richtigen Ausrüstung machbar. Die Unternehmensstrategie und die Marke geben beim Leadership Branding die Richtung vor. Die Kultur, die Prozesse und die Menschen im Unternehmen sind das Gelände, auf dem sich die Akteure bewegen. Abbildung 5.2 zeigt die fünf Phasen des Leadership Branding Prozesses: Auftragsklärung, Analyse, Strategie, Positionierung und Implementierung.

Einige Teile dieses Prozesses sollten sinnvollerweise als Projekt betrachtet und bearbeitet werden, wobei sich ein Projekt durch sein vorgeschriebenes Ende und das zu diesem Zeitpunkt zu erreichende Ziel definieren lässt. Ein Prozess kann ergebnisoffen sein oder auch fortwährende Aufgaben beinhalten. Beides, sowohl die Ergebnisoffenheit als auch die Kontinuität, sind Merkmale, die einen Prozess von einem Projekt unterscheiden. Projekte sind demnach viel restriktiver, womit sichergestellt werden soll, dass ein definiertes Ziel mit einer bestimmten Qualität in einem bestimmten Zeitraum mit bestimmten Ressourcen erreicht wird. Viel zitiert ist das sogenannte „magische Dreieck" der Projektarbeit: Qualität, Zeit, Ressourcen. Denn ändert sich an einer Ecke des Dreiecks etwas, so hat dies unmittelbare Auswirkungen auf die anderen beiden Eckpfeiler. Soll ein Projekt statt der

C. Grubendorfer, *Leadership Branding*, DOI 10.1007/978-3-8349-3706-3_5,
© Gabler Verlag | Springer Fachmedien Wiesbaden GmbH 2012

Abb. 5.1 Leadership Branding – die Entwicklung eines markenspezifischen Führungsverständnisses (eigene Darstellung)

Abb. 5.2 Der Leadership Branding Prozess (eigene Darstellung)

vereinbarten zwölf Monate plötzlich in neun Monaten fertig sein, so müssen entweder Einbußen an der Qualität akzeptiert werden oder es braucht mehr Ressourcen. Dieses Modell hat natürlich auch seine Grenzen. Kommen in einem Projekt zwei Projektmitarbeiter hinzu, so heißt das nicht automatisch, dass die Qualität steigt oder das Projekt schneller fertig wird. Das hängt sehr stark an den Personen, der Kommunikation im Projekt und den Kompetenzen, die die Projektmitarbeiter einbringen usw.

Besonders die Analyse-, die Strategie- und die Positionierungsphasen im Leadership Branding Prozess eignen sich für Projektarbeit. Die Auftragsklärung ist hingegen ein kontinuierlicher Prozess, ebenso kann die Implementierung nie abgeschlossen sein, da Marke nichts Konstantes ist, sondern ständig neu verhandelt wird (siehe Kap. 2). Ein Leadership Branding Prozess erfordert Projekt- und Prozesskompetenz bzw. „Prozesskompetenz in der Projektarbeit" (Mayrshofer und Kröger 2011).

Markenentwicklung heißt immer auch Organisationsentwicklung, denn wenn sich ein Unternehmen ernsthaft mit sich selbst befasst und sich Fragen zu seiner Identität und Kultur stellt, so kommen ganz sicher auch Aspekte ans Licht, die verbesserungsbedürftig sind oder sogar gefährlich im Hinblick auf die Wettbewerbsfähigkeit der Organisation. Eine Markenpositionierung ist zudem nie einfach nur Spiegel der aktuellen Situation. Die besondere Brisanz, die durch eine als Zukunftsbild verortete Markenpositionierung für die Glaubwürdigkeit eines Unternehmen entsteht, wurde bereits geschildert. LEA Leadership Equity Association hat 2010 deshalb das Modell der „markenorientierten Organisationsentwicklung" entwickelt. Implizites wie Identität und Kultur explizit zu machen, ist ganz wesentlich für dieses Vorgehensmodell. Der Trichter ist Sinnbild dafür, dass zunächst alle relevanten Informationen gesammelt und dann immer weiter verdichtet werden, bis die größtmögliche Zuspitzung in eine Positionierung erfolgt (Abb. 5.3).

5.1   Auftragsklärung für Leadership Branding

Ziele der Auftragsklärung sind:

- Situation und Vorgeschichte verstehen
- verschiedene Sichtweisen berücksichtigen
- Ziele des Auftraggebers festlegen
- gemeinsame Sichtweise auf die Ziele schaffen
- Rahmenbedingungen und Organisatorisches klären
- Potenzielle Konflikte identifizieren
- Rollen aller Projektbeteiligten klären

Wie bei einer Expedition zum Mount Everest sollten zu Beginn die Grundlagen für Leadership Branding geschaffen werden, dies beginnt bei der Auftrags- bzw. Zielklärung (Abb. 5.4). Oftmals ist gar nicht klar, welche Ziele erreicht werden sollen. Das liegt häufig daran, dass Ziele in Bezug auf das gewünschte Ergebnis nicht zu Ende gedacht werden und deshalb gar keine nützlichen Ziele sind. Wie oft beinhalten Ziele auch gleich Vorannahmen darüber, welches der richtige Weg ist. So stellte mir eine Kundin die „Vision" ihres Unternehmens vor: „Wir wollen das renditestärkste Unternehmen unserer Branche werden mit den zufriedensten und meisten Kunden in Süddeutschland". In dieser Vision stecken die Vorannahmen, dass sich die Rendite durch viele zufriedene Kunden steigern lässt. Viel-

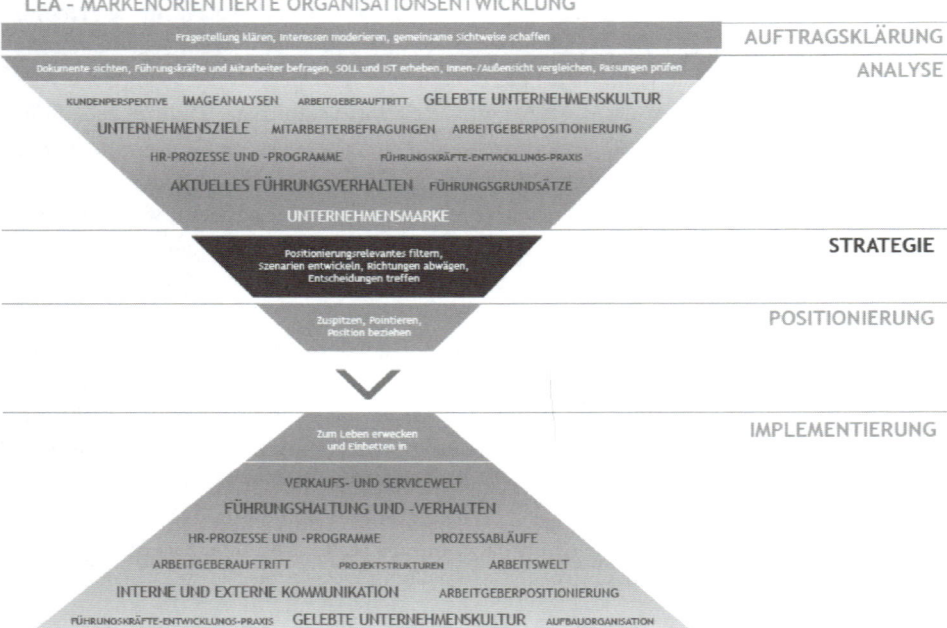

Abb. 5.3 Markenorientierte Organisationsentwicklung nach LEA Leadership Equity Association (2010)

leicht wäre der bessere Weg, wenige wohlhabende Kunden anzusprechen – Klasse statt Masse … Auch werden häufig Wege statt Ziele formuliert: „Wir brauchen eine Großgruppenveranstaltung mit allen Führungskräften". Da muss dann unbedingt geklärt werden, was mit dieser Veranstaltung erreicht werden soll und wer sich davon welchen Nutzen verspricht. Gleich gefolgt von der Frage, ob eine Großgruppenveranstaltung die richtige Maßnahme ist, um das beschriebene Wunschziel zu erreichen.

Beispiel

Das ist vergleichbar mit einem Kunden, der in die Apotheke geht, um eine Packung Aspirin zu kaufen. Hat der Kunde Kopfschmerzen? Oder hat er gehört, es ist gesünder, wenn das Blut flüssiger ist, und dass es sich mit Aspirin verdünnen lässt? Oder hat er einen entzündeten Fingernagel? Stellt sich die Frage, bei welcher Indikation Aspirin das richtige Medikament ist. Und dann stellt sich noch die Frage, was eigentlich das Ziel des Kunden ist. Mal für einen Tag keine Kopfschmerzen haben? Möglichst langfristig keine Kopfschmerzen haben? Insgesamt das Wohlbefinden steigern? Ist Letzteres das Ziel, so könnte der regelmäßige Besuch eines Yogaunterrichts wirksamer sein als die Tabletten.

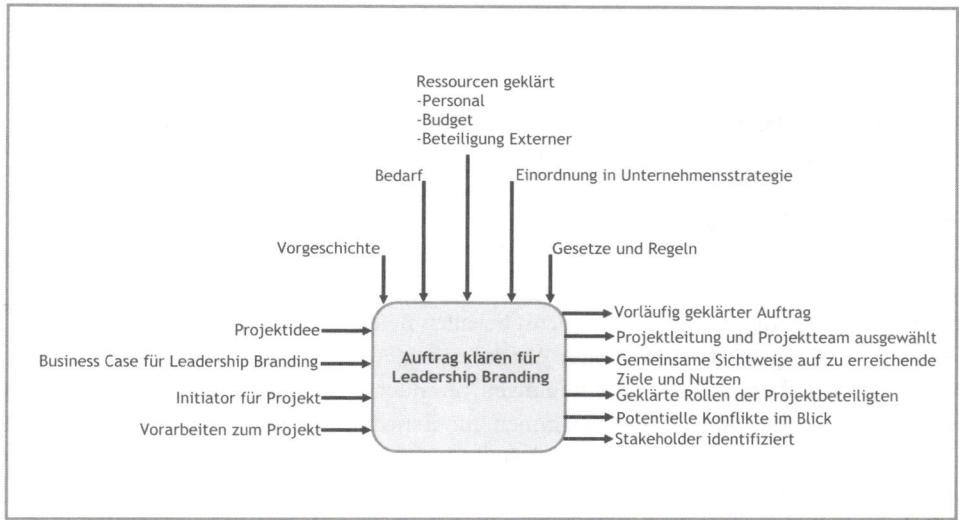

Abb. 5.4 Kontextmodell zur Auftragsklärung (angelehnt an Mayrshofer und Kröger 2011, S. 127)

Nicht immer sind die von den Auftraggebern vermuteten Wege die beste Möglichkeit, ein Ziel zu erreichen. Und manchmal sind die Ziele auch gar nicht klar, sie müssen erst gefunden werden. Zu Beginn der Auftragsklärung sind die Ziele meist nicht klar, im Vordergrund stehen eher die Probleme, z. B. hohe Mitarbeiterfluktuation, Kundenabwanderung oder Schwierigkeiten, die passenden Führungskräfte zu rekrutieren. Ist das Problem erkannt, ist das Ziel noch lange nicht klar, es muss erst gemeinsam definiert werden. Was ist beispielsweise das Ziel, wenn das Problem die hohe Fluktuation ist? Ein Ziel könnte es sein, die Bindung der Mitarbeiter zu erhöhen. Ebenso könnte aber auch das Ziel sein, die Zeit und Kosten für Neueinstellungen zu vermindern. Manchmal ist auch der Weg das Ziel, z. B. wenn es darum geht, die Führungskräfte in den bereichsübergreifenden Austausch zu bringen, wobei man offen dafür ist, was dabei herauskommt. Ist das Ziel das Erreichen des Gipfelkreuzes des Mount Everest oder geht es um das Erlebnis der Expedition? Sicherlich hat beides seine Berechtigung, es sollte nur den Beteiligten klar sein, was im Vordergrund steht.

Klassisch betriebswirtschaftlich geprägte Unternehmen (und dazu gehören wohl die meisten) neigen dazu, Ursachenforschung für ein wahrgenommenes Problem zu betreiben. Da werden umfangreiche Analysen durchgeführt, um herauszufinden, woran es denn nun liegt, dass die Kunden abwandern. Selbstverständlich werden Zahlen, Daten, Fakten zusammengetragen. Damit wird unter Umständen unnötig viel Zeit verschwendet. Nützlicher und schneller zielführend wäre die Frage, was zu tun ist, um Kunden zu binden und neue Kunden zu gewinnen. Das lenkt die Aufmerksamkeit auf die Lösungen und setzt mehr produktive Energie frei als der Blick auf die Ursachen und die damit verbundenen Schwierigkeiten, was zu einer Lähmung der Beteiligten führen kann und Gefühle der Ohnmacht unterstützt (vgl. Kap. 2 systemische Beratung).

Es erfordert Auftragsklärungskompetenz, um zum einen den Auftraggeber dabei zu unterstützen, das richtige Projektziel zu formulieren und zum anderen den richtigen Weg zu finden, wobei die Bewertung, ob ein Weg der richtige war oder nicht, selbstverständlich nur im Nachhinein vorgenommen werden kann. Es ist in jedem Fall ratsam, sich bei der Auftragsklärung professionelle Unterstützung zu holen, gerade wenn es um komplexe Ziele geht. Daneben müssen sich die Erfüllungsgehilfen, seien es interne oder externe Berater, fragen, ob sie den formulierten Auftrag annehmen können und wollen. Manchmal stecken im Auftrag bereits unüberwindbare Hürden, oder er ist so formuliert, dass man eigentlich nur scheitern kann. Ein unklarer Auftrag ist in jedem Fall Garant für Ressourcenverschwendung und sorgt für Frust bei allen Beteiligten. Damit nicht genug. Auch wenn der Auftrag geklärt ist, so ist diese Aufgabe nicht erledigt, sondern muss ständig wiederholt werden, da sich Rahmenbedingungen verändern, Personen im Projekt wechseln können oder Kundenwünsche hinzukommen. Ein Expeditionsleiter muss am Tag des Aufstiegs entscheiden, ob die aktuelle Wetterlage die geplante Route zulässt. Sonst kann es für das Expeditionsteam gefährlich werden. So muss ein Projektleiter in jeder Phase des Projekts prüfen, ob der Auftrag noch stimmt.

In der Auftragsklärungsphase arbeite ich immer mit einem Modell im Hinterkopf, das ich vor ca. zehn Jahren bei Daniela Mayrshofer und Hubertus A. Kröger in der ersten Auflage von „Prozesskompetenz in der Projektarbeit" gefunden habe. Ich hatte damals im Rahmen eines Forschungsprojekts am Lehrstuhl für Arbeitssystemplanung und -Gestaltung der Ruhr Universität Bochum die Gelegenheit, viele Veröffentlichungen zum Thema Projektmanagement ansehen zu können. Angesichts von ca. 30 Büchern zum Thema Projektmanagement wurde ich gleich ein Fan von „Prozesskompetenz in der Projektarbeit", da es sich durch die Verknüpfung mit der bewährten Moderationsmethode und systemischem Denken sinnvoll von all der anderen Projektliteratur abhob, die den Menschen entweder gänzlich außer acht ließ oder ihn lediglich als „Manntag"-Ressource im Projekt verplante. Dabei wissen wir heute, warum so viele Projekte scheitern: an der unzureichenden Zusammenarbeit im Projekt und der fehlenden Kompetenz, das komplexe Geschehen in einer Organisation neben den verschiedenen Ebenen, die es in einem Projekt gibt, zu bewältigen. Auch Projekte bestehen ausschließlich aus Kommunikation zwischen Personen. Dieses Buch ist sehr lesenswert und sehr zu empfehlen. Für die Auftragsklärung finde ich das Kontextmodell (Abb. 5.5) sehr hilfreich, das zu Beginn dieses Kapitels gleich für die Auftragsklärung im Leadership Branding Prozess Anwendung gefunden hat.

Eine präzise Auftragsklärung beginnt fast immer mit folgenden Fragen:

- Was soll danach anders, besser oder neu sein? Wozu soll das erreicht werden?
- Welchen Nutzen versprechen Sie sich davon?
- Woran werden Sie merken, dass das Ziel erreicht wurde?

So werden das Ziel mit den gewünschten Ergebnissen und der erhoffte Nutzen für das Unternehmen herausgearbeitet. Auch die Frage nach dem „eigentlichen" Auftraggeber kann sehr aufschlussreich sein, denn nicht immer ist der erste Ansprechpartner der

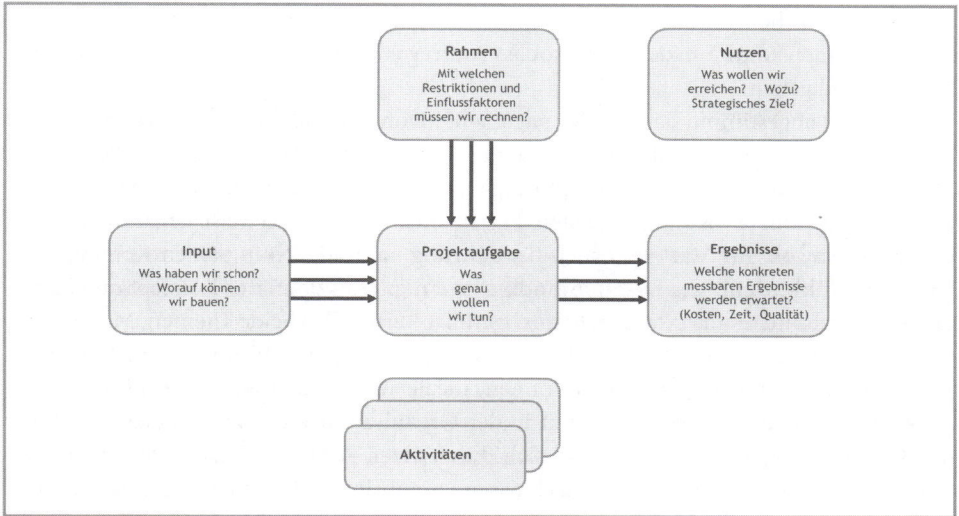

Abb. 5.5 Kontextmodell, Arbeitsschritte (Mayrshofer und Kröger 2011 S. 191)

Auftraggeber, sondern ist eventuell „nur" entsandt worden, um einen internen oder externen Umsetzungspartner zu suchen. Wenn irgendwie möglich, sollte ergänzend zum Gespräch mit dem ersten Ansprechpartner auch direkt mit dem Auftraggeber gesprochen werden. Oftmals gibt es bereits an der Schnittstelle Auftraggeber und Ansprechpartner erste Missverständnisse darüber aufzudecken, was Ziel und Nutzen des Projekts sein sollen. Zur Auftragsklärung gehört dazu, mehrere, eventuell unterschiedliche Sichtweisen auf die Ziele und den Nutzen des Vorhabens in Einklang zu bringen. Darüber hinaus ist der Rahmen wichtig: Mit welchen Restriktionen müssen wir rechnen? Wie viel Zeit haben wir? Welche Ressourcen gibt es? Wie steht das Top-Management dazu? Welche anderen wichtigen Einflussfaktoren gibt es? Auch interessant ist ein Blick auf die Vorgeschichte bzw. auf die Basis des Projekts: Was gibt es schon? Worauf können wir aufbauen? Was wurde schon versucht? Was davon war erfolgreich, was nicht? Sind diese Fragen geklärt, so kann die Projektaufgabe ausformuliert werden: Was genau wollen wir tun?

Zur Auftragsklärung gehören Gespräche mit verschiedenen Stakeholdern (Auftraggeber, Sponsor, Kunden, Meinungsführer, mögliche Projektbeteiligte), die Moderation unterschiedlicher Sichtweisen und Interessen, das „An-einen-Tisch-Setzen" verschiedener Bereiche, die Vorstandspräsentation und schließlich das Abstimmen von Rollen, Verantwortlichkeiten und Lösungswegen. Dadurch werden im Sinne des systemischen Gedankens von Beginn an vorsichtig Signale und Impulse in das Unternehmen gesendet und hier bereits der gewünschte Anstoß für Veränderung gegeben. Denn jede Frage, die der Auftragsklärung dient, ist bereits eine Intervention, da sie die Aufmerksamkeit auf bestimmte Aspekte lenkt und andere außer Acht lässt. Deshalb muss auch jede Frage mit Bedacht gestellt werden. Die Gespräche in der Auftragsklärungsphase geben wertvolle Hinweise darauf, wie im Unternehmen kommuniziert wird, sodass Auftragsklärungs- und Analysephase bereits Hand in Hand gehen.

Ist das Ziel abgestimmt, das Top-Management involviert und die Finanzierung klar, ist die Auswahl des „Expeditionsleiters" und seines Teams dran. Es ist wichtig, dass die Auserwählten die erforderliche Kondition mitbringen, also auch die Kompetenzen haben, einen Leadership Branding Prozess zu begleiten. Projektleiter sollte idealerweise jemand sein, der Verständnis sowohl für Marke als auch für Führung hat und sich in beiden Kompetenzgärten wohl fühlt. Denn Leadership Branding ist ein interdisziplinäres Konzept und kann nur als Querschnittsthema erfolgreich durchgeführt werden. Da beide Themen, Marke und Führung, Chefsache sind, sollte der Projektleiter unbedingt angstfrei mit dem Vorstand bzw. der Geschäftsführung sprechen können, idealerweise auf Augenhöhe. Es sollte eine Person mit „Standing" sein, die breit in der Organisation vernetzt ist, gutes Ansehen genießt, hartnäckig am Ball bleibt und sich durchsetzen kann. Es braucht Personen, die das Vorhaben leidenschaftlich und entschlossen voranbringen. Nicht zu vergessen ist Fingerspitzengefühl, eine große Portion Diplomatie und die Wertschätzung allen Beteiligten gegenüber.

Sind die Grundlagen geschaffen, so sollte der Leadership Branding Prozess als Projekt aufgesetzt werden. Nein, das ist kein Widerspruch. Leadership Branding ist zwar eine kontinuierliche Aufgabe, denn Marke und Führung im Einklang zu halten, erfordert ständiges Augenmerk, doch erst einmal soll ja ein markenspezifisches Führungsverständnis entwickelt werden, oder die Marke an sich will mit Blick auf die Führungsidentität und Führungskultur neu oder repositioniert werden. Dazu ist es unbedingt erforderlich, dass es einen gemeinsamen Startpunkt gibt sowie eine Vereinbarung darüber, in welchen Abständen und in welcher Besetzung man sich im „Basislager" trifft.

Es ist empfehlenswert, sich bei einer Expedition zum Mount Everest von erfahrenen Bergführern begleiten zu lassen. So kann es auch zur Durchführung eines Leadership Branding Prozesses ratsam sein, sich externe Unterstützung zu holen, um auf die Erfahrungen von Experten zurückgreifen zu können. Das Projektteam sollte sich fragen, wie es seine Kompetenzen und Ressourcen optimal in das Projekt einbringen kann. Ebenso ist es hilfreich, Regeln zur Zusammenarbeit zu vereinbaren und einen Blick auf den Rahmen zu werfen, in dem das Projekt stattfindet. Im Base-Camp wird vor dem Aufstieg die Route festgelegt, die die Expeditionsteilnehmer in Anbetracht der Wetterlage nehmen wollen. So ist es wichtig, alle Stakeholder des Projekts zu identifizieren und deren Einfluss auf das Projekt sichtbar zu machen. „Wer kann nicht ungestraft weggelassen werden", ist eine der wichtigsten Fragen in dieser Phase. Weil diese Frage jedoch trotzdem häufig vergessen wird, kommt es in Projekten immer wieder dazu, dass machtvolle Personen in Unternehmen ein Projekt plötzlich „absägen", weil sie nicht gefragt wurden, anderer Meinung sind oder weil sie schlicht ihre Macht demonstrieren wollen. Zum Projektstart werden die Projektschritte geplant, die Aufgaben verteilt und die Entscheider einbezogen.

5.2 Analyse

Die Ziele der Analyse lauten:

- interne Markenidentität erheben
- derzeitiges Führungsverständnis erheben
- Passung zwischen Marke und Führung hinterfragen
- Führungskräfte und Mitarbeiter einbeziehen
- Aufmerksamkeit auf relevante Suchfelder fokussieren
- „Betriebstemperatur" erhöhen, um Veränderung möglich zu machen
- Verständnis für gemeinsame Sprache entwickeln, Bedeutungen klären

Bereits in der Analysephase (Abb. 5.6) ist die Kunst, Wichtiges von Unwichtigem zu unterscheiden. Nicht alle Informationen sind relevant, und es gilt immer wieder neu, die Entscheidung zu treffen, worauf man sich fokussieren will. Sicherlich hängt das auch stark vom zu erreichenden Ziel ab. Geht es eher darum, die Marke zu entwickeln? Oder steht die Marke schon und es soll nun ein markenspezifisches Führungsverständnis gefunden werden, das die Marke in Führung „übersetzt"? Im ersten Fall ist es wichtig, in einem breit angelegten Analyseprozess die Identität und Kultur des Unternehmen zu entschlüsseln, wobei es im zweiten Fall in der Analyse ganz gezielt um die aktuelle Führungsqualität gehen kann und um die Frage, wie gut die Marke schon von den Führungskräften verinnerlicht wurde. Auch beim Blick auf die möglichen Analysesuchfelder mag es so manch einem wie einem Bergsteiger ergehen, der sich vor einer Expedition für geeignetes und sinnvolles Material entscheiden muss. Denn zu viel Ballast erschwert den Aufstieg.

Es gibt viele Berater, die mit Standardverfahren an Organisationen herantreten, und ihnen dann am Ende zeigen, auf welchen Dimensionen sie wie gut abgeschnitten haben, z. B. in Bezug auf „Glaubwürdigkeit, Respekt, Fairness, Stolz und Teamorientierung" (vgl. greatplacetowork.de) oder in Bezug auf „Führung & Vision, Motivation & Dynamik, Kultur & Kommunikation, Mitarbeiterentwicklung- und perspektive, Familienorientierung & Demografie, Internes Unternehmertum" (vgl. topjob.de). Hinter diesen Dimensionen liegt ein Katalog mit Fragen, die mehr oder weniger hoch auf diesen Dimensionen „laden" (wie der Forschungsmethodiker zu sagen pflegt), also mehr oder weniger zu dieser Dimension passen. In meinem Psychologiestudium habe ich mich intensiv mit Testkonstruktion befasst und für meine Diplomarbeit sogar einen Test entwickelt, der die Fusionsfähigkeit von Führungskräften misst, die FPA – Fusions-Potenzial-Analyse. Das Problem ist, dass ein Diagnostiker mit einem Test nur das finden kann, was der Test sucht. Geben Sie jemandem den Auftrag eine Straße abzulaufen und die Bäume zu zählen. Danach fragen Sie ihn, wie viele Fahrräder währenddessen an ihm vorbeigefahren sind … Zudem sind solche Instrumente auch immer die Folge bestimmter Ansichten, zum Beispiel darüber, was gute Führung oder einen guten Arbeitgeber ausmacht. Aber wer sagt, dass diese Ansichten die richtigen sind? Auch die populär gewordenen Tests, die messen, ob ein Unternehmen ein attraktiver Arbeitgeber ist oder nicht, können nur finden, wonach sie suchen. Hier

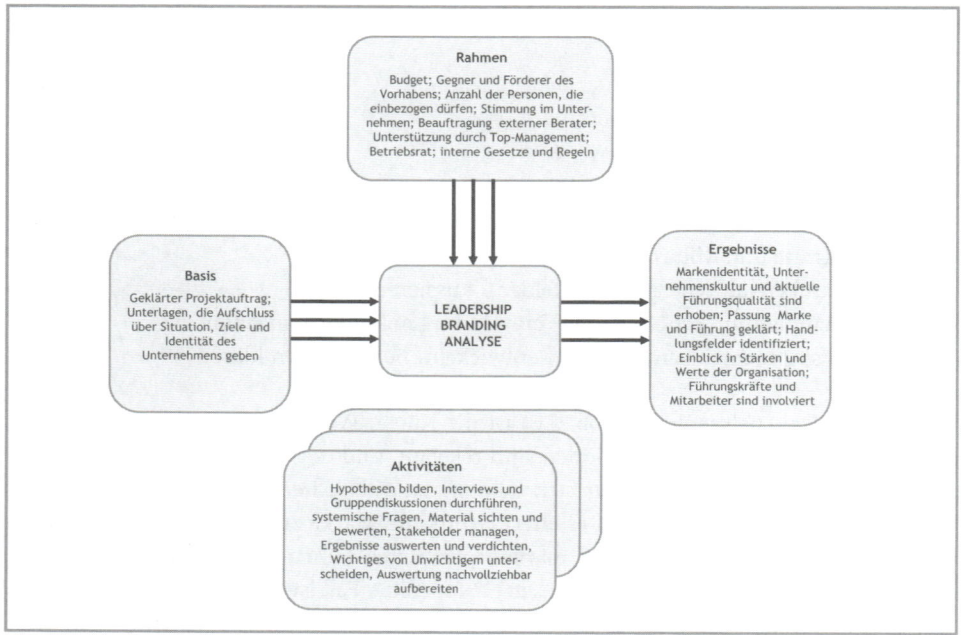

Abb. 5.6 Kontextmodell Leadership Branding Analyse (eigene Darstellung)

werden Unternehmen auf verschiedenen Dimensionen miteinander verglichen und einem Benchmarking unterzogen. Wer die besten Werte hat, ist der beste Arbeitgeber. Das passt nun so gar nicht zur Überzeugung, dass es in höchstem Maße unternehmensspezifisch ist, was „gut" oder sogar das Beste ist. Und passt auch nicht zu dem Gedanken, dass es sich mit der Attraktivität wie in der Liebe verhält. Erstens ist es Geschmackssache, was attraktiv ist, und zweitens gibt es zu jedem Topf den passenden Deckel. Erst gestern habe ich einen Vortrag gehalten, der wie folgt anmoderiert wurde: „Warum arbeiten die Menschen lieber bei Sony als bei Medion, lieber bei Porsche als bei Ford?" Als Antwort habe ich die in der Frage steckende Annahme, dass Sony und Porsche generell die attraktiveren Arbeitgeber sind, hinterfragt. Denn wer sagt denn überhaupt, dass das wirklich so ist? Vielleicht kommt uns das nur so vor, weil Sony die bekannteren Produkte hat und mehr Werbung macht? Was würde sich in unserer Wahrnehmung verändern, wenn Medion seine Identität als Arbeitgeber klar auf den Punkt bringen würde, damit ein starkes Profil im Arbeitsmarkt abgibt und folglich Menschen anzieht, die zu Medion passen? Denn Attraktivität lässt sich immer nur in Bezug auf die ganz individuelle Unternehmenssituation beantworten.

Viel spannender als das Testen von Standardfragen ist doch die Frage, wie sich die Organisationsmitglieder ihre organisationale Wirklichkeit konstruieren. Welche „Dimensionen" sind in den Fokus der Aufmerksamkeit der Führungskräfte und Mitarbeiter gelangt und warum? Zählen sie also lieber Bäume oder Fahrräder und warum? Und schauen Führungskräfte und Mitarbeiter auf dieselben Dinge oder auf ganz verschiedene? Führungskräfte auf Fahrräder und Mitarbeiter auf Bäume? Und sind dies auch die richtigen Aspekte (im Sinne von nützlich), oder wäre es für die Zukunft und das Überleben der Organisation nicht vielleicht besser, die Aufmerksamkeit der Beteiligten auf andere Dinge zu richten? Und welche könnten das sein? Vielleicht wäre besser auf die Autos zu achten? So lag die Aufmerksamkeit bei DATEV im Jahr 2008 ganz stark auf den Themen „solide sein", „bodenständig sein", „sicherer Arbeitsplatz" usw. Mit Blick auf die Marke und die Unternehmensziele wurde schnell klar, dass andere Aspekte in den Fokus gelangen sollten, um sowohl die Marke DATEV als auch Unternehmensziele besser zu unterstützen. So wurde das Führungsverständnis bewusst so formuliert, dass einerseits die Marke darin erkennbar wird und DATEV mit dieser Führung auch den bisherigen Erfolg weiterführen kann (siehe Abschn. 6.1). Die Aufmerksamkeit richtet sich nun z. B. auf „souverän sein", „mutig sein", „direkt sein".

Statt mit Vorannahmen und standardisierten Tests sollte man in der Analysephase mit offener Neugier auf die Organisation zugehen und sich überraschen lassen, was sich in der Kommunikation zwischen den Organisationsmitgliedern findet bzw. worauf man von ihnen aufmerksam gemacht wird. Nur so kann die Analysephase Erkenntnisse zutage fördern, die

- einen neuen und differenzierten Blick auf das aktuelle Führungsverhalten im Unternehmen schaffen.

Weitere Ziele der Analysephase für das Leadership Branding sind:

- eine fundierte Einschätzung zu den Eigenschaften abzugeben, in denen sich Führung und Marke gut ergänzen und wo nicht,
- konkrete Ansatzpunkte benennen, an denen die Verantwortlichen die Passung zwischen Marke und Führung verstärken können und
- Vorschläge für die Optimierung der Führungskräfteentwicklung im Hinblick auf die Markenversprechen zu formulieren.

Ein erster Schritt zu einem konsistenten Führungshandeln im Sinne der Marke besteht darin herauszufinden, wie gut die derzeitige Führungskultur und die Marke (bzw. Unternehmensstrategie) zusammenpassen. Wenn die verantwortlichen Akteure wissen, wo das Thema Führung steht, können sie definieren, wo sie hinwollen und welcher Weg sie dorthin bringt. Ein Passungstest Marke und Führung hilft zu erkennen, wie konsistent Führung und Marke derzeit im Unternehmen zusammenspielen und wo es Potenzial für Optimierung gibt. Dabei ist ein Blick auf das Führungsverständnis und die Wirkung von Führung im Unternehmen zu werfen. Hierfür sollten mit Mitarbeitern, Führungskräften und mit wichtigen Stakeholdern, z. B. der Geschäftsleitung, Gruppen- und oder Einzelinterviews durchgeführt werden. Dabei sollten auch Unterschiede zwischen verschiedenen Bereichen und Abteilungen sichtbar gemacht werden. Was sind die zentralen und verbindenden Führungscharakteristika der Organisation? Die Führungskultur und -qualität werden dann der Marke gegenübergestellt:

- Wofür will und soll die Marke stehen?
- Welche Versprechen macht sie verschiedenen Adressatengruppen?
- Passt die aktuelle Führungskultur dazu?

Alle Punkte sollten klar benannt und diskutierbar gemacht werden. Eine gute Analyse gibt bereits Hinweise, wie Potenziale für ein konsistenteres Zusammenspiel von Marke und Führung gehoben werden können, um überzeugende Markenerlebnisse für Mitarbeiter und Kunden zu realisieren.

Je nach Fragestellung sollten relevante Dokumente und Instrumente gesichtet und bewertet werden, z. B. Papiere zu Unternehmenszielen, Markenstrategie, Imageanalysen, Mitarbeiterbefragungen, Personalinstrumente, Arbeitgeberauftritt, Führungsgrundsätze usw. In Gruppendiskussionen und Einzelinterviews kann dann ersten Hypothesen auf den Grund gegangen werden. Bereits in der Analysephase werden durch Interviews und Gruppendiskussionen wichtige Zielgruppen in den Prozess einbezogen, was sich positiv auf die spätere Umsetzbarkeit der Ergebnisse auswirkt und die Anschlussfähigkeit des Prozesses und der daraus resultierenden Veränderungen sicherstellt. Der große Augenblick besteht darin, intuitiv Erfasstes und objektiv Gemessenes abzugleichen und in Worte zu fassen, die für möglichst viele im Unternehmen die Sache auf den Punkt bringen.

5.3 Strategie

Ziele der Strategiephase sind:

- Optionen für ein zur Marke passendes Führungsverständnis entwickeln
- Positionierungsansätze auf Gültigkeit prüfen (validieren)
- Chancen und Risiken der Optionen abwägen
- Entscheidung für eine Option herbeiführen

Dieser Prozessschritt ist strategisch sehr bedeutsam und in seinen Folgen für die Organisation weitreichend (Abb. 5.7). Nicht alles, was in der Analysephase entdeckt wurde, ist im markenstrategischen Sinn relevant: Wie in einem Siebvorgang werden für die Fragestellung sinnvolle Aspekte herauskristallisiert. In einem Leadership Branding Prozess, dem Zusammenbringen von Führung und Marke, lauten die Fragen:

- Was von all dem ist relevant im Sinne eines markenspezifischen Führungsverständnisses?

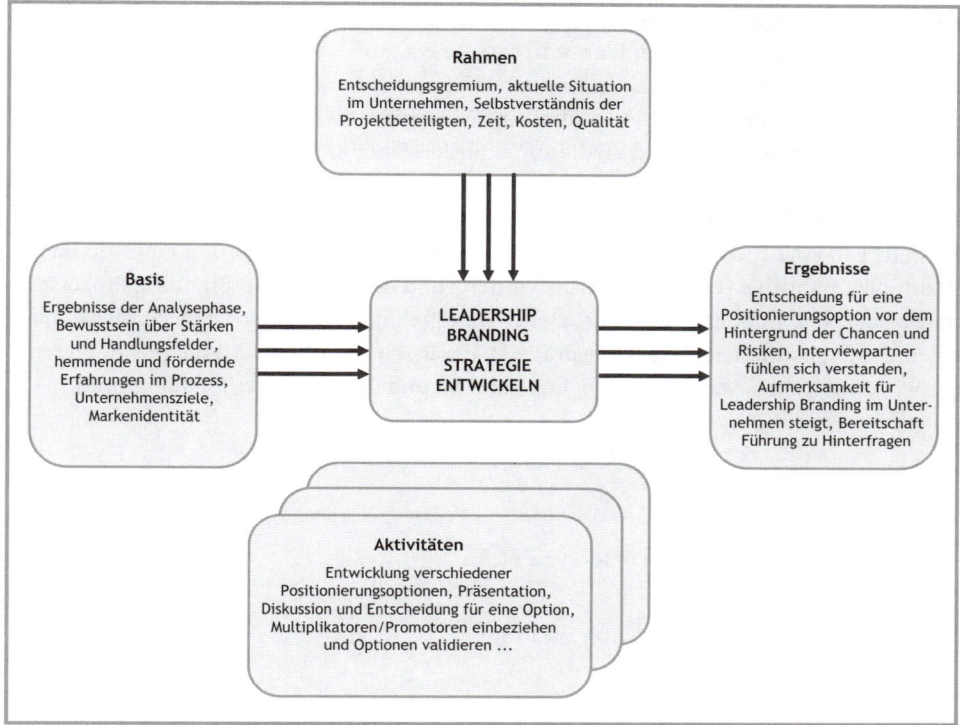

Abb. 5.7 Kontextmodell – Leadership Branding Strategie entwickeln (eigene Darstellung)

- Welche kulturprägenden Merkmale sind profilstark genug für eine pointierte Formulierung eines gemeinsamen Führungsverständnisses?
- Worauf soll sich die Aufmerksamkeit einer Führungskraft richten und was sollte in Zukunft wichtiger werden?
- Wie müssen wir heute und in Zukunft führen, um auch langfristig wettbewerbsfähig zu bleiben?

Dies ist die wichtigste Frage. Die Antwort darauf wird pointiert formuliert – als markenspezifisches Führungsverständnis. Manchmal werden auch mehrere mögliche Antworten gefunden, strategische Optionen, die sich beispielsweise dadurch unterscheiden, wie weit im „Ist" (heutiges Führungsverständnis) und wie weit im „Soll" (gewünschtes und zur Marke passendes Führungsverständnis) sie liegen. Die Optionen, die zum Schluss übrig bleiben, müssen dann auf Chancen und Risiken geprüft werden. Welche Option gewählt wird, sollte auch vor dem Hintergrund der nötigen Umsetzungsmaßnahmen geprüft werden. Welche Maßnahmen zur Organisationsentwicklung werden notwendig, um eine gewählte Positionierung mit Leben zu füllen? Wie umfangreich werden diese sein müssen? Ist das präferierte Führungsverständnis eventuell noch viel zu weit weg vom heutigen? Dann sollten sich die Entscheider darüber klar sein, dass sie ein großes Imagerisiko eingehen, wenn sie bereits heute dieses Führungsverständnis als Versprechen ausrufen, z. B. in den Arbeits- oder Finanzmarkt. Besser ist es, hier über eine Mehrschrittlösung nachzudenken und erst mal eine Positionierung zu wählen, die zur aktuellen Situation passt. An dieser Stelle werden verschiedene Szenarien entwickelt, welche Auswirkungen ein bestimmtes Führungsverständnis für die Organisation haben würde. Ergebnis dieses Arbeitsschrittes ist aber in jedem Fall eine Richtungsentscheidung. Stand nicht die Formulierung eines markenspezifischen Führungsverständnisses im Vordergrund des Leadership Branding Prozesses, sondern die Neu- oder Repositionierung der Unternehmensmarke, so ist die Strategiephase dennoch von ähnlichen Fragen geprägt: Wie müssen wir uns als Marke positionieren, dass wir versprechen, was wir auch halten können, und dennoch zukunftsfähig sind?

5.4 Positionierung

Mach einen Unterschied, sonst passiert gar nichts.

Niklas Luhmann

Ziele der Positionierungsphase (Abb. 5.8) sind:

- Zuspitzen der gewählten Option
- Formulierung des markenspezifischen Führungsverständnisses
- Positionierung auf Gültigkeit prüfen (Validierung)
- final über Positionierung entscheiden

Ist die Entscheidung für eine der strategischen Optionen getroffen, geht es an die Ausformulierung im Sinne einer Markenpositionierung: Es muss zugespitzt werden. Auch beim Kochen einer guten Sauce muss stark reduziert werden, damit sie fein genug schmeckt. So ist es auch mit Positionierungen. Verdichten, fokussieren, pointieren. So entsteht Klarheit. Und etwas Besonderes.

Die textliche Zuspitzung von Positionierungen ist ein kreativ-analytischer Vorgang, der Inspiration, Intelligenz und sprachliches Feingefühl verlangt. So kenne ich nur ganz wenige gute Markenstrategen, denn es ist wirklich eine Kunst. Ich kann zwar in einem Malkurs jemandem beibringen, wie er mit verschiedenen Pinseln malt, Acryl-, Aquarell- oder Ölfarbe auf Leinwand oder sonstige Oberflächen aufträgt, und ich kann ihn sicherlich auch darin schulen, perspektivisch richtig zu malen, Licht zu setzen oder Formen und Farben sprechen zu lassen. Doch sind dies in der Regel nicht die großen Künstler, die aus einem Malkurs hervorgehen … Dazu braucht es schon Begabung und die Kunst, etwas zu kreieren, das andere anspricht. Wenn alle Positionierungsbausteine formuliert sind, sollten sie mit möglichst breiter Beteiligung überprüft, dann optimiert und finalisiert werden. Fertig ist das strategische Fundament für alle zukünftigen Maßnahmen, sei es in der Führung, der Kommunikation, den HR-Prozessen oder der Gestaltung der Arbeitswelt.

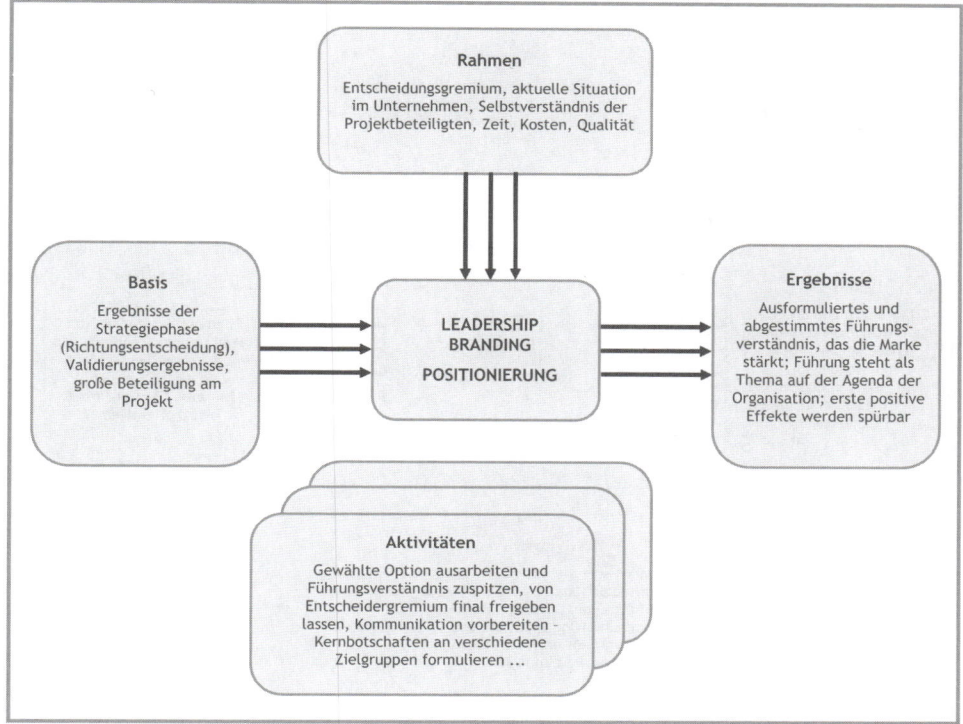

Abb. 5.8 Kontextmodell – Leadership Branding Positionierung (eigene Darstellung)

5.5 Implementierung

Ziele der Implementierungsphase (Abb. 5.9) sind:

- Verankerung des markenspezifischen Führungsverständnisses in der Organisation und Verknüpfung mit Kommunikation und Prozessen
- Führungsverständnis geht in Kopf und Herz aller Führungskräfte
- Marke wird stark
- Führung wird produktiv
- Unternehmenserfolg steigt

Die häufigste Kritik an Beratern ist sicherlich, dass sie für teures Geld haufenweise Papier produzieren, das hinterher in irgendeiner Schublade verschwindet. Dass die vorgeschlagenen Strategien tatsächlich nicht in die Umsetzung kommen, liegt manchmal schon daran, dass die Implementierung gar nicht vorgesehen war. Zumindest wurde nicht von

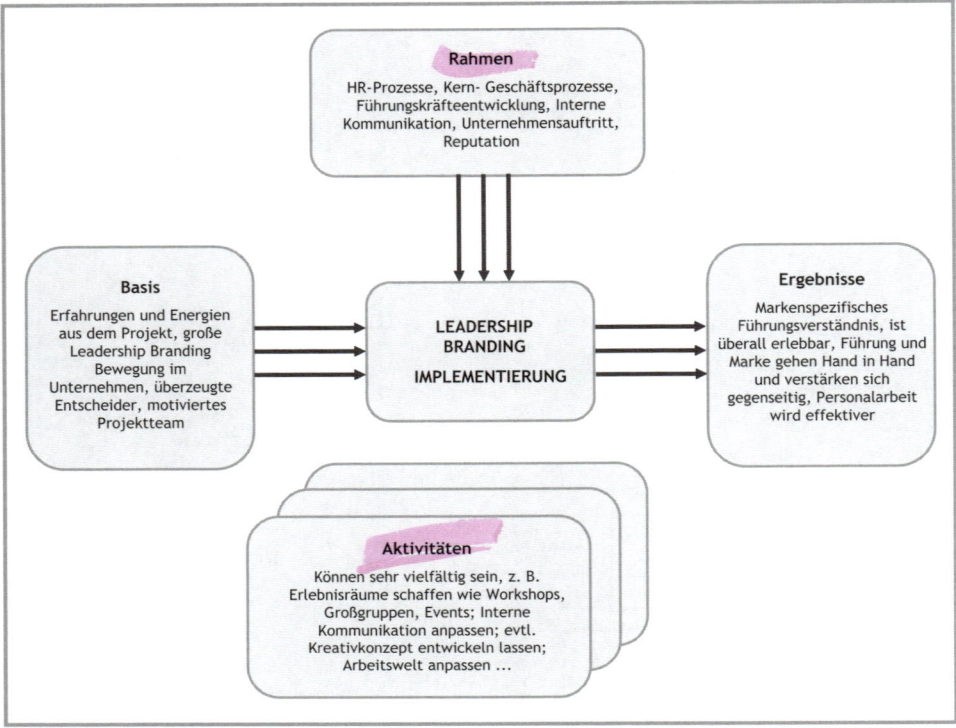

Abb. 5.9   Kontextmodell – Leadership Branding Implementierung (eigene Darstellung)

Anfang an berücksichtigt, dass es sich hier um Menschen handelt, die mit Veränderungen konfrontiert werden. „Implementierung beginnt jetzt." Der Erfolg eines markenorientierten Organisationsentwicklungsprozesses steht und fällt damit, dass von der ersten Minute an implementiert wird – so kann auch nichts in der Schublade landen.

Veränderung passiert nicht auf dem Papier – wir müssen die Strategie zum Leben erwecken, spürbar werden lassen, für Mitarbeiter, Führungskräfte, Kunden, Bewerber und Investoren. Es heißt, Erlebnisräume zu schaffen. Erst dann entfaltet ein Führungsverständnis seine Kraft, und erst dann ist das Ziel erreicht. Je nach Ausgangslage ergeben sich somit zahlreiche Ansatzpunkte und Konsequenzen für die alltägliche Arbeit. Projektstrukturen, Prozessabläufe, Verkaufs- und Servicewelt oder Führungskräfteentwicklung müssen angepasst und auf die neuen Erkenntnisse abgestimmt werden – um nur einige Beispiele zu nennen. Durch Überführung in konkrete Maßnahmen wird die Implementierung der Strategie in alle relevanten Bereiche des Unternehmens sichergestellt. Arbeitswelt, Prozesse und Programme, Führung, Kommunikation – bis zuletzt die gelebte Unternehmenskultur als Spiegel des gewünschten Fortschritts fungiert.

5.6   Menschen und die Kraft der Intuition

Für das Gelingen eines Leadership Branding Prozesses sowie für das Gelingen eines jeden Beratungsprozesses sollten die Bedürfnisse, die Menschen in Beziehungssystemen haben (und der Arbeitsplatz ist ein ganz wichtiges Beziehungssystem), beachtet werden (vgl. Schmidt 2007):

- Zugehörigkeit, Sicherheit in der Beziehung
- Orientierung, Transparenz, sich einbezogen fühlen
- Rollen- und Aufgabenklarheit
- Wertschätzung der eigenen Einzigartigkeit
- Wertschätzung und Anerkennung der eigenen Beiträge
- Wahlmöglichkeiten
- wohltuend gefordert werden
- richtungsweisende Zielvereinbarungen

Mit diesen Leitplanken im Hinterkopf lassen sich Veränderungsprozesse einfacher gestalten, da mit den Menschen und nicht gegen sie gearbeitet wird. Das ist doch selbstverständlich? Leider nicht. Wie oft werden den Mitarbeitern wichtige Informationen verschwiegen, zum Beispiel darüber, wie es tatsächlich um das Unternehmen bestellt ist. Aus lauter Angst, Mitarbeiter könnten dann panisch reagieren, weil sie mit der Situation nicht umgehen können und folglich nur noch schlechte Leistung bringen, werden sie lieber angelogen. Wenn dann irgendwann doch die Stunde der Wahrheit geschlagen hat, sind viele Menschen zu Recht gekränkt oder enttäuscht, weil die Firmenleitung ihnen nicht zugetraut hat, sich angemessen zu verhalten. Transparenz und Offenheit zahlen sich immer aus, weil sie Kräfte freisetzen, die vorher gar nicht möglich gewesen wären. So steigt die Leistung von Mitarbeitern in einer Krise in der Regel eher an, wenn sie genau wissen, was ansteht. Wenn wir uns fragen, welche Ressourcen es auf dem Weg zu einer organisationalen Veränderung noch gibt, so möchte ich an dieser Stelle eine Lanze brechen für die Kraft der Intuition. Die Analysephase des Leadership Branding Prozesses wurde als qualitativ beschrieben. Um mit diesem Ansatz erfolgreich zu arbeiten, bedarf es allerdings auch einiger Jahre an Erfahrung. Denn Intuition ist nichts anderes als unbewusstes Erfahrungswissen, das uns in der Regel zu wertvolleren Erkenntnissen und Entscheidungen verhilft als rationales und bewusstes Überlegen. Einem „Aha-Erlebnis" geht in Wahrheit ein langer, unbewusster Prozess voraus. Dahinter steht unser Gedächtnis. Wir verknüpfen unbewusst gemachte Erfahrungen mit der Wahrnehmung einer gegenwärtigen Situation und kommen auf dieser Basis zu treffsicheren Entscheidungen. Voraussetzung für unsere Intuition sind eine Menge an Erfahrungen und Erlebnissen, die wir in vergleichbaren Situationen gemacht haben und die uns zu unbewussten Faustregeln befähigen. So lässt sich auch erklären, warum in Sekunden getroffene, intuitive Entscheidungen oft richtiger sind als solche, die durch das Sammeln, Auswerten, und Berücksichtigen vieler Informationen zustande kommen (Gladwell 2005). Denn langes Grübeln und die damit verbundene Konzentration auf bewusstes Denken hindert uns eher daran, auf unseren unbewussten Erfahrungsschatz zuzugreifen.

Die Fähigkeit, unsere Intuition zu nutzen, um Entscheidungen zu treffen, ist trainierbar und steigt mit dem Erfahrungsschatz an.

Beispiel

Prof. Dr. Gerd Gigerenzer, Direktor des Max-Planck-Instituts für Bildungsforschung in Berlin, spricht in diesem Zusammenhang über „Gefühltes Wissen" (veoh.com). Gigerenzer lädt in einem Vortrag die Zuhörer zu einer Reise in das unbekannte Land der Intuition ein und beginnt damit in Los Angeles am internationalen Flughafen, wo Dan, ein Drogenfahnder, die fast unlösbare Aufgabe hat, aus Tausenden von Passagieren, die sich dort aufhalten, diejenigen Menschen herauszufiltern, die ein Drogenkurier sein könnten. Woran erkennt man einen Drogenkurier? Ein Drogenkurier fliegt mit einem Koffer voller Geld nach Los Angeles, um dann mit einem Koffer voller Drogen wieder abzureisen. Eines Abends kam ein Flugzeug aus New York an, Hunderte Personen kamen durch das Gate, darunter eine Frau, die aussah wie jede andere. Ihre Augen trafen sich mit Dans Augen. In diesem Moment wussten beide, was das Geschäft des anderen ist und hatten beide Recht. Nach einigen Minuten war die Frau verhaftet, man fand 200.000 Dollar in ihrem Koffer und sie gestand. Ich habe Dan interviewt und gefragt: „Woher wussten Sie, dass es diese Frau ist und nicht einer von den anderen Passagieren?" Er sagte: „Ich kann es nicht sagen, ich weiß es selbst nicht. Ich sehe nur, dass da etwas nicht stimmt mit der Person." Das Einzige, was er mir sagen konnte, ist, dass er nach jemandem Ausschau hält, der nach ihm Ausschau hält.

Also hier haben wir die Definition von Intuition. „Eine Intuition ist gefühltes Wissen, das rasch im Bewusstsein auftaucht, dessen tiefere Gründe uns nicht bewusst sind, das aber stark genug ist, um danach zu handeln. Zugleich hat unsere Gesellschaft oft Probleme mit Intuition." (vgl. veoh.com).

Gerade die westliche Gesellschaft ist geprägt von einer Vorliebe für alles rational Begründbare, für empirisch nachgewiesene Erkenntnisse und logisches Denken. Doch die Schwäche des Rationalen liegt in seiner kapazitären Beschränktheit. Menschen sind in der Lage, bewusst gerade mal 60 Bits zu verarbeiten, während es unbewusst 11 Millionen sind. Der bewusste Verstand hat einen deutlich begrenzteren Arbeitsspeicher als unser Unbewusstes. Da in der heutigen Zeit schnelle Entscheidungen gefordert sind, wäre es recht unklug, vor einer Entscheidung lange zu grübeln. Komme ich ins Grübeln, ist dies auch ein gutes Zeichen dafür, dass ich die Entscheidung nicht vor dem Hintergrund bewusster Informationen treffen kann. Wir alle kennen das. Kleine Entscheidungen treffen wir mehrmals jeden Tag, z. B. ob wir am Morgen Kaffee oder Tee trinken, Müsli oder Brot essen, welche Krawatte wir auswählen, welche Schuhe wir anziehen, ob wir das Auto oder die Bahn nehmen usw. Mit größeren Entscheidungen tun wir uns in der Regel schwerer. Es kann uns regelrecht zur Verzweiflung bringen, wenn wir nicht wissen, ob wir dem Ruf an eine andere Universität folgen sollen oder lieber hierbleiben, ob wir ins Grüne umziehen wollen oder lieber in der Stadt wohnen bleiben, auf welche Schule unsere Kinder gehen sollen, selbst die Entscheidung, wohin wir in Urlaub fahren sollen, kann uns einige Tage in ihren Bann ziehen. Doch gerade bei diesen „großen" Entscheidungen wäre es so nützlich, unser Erfahrungswissen für uns arbeiten zu lassen. Statt lange zu grübeln, sollten wir lieber etwas anderes tun und uns von dieser Entscheidung ablenken. So kann unser unbewusstes Wissen die Entscheidung treffen und uns Signale senden, z. B. über ein gutes oder ungutes Bauchgefühl, wenn wir an das eine oder andere denken. So kann es passieren, dass sich uns bei dem Gedanken, den Wohnort zu wechseln, förmlich der Magen umdreht – und das, obwohl rational (eigentlich) alles dafür spräche. Wir müssten uns natürlich die Chance geben, diese Signale auch wahrzunehmen. Dazu ist es unbedingt nötig, sich zur Reflexion zurückzuziehen. Und einen Moment innezuhalten. Meine Yogalehrerin Anna Trökes erzählte uns von einer ihrer Schülerinnen, die einmal gesagt hat: „Innehalten gibt dem Inneren Halt". Und wer ein weniger esoterisches Beispiel hören möchte: Bill Gates, Microsoft-Gründer, zieht sich zweimal pro Jahr in eine spartanische Waldhütte zurück, um dort zu sich zu kommen. Seiner Meinung nach stärkt man seine Intuition, indem man näher bei sich selbst ist. Und dazu sei es eben nötig, sich zurückzuziehen. Das empfiehlt er jedem Manager (van Bahren und Bajic 2011).

Für die Beratungsarbeit heißt das, dass sich alle Bemühungen, Entscheidungen anhand von Zahlen, Daten und Fakten zu begründen, vor dem Hintergrund der Erkenntnisse über Intuition stark in Frage stellen lassen. Doch weil viele Entscheider in der Wirtschaft nach wie vor der Meinung sind, dass sich gute Entscheidungen von schlechten dadurch unterscheiden, dass sie rational begründbar sind, kommt es zu Bergen von Papier, endlosen Powerpointpräsentationen. Letztlich begründet sich darin das Geschäftsmodell der meisten Unternehmensberatungen, die für Unsummen von Budget diese Berge an Papier produzieren. Positiv gesehen werden dadurch viele Arbeitsplätze geschaffen.

Führung für Zukunftsgestalter – Leadership Branding beim Softwareunternehmen DATEV eG

6

6.1 Führung für Zukunftsgestalter

Ich kann mich noch sehr gut an das erste Telefonat mit Christian Kaiser, Leiter der Personalstrategie bei DATEV, im Jahr 2008 erinnern. Lebendig schilderte er mir, dass er die Aufgabe habe, DATEV als attraktiven Arbeitgeber zu positionieren. Allerdings gäbe es im Unternehmen noch kein gemeinsames Verständnis über die besondere Identität des Arbeitgebers. Zwei Jahre zuvor war die Unternehmensmarke DATEV unter Einbeziehung aller Mitarbeiter entwickelt worden. Das Anliegen, DATEV zu einem bekannteren und attraktiveren Arbeitgeber zu machen, war dabei noch nicht ausreichend mitgedacht worden: „Wir hätten damals die Chance gehabt, das Thema Arbeitgeberpositionierung bei der Markenentwicklung stärker zum Thema zu machen, haben uns aber damals auf Verhaltensleitlinien als kulturprägendes Element konzentriert. Ich war damals selbst noch nicht so weit in meinem Verständnis von Arbeitgebermarke, dass ich verstanden hätte, welches Potenzial in der Unternehmensmarke DATEV für den internen und externen Arbeitsmarkt steckt. Jetzt weiß ich, dass in ‚Zukunft gestalten. Gemeinsam‘ so viele Anteile unserer Identität als Arbeitgeber stecken, dass ich es gar nicht mehr anders haben möchte", so Christian Kaiser heute.

> **Kurzportrait DATEV eG**
>
> Die DATEV eG, Nürnberg, ist ein Softwarehaus und ein IT-Dienstleister für Steuerberater, Wirtschaftsprüfer und Rechtsanwälte sowie deren Mandanten. Über den Kreis der Mitglieder hinaus zählen auch Unternehmen, Kommunen, Vereine und Institutionen zu den Kunden. Das Leistungsspektrum umfasst vor allem die Bereiche Rechnungswesen, Personalwirtschaft, betriebswirtschaftliche Beratung, Steu-

C. Grubendorfer, *Leadership Branding*, DOI 10.1007/978-3-8349-3706-3_6,
© Gabler Verlag | Springer Fachmedien Wiesbaden GmbH 2012

ern, Enterprise Resource Planning (ERP) sowie Organisation und Planung. Die 1966 gegründete DATEV zählt zu den größten Informationsdienstleistern und Softwarehäusern in Europa. So belegt das Unternehmen beispielsweise im bekannten Lünendonk-Ranking Platz Vier in der Kategorie Softwarehäuser (gelistet nach Umsatz in Deutschland). DATEV hat derzeit 5900 Mitarbeiter und ca. 40.000 Mitglieder. 2010 lag der Umsatz bei fast 700 Mio. Euro.

Die DATEV eG ist seit Jahren erfolgreich mit Software für Steuerberater, Rechtsanwälte und Unternehmen. Millionen von Arbeitnehmern in Deutschland kennen DATEV durch ihre Gehaltsabrechnungen. Große Dynamik prägt das Marktumfeld von DATEV. Neue Technologien, häufige Änderungen in den Anforderungen an die Produkte (z. B. durch Änderungen im Steuerrecht) und ein wachsender Wettbewerb um qualifizierte Mitarbeiter erfordern einen kontinuierlichen Wandel im Unternehmen. Jedoch haben gerade Beständigkeit und Zuverlässigkeit DATEV so erfolgreich gemacht – bei Kunden und Mitgliedern, die höchsten Wert legen auf Sicherheit und Fehlerfreiheit. Diese Situation findet ihren Niederschlag im Claim der Unternehmensmarke „Zukunft gestalten. Gemeinsam". Er drückt das Versprechen der Marke DATEV aus, ihre Geschäftspartner mit erstklassigen, zukunftsorientierten Lösungen auf dem Weg zu ihrem Erfolg zu unterstützen. Es geht für DATEV darum, mit Weitblick in die Zukunft zu schauen und diese Erkenntnisse dann in konkreten Lösungen anwendbar zumachen. Gestalten heißt für DATEV, der Zukunft eine praktikable Form zu geben.

Wie kann dieses große Versprechen der Marke an DATEV Mitglieder und Mandanten jeden Tag eingehalten werden? Auf jeden Fall nur dann, wenn die Führungskräfte diese Idee verinnerlichen, sich selbst als Gestalter verstehen und ihre Mitarbeiter zu Gestaltern machen. Denn in ihrem komplexen, dynamischen Marktumfeld wird DATEV vor allem dann erfolgreich sein, wenn sich alle DATEV Mitarbeiter als Zukunftsgestalter verstehen und auch wissen, was dies im täglichen Tun bedeutet. Die Gestaltungsspielräume machen DATEV zudem zu einem attraktiven Arbeitgeber und sind deswegen ein zentrales Element der Arbeitgebermarke. So können bestehende Mitarbeiter gebunden und neue Fach- und Führungskräfte gewonnen werden. Für die Glaubwürdigkeit des Arbeitgebers ist es essenziell, dass Führungskräfte und Mitarbeiter die Versprechen der Arbeitgebermarke halten und Gestaltungsspielräume im Arbeitsalltag für alle Mitarbeiter ermöglichen.

Die Brücke zwischen Marke und Führung hat DATEV mit Leadership Branding geschlagen. Wir haben DATEV dabei begleitet, die zentrale Idee der Marke in ein spezifisches Führungsverständnis zu übersetzen. Dabei wurde Wert darauf gelegt, die Entwicklung des markenspezifischen Führungsverständnisses in einen Organisationsentwicklungsprozess einzubetten. Die Führungskräfte des Softwareunternehmens können sich nun an einer kompakten Faustformel orientieren, die den Geist der Marke für ihr Wirkungsfeld zuspitzt: „Souverän gestalten, gestalten lassen und Gestaltung einfordern". Ergänzend wurden aus diesem Führungsverständnis markenspezifische Führungsattribute abgeleitet, die deutlich machen, welche Erwartungen an das Verhalten von Führungskräften bestehen (siehe Abb. 6.1). DATEV hat einen mutigen Schritt vollzogen: Die Unternehmensmarke wurde zum zentralen Orientierungspunkt für Führung.

6.2 Zehn Schritte zum markenspezifischen Führungsverständnis

Von Sommer 2009 bis Mitte 2010 ist DATEV gemeinsam mit dem Beratungsunternehmen LEA Leadership Equity Association wesentliche Schritte hin zu einem markenspezifischen Führungsverständnis gegangen, das die Lücke zwischen Unternehmensmarke und Führung geschlossen hat. In einem Jahr wurden die Weichen für die kontinuierliche Integration dieses Führungsverständnisses in das operative Geschäft von DATEV gestellt. Seitdem läuft die konsequente Implementierung des Führungsverständnisses in alle Geschäfts- und Personalprozesse. Am Beispiel DATEV werden die zehn Schritte zu einem markenspezifischen Führungsverständnis dargestellt:

1. Ein abteilungsübergreifendes Mandat etablieren
   Für den Projekterfolg ist es wesentlich, dass zentrale Akteure aus Personalstrategie, Führungskräfteentwicklung und Marketing/Kommunikation das Thema Leadership Branding gemeinsam anpacken wollen. Dies ist bei DATEV durch entsprechende Vorbereitung des Projektes gelungen.
2. Top-Management-Attention sichern
   Das Thema, Führung zu hinterfragen, ist so zentral für eine Organisation, dass der Vorstand und die Geschäftsleitung eingebunden werden dürfen. Starken Rückenwind bekam das Vorhaben bei DATEV anfangs durch Personalvorstand Jörg Rabe von Pappenheim, der davon überzeugt ist, dass in der Führung heute noch die größten Produktivitätsreserven für ein Unternehmen stecken. Nach und nach wurden alle Mitglieder der Geschäftsleitung und der gesamte Vorstand einbezogen und für das Vorhaben gewonnen, Marke und Führung besser aufeinander abzustimmen.
3. Den aktuellen Standort bestimmen
   LEA hat eine Bestandsanalyse der Führungskultur und Führungsqualität bei DATEV durchgeführt. Bestehende Analysen (Mitarbeiterbefragungen, Praktikantenbefragungen etc.) und Interviews mit Managern und Fokusgruppen haben die wesentlichen Charakteristika des aktuellen Führungsstils und der Führungskräfteentwicklung beschrieben. Dabei wurde das bei der Markenentwicklung etablierte Gremium ‚Markenkomitee‘ intensiv eingebunden. Dadurch gab es im Prozess von Anfang an eine stellvertretende Beteiligung aller Unternehmensbereiche.
4. Promotoren einbinden
   Um ein möglichst valides Analyseergebnis sicherzustellen, wurden die Ergebnisse der Interviews und Gruppen nachvollziehbar aufbereitet und Hypothesen daraus abgeleitet. Beides wurde einer Gruppe von ca. 20 Promotoren vorgestellt, die einerseits ausgewählt wurden, um in ihrer Person im Unternehmen für Kommunikation über Ziele und Er-

Abb. 6.1 Das markenspezifische Führungsverständnis bei DATEV (Quelle: DATEV eG)

gebnisse des Leadership Branding Projekts zu sorgen, und andererseits über die bisher in die Analyse einbezogenen Personen, um die Ergebnisse zu bewerten, zu ergänzen und zu priorisieren.

5. Eine Entwicklungsrichtung festlegen

   Mit Blick auf die Unternehmensmarke, Unternehmensstrategie und neue Entwicklungschancen, die sich in der Bestandsanalyse gezeigt haben, wurde ein Korridor definiert, in dem Führung bei DATEV stattfinden sollte, um DATEV auch in Zukunft wettbewerbsfähig zu machen und die Unternehmensmarke optimal zu unterstützen. Innerhalb dieses Korridors wurden vier Optionen für ein markenspezifisches Führungsverständnis entwickelt und ihre Konsequenzen für die Organisationsentwicklung beleuchtet. Die Optionen lagen unterschiedlich weit von der aktuellen Führungskultur entfernt.

6. Auf den Punkt bringen

   Abgeleitet von der Marke und mit Blick auf den Zielkorridor wurde das markenspezifische Führungsverständnis von DATEV in einem kurzen und prägnanten Statement auf den Punkt gebracht: „Souverän gestalten, gestalten lassen und Gestaltung einfordern".

7. Benennung von Führungsattributen

   Aus diesem Führungsverständnis wurde ein Set von Führungsattributen abgeleitet, mit dessen Hilfe DATEV-Führungskräfte im Sinne ihrer Marke führen. Diese Attribute sind nicht im Sinne eines Kompetenzmodells zu verstehen. Sie beschreiben, was es braucht, um das Führungsverständnis umzusetzen: „mutig", „direkt", „souverän", „pragmatisch", „weitblickend" und „fordernd" sein.

8. Kommunikation und Erlebnisse schaffen

   Der Vorstandsvorsitzende von DATEV hat das markenspezifische Führungsverständnis und die Führungsattribute auf einer Führungskräfteversammlung allen Führungskräften vorgestellt. Danach wurde ein Aktionsplan erstellt, um das markenspezifische Führungsverständnis über verschiedene Maßnahmen, z. B. „Führungswerkstätten" für Führungskräfte aller Ebenen, erlebbar zu machen.

9. Integration in Instrumente des Personalbereiches

   Die konkrete Implementierung findet in verschiedenen Bereichen statt. So werden z. B. die Führungsattribute in die Instrumente der Führungskräfteentwicklung und -auswahl integriert.

10. Erfolgsmessung

    Im Winter 2011 wurden 351 Führungskräfte bei DATEV mittels Online-Fragebogen zum Führungsverständnis gefragt. Die Messung zeigte durchschlagenden Erfolg der erfolgten Maßnahmen. Auf die Frage „Kennen Sie das ‚DATEV-Führungsverständnis' – Souverän gestalten, gestalten lassen und Gestaltung einfordern?" antworteten 97,4 % mit „Ja". Beispielsweise erzielte die Frage „Ich identifiziere mich mit dem Führungsverständnis" auf einer Skala von 1 (trifft voll und ganz zu) bis 6 (trifft überhaupt nicht zu) im Durchschnitt eine 1,56. Perspektivisch werden ab 2012 kontinuierliche Mitarbeiterbefragungen evaluieren, ob das markenspezifische Führungsverständnis tatsächlich gelebt wird.

6.3   Interview mit Christian Kaiser, Leiter Personalstrategie und Arbeitgebermarke bei DATEV

Beispiel

CG: Herr Kaiser, ich freue mich, dass Sie die Zeit finden für dieses Interview. Was haben Marke und Führung miteinander zu tun?

CK: Die Rolle der Führungskräfte bei der Orientierung der Mitarbeiter über die Marke und damit über die Unternehmensstrategie ist zentral. Wenn es gelingt, Markenwerte in das Bewusstsein und in das Handeln von Führungskräften zu bringen, ist dies ein starker Hebel für die Umsetzung der Markenwerte auch bei den Mitarbeitern. Und das brauchen wir für den Unternehmenserfolg. Bekommen Mitarbeiter von ihren Führungskräften andere Signale, als es für die Stärkung der Marke notwendig wäre, dann führt dies mindestens zu Irritationen. Als Leuchttürme der Marke sind daher Führungskräfte die wichtigste und zuerst zu berücksichtigende Zielgruppe, wenn es um die interne und externe Markenführung geht.

CG: Sie haben im Jahr 2009 die Initialzündung für Leadership Branding bei DATEV gegeben. Was halten Sie heute von Leadership Branding?

CK: In der konkreten Arbeit mit meinen Kollegen erlebe ich Anzeichen dafür, dass die Orientierung, die wir mit dem Organisationsentwicklungsprozess Leadership Branding angestoßen haben, schon wirkt. Das gemeinsame Fokussieren auf markenrelevante Kulturaspekte setzt neue Energien bei allen Führungskräften frei. Marke ist ein fragiles Gut und macht ein ständiges Ausrichten der Führung auf die Marke notwendig. Marke ist nie „fertig", wir dürfen uns nicht auf Erfolgen ausruhen. Leadership Branding hilft dabei, bei den Führungskräften aller Bereiche und mittelbar dadurch auch bei den Mitarbeitern die Konzentration auf die Markenwerte im Tagesgeschäft sicherzustellen. Ich verstehe die Idee des Leadership Branding immer besser und wusste anfangs noch nicht, was dadurch alles erreicht werden kann.

CG: Leadership Branding soll bei DATEV die Lücke zwischen Unternehmensmarke und Führung schließen – durch die Entwicklung eines markenspezifischen Führungsverständnisses. Wie gut ist DATEV auf dem Weg zu einem gemeinsamen Führungsverständnis?

CK: Wir haben in den letzten zwölf Monaten 50 % der Führungskräfte aller Hierarchieebenen in intensiven zweitägigen Workshops mit dem erarbeiteten, markenspezifischen Führungsverständnis in die Auseinandersetzung gebracht. Die Diskussionen im Rahmen dieser Workshops haben die erarbeitete Positionierung, also das Führungsverständnis, positiv bestätigt. Noch wichtiger aber war der dadurch angeregte, bereichsübergreifende Austausch zwischen den Führungskräften und das gemeinsame Erarbeiten von Zukunftsbildern für Führung bei DATEV. Die Veranstaltungen erzeugten einen besonderen Spirit: Es war Zeit, das Thema Führung offen zu besprechen und uns gemeinsam abzustimmen. Die Orientierung an der Marke hat geholfen, über Führung wertschätzend zu diskutieren.

CG: Herr Kaiser, wenn Sie heute auf alle Entwicklungen und Veränderungen bei DATEV blicken, die sich durch Leadership Branding ergeben haben, wie würden Sie diese beschreiben?

CK: Das Projekt hat es geschafft, das Thema Marke und ihre Entwicklung in den Fokus der Aufmerksamkeit unserer Führungskräfte zu bringen. Die sprachliche Gestaltung des Führungsverständnisses hat einige zwar zunächst irritiert, aber in der Auseinandersetzung einen neuen Zugang zur eigenen Führungsrolle geschaffen. Wie halten wir Markenversprechen gegenüber Kunden ein, aber auch gegenüber Mitarbeitern oder Bewerbern? Das ist jetzt viel klarer. Der Personalbereich hat im Rahmen des Leadership Branding Projekts alle HR-Werkzeuge und Produkte überprüft und im Hinblick auf das markenspezifische Führungsverständnis geschärft und neu positioniert.

CG: Führungskräfte sind ja sehr unterschiedlich, gab es denn auch spürbaren Widerstand gegen ein gemeinsames Führungsverständnis?

CK: Der Gedanke, dass Führung sich an der Marke orientieren sollte, war am Anfang für uns schon sehr ungewohnt. Es gab in unserem Projektteam durchaus die Befürchtung, dass unser Führungsstil in ein Korsett gezwängt werden soll, das uns zu sehr einengt. Mittlerweile sehen wir vor allem die Vorteile, die es hat, wenn wir unsere Marke als Orientierungshilfe für unsere Führungsarbeit nutzbar machen. Marke hilft uns, die Aufmerksamkeit auf das Wesentliche zu konzentrieren, jeder macht das natürlich immer noch auf seine ganz individuelle Art und Weise.

CG: Wie haben Sie bei Ihren Kollegen Akzeptanz für Leadership Branding geschaffen?

CK: Das gemeinsam mit LEA entwickelte Vorgehen hat von Beginn an eine große Zahl von Akteuren in unserem Unternehmen mit einbezogen. So haben wir kontinuierlich eine große Sichtbarkeit geschaffen und bei Kollegen in allen Führungspositionen eine starke Mitmachbereitschaften ermöglicht. Ich freue mich, wie viel Energie wir so in unserm Unternehmen für den Prozess gewinnen konnten. Für uns war es außerdem ein großes Aha-Erlebnis, wie LEA unsere Unternehmens- und Führungskultur mit dem Blick von außen an uns zurück gespiegelt hat. Wir haben uns verstanden und wertgeschätzt gefühlt – auch in den Punkten, die wir in Zukunft verändern möchten.

CG: Was hat Ihnen in diesem Projekt besondere Freude bereitet?

CK: Mich begeistert die abteilungsübergreifende Zusammenarbeit in diesem Projekt. Bereits in der Vergangenheit haben die Bereiche Marketing und Personal gemeinsam an der internen und externen Umsetzung der Marke DATEV gearbeitet. Die starke, konzeptionelle Verbindung von Marke, Unternehmenskultur und Führung im Ansatz von LEA offenbarte noch mehr Schnittstellen zwischen unseren Disziplinen. Im Projekt und auch in der anschließenden Implementierung der Ergebnisse arbeiten wir viel und gerne zusammen und inspirieren uns gegenseitig.

CG: Welche Bedeutung spielt Marke heute für Sie als Personalstratege?

CK: Durch die oben beschriebene Ausrichtung ist es gelungen, die Aktivitäten des Personalbereichs über alle Zielgruppen ebenfalls auf die Marke DATEV zu fokussieren und internen und externen Beteiligten (Agenturen, Trainern) eine eindeutige Zielsetzung für deren Aufgaben zu vermitteln. Die Führungskräfte haben in den Workshops zum Führungsverständnis gemeinsam Vorstellungen vom Arbeiten und Führen im Unternehmen in der Zukunft erarbeitet. Damit haben wir für die Personalstrategie eine tolle Grundlage für zukünftige Schwerpunktsetzungen. Wir können bei strategischen Themen wie z. B. Arbeitszeit, Potentialentwicklung und Organisationsformen auf die gemeinsam erarbeiteten Zukunftseinschätzungen zurückgreifen. Nach den zwei Jahren ist es nicht übertrieben, wenn wir z. B. von einer markenorientierten Personalentwicklung sprechen. Dies wird auch dadurch deutlich, dass wir jetzt bei der weiteren Implementierung alle Mitarbeiter ansprechen und auch dort die Idee der Teilhabe und Verantwortung für die Marke intensiver vermitteln werden.

CG: Herr Kaiser, ich bin mir sicher, dass Ihre Erfahrungen wertvoll sind für Kolleginnen und Kollegen in anderen Unternehmen. Darf man sich an Sie wenden?

CK: Ich bin gerne an einem unternehmensübergreifenden Austausch interessiert.

Das Interview mit Christian Kaiser (CK) führte ich Mitte November 2011.

6.4   Wie Leadership Branding bei DATEV wirksam wurde

Das markenspezifische Führungsverständnis ist kein eindeutig definiertes Regelwerk und soll es auch nicht sein. Es ist vielmehr eine Faustformel, die sich auf die grundsätzliche Haltung der Führungskräfte in ihrer tagtäglichen Arbeit auswirkt und eine Hilfestellung bei konkreten Entscheidungen bieten soll. Wenn z. B. ein Teamleiter im Umgang mit Vorgesetzten, anderen Teamleitern oder seinen Mitarbeitern mehrere Handlungsoptionen für sich sieht, sollte er diejenige Option wählen, mit er am ehesten „Souverän gestaltet, gestalten lässt und Gestaltung einfordert". Wie er dann letztendlich handelt, bleibt ihm in seiner Verantwortung als Führungskraft selbst überlassen. Damit wird sich Führung insgesamt im Unternehmen verändern und durch die Betonung des Themas Gestaltung für einen Schub von kraftvoller Aktivität aller Mitarbeiter sorgen.

6.4.1   Erlebnisräume schaffen

Alle Führungskräfte, besonders die nicht direkt am Entwicklungsprozess beteiligten, brauchen einen Raum, sich mit dem markenspezifischen Führungsverständnis auseinanderzusetzen, um es zu verstehen, zu verinnerlichen und kritisch zu diskutieren. Bei DATEV wurden deshalb ab 2010 bereichs- und hierarchieübergreifend „Führungswerkstätten" angeboten – zweitägige Workshops für jeweils 24 Führungskräfte. Dabei war die Teilnahme freiwillig. Eingeladen wurden aber alle Führungskräfte – wer sich zuerst anmeldete, bekam auch zuerst die Chance, an einer Führungswerkstatt teilzunehmen. So entstand eine große Sogwirkung im Unternehmen. Nach der Pilotierung entschied sich DATEV, zunächst fünf

Das Angebot im Überblick

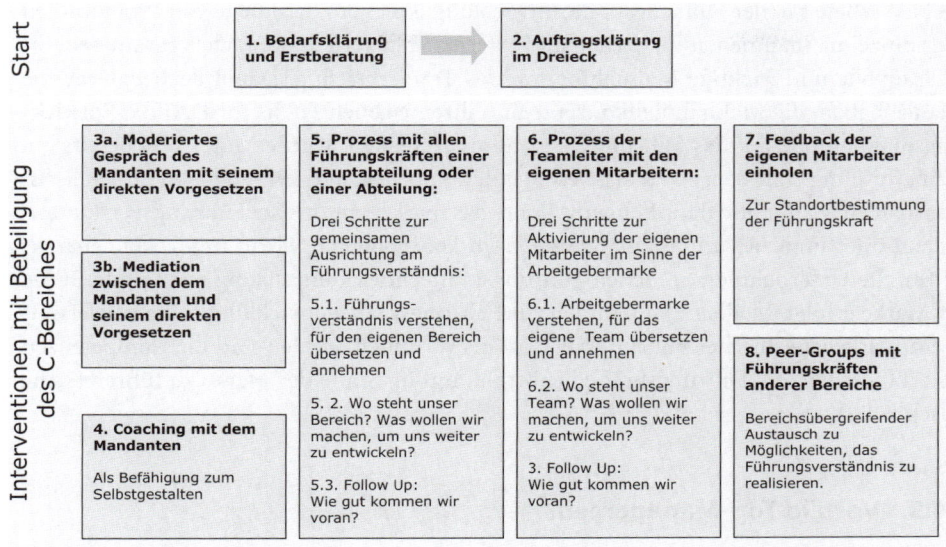

Abb. 6.2 Modulares Angebot zur Implementierung des markenspezifischen Führungsverständnisses bei DATEV (Quelle: DATEV eG)

solcher Workshops anzubieten. Aus fünf wurden 10, dann 15 und schließlich die Entscheidung, so viele Werkstätten anzubieten, bis sich keiner mehr anmeldet. Das wird gegen Ende 2012 wohl der Fall sein, weil dann alle ca. 600 Führungskräfte an einer Werkstatt teilgenommen haben werden. Als Follow-up zur Führungswerkstatt sind Großgruppenveranstaltungen angedacht, die Raum bieten würden, sich über die Erfahrungen und Erlebnisse mit dem neuen Führungsverständnis auseinanderzusetzen, aber auch Handlungsfelder rund um das Thema Führung in der Organisation DATEV zu benennen und Lösungen zu erarbeiten.

Nachdem die ersten 100 Führungskräfte an einer Werkstatt teilgenommen hatten, richteten sich einige Teilnehmer fragend an den Personalbereich, wie sie denn nun mit ihren Mitarbeitern zu diesem Thema ins Gespräch kommen könnten. DATEV entwickelte daraufhin zusammen mit LEA ein modulares Angebot zur weiteren Implementierung des Führungsverständnisses mit mehreren Bausteinen, das Abb. 6.2 im Überblick zeigt.

6.4.2   In die Führungskräfteentwicklung integrieren

DATEV arbeitet in der Führungskräfteentwicklung, sei es auf der Ebene von Programmen oder Einzelmaßnahmen, mit internen und externen Trainern und Coaches zusammen. Eine kraftvolle und wichtige Maßnahme war das Trainerbriefing. Damit auch Externe die Chance haben, die Maßnahmenkonzepte und ihren eigenen Fokus für DATEV Entwicklungsmaßnahmen auf das Führungsverständnis zu lenken, wurde Mitte 2009 bereits ein Trainerbriefing erarbeitet sowie alle bestehenden Konzepte und Leitfäden überarbeitet, sodass in allen Maßnahmen für Führungskräfte das markenspezifische Führungsverständnis explizit oder implizit zum Thema wurde – ein konsequenter Schritt mit Vorbildcharakter für alle Unternehmen, in denen Führungskräfteentwicklung häufig noch ohne Bezug zur Marke erfolgt. In allen Maßnahmen zur Führungskräfteentwicklung sollte idealerweise ein markenspezifisches Führungsverständnis vermittelt werden und die Kompetenzen gestärkt werden, die Führungskräfte benötigen, um im Sinne der Marke zu führen (siehe Abschn. 4.8).

6.4.3   Vorbild Top-Management

Selbstverständlich sollte das Top-Management ein markenspezifisches Führungsverständnis selbst glaubwürdig vorleben. Der DATEV-Vorstand und der erweiterte Geschäftsleitungskreis waren bereits stark in die Entwicklung und Entscheidung für das neue Führungsverständnis einbezogen. Das Bewusstsein für die eigene Vorbildrolle wurde so geschaffen und war für die Vorstände zudem ein willkommener Anlass, nochmal selbst in die Abstimmung wichtiger Positionen zum Thema Führung zu gehen. Prof. Dieter Kempf, Vorstandsvorsitzender der DATEV, nahm sich der Verkündung des neuen Führungsverständnisses persönlich an und nutzte dazu die Bühne der im Sommer 2009 stattgefundenen Managementinfo, einer zweimal im Jahr durchgeführten Informationsveranstaltung der DATEV für alle Führungskräfte. Dort unterstrich er die Wichtigkeit eines markenspezifischen Führungsverständnisses für die Zukunft der DATEV und lud alle Führungskräfte zur Beschäftigung mit diesem Führungsverständnis ein. Im Winter 2009 trafen sich die Vorstände zu einer Vorstands-Führungswerkstatt und beschäftigten sich dort intensiv selbst mit dem Führungsverständnis und ihrer Rolle im weiteren Implementierungsprozess. Dort fiel auch die Entscheidung, dass sie an den für alle Führungskräfte geplanten Führungswerkstätten selbst teilnehmen wollen, um in Kaminrunden mit den Führungskräften darüber in die Diskussion zu gehen und Rede und Antwort zu stehen. Aktuell plant DATEV weitere Maßnahmen mit dem Vorstand, da die Wichtigkeit von Leadership Branding nun allen bewusst ist und plötzlich Dinge im Miteinander möglich werden, die vorher gar nicht denkbar gewesen sind.

6.4.4   Kontinuierlich im Unternehmen kommunizieren

Die Faustformel „Souverän gestalten, gestalten lassen und Gestaltung einfordern" sollte überall dort präsent sein, wo es bei DATEV um Führung geht. Und das ist eigentlich immer der Fall. Um die interne Markenkommunikation zu unterstützen, hat DATEV einen Markenraum entwickelt, der die Marke DATEV sowie das neue Führungsverständnis erlebbar macht. Auch wurde eine animierte Filmpräsentation zum Führungsverständnis entwickelt, sodass es ein Medium gibt, das jederzeit eingesetzt werden kann, wenn sich Menschen zum Diskurs über das Führungsverständnis zusammenfinden.

6.4.5   Personalarbeit im Sinne der Marke

Führung im Sinne der Marke sollte bei der Beurteilung von Führungsleistung und auch in ihrer Gratifikation eine Rolle spielen. So stellt DATEV aktuell das Mitarbeitergespräch auf den Prüfstand, führt 2012 ein 360-Grad-Feedback für Führungskräfte ein, evaluiert das Führungsverständnis im Rahmen einer Mitarbeiterbefragung, entwickelte ein dazu passendes Unternehmensziel und vieles mehr. DATEV ist Pionier auf dem Gebiet der markenorientierten Personalarbeit. Im Leadership Branding Projekt spielte die Marke selbstverständlich eine große Rolle. Umsetzbar und anschlussfähig wurden die Maßnahmen durch ein der systemischen Organisationsberatung folgenden Beratungsverständnis (vgl. auch Abschn. 2.6).

6.5 Fazit

Leadership Branding verbindet das Beste aus zwei Welten: Markenorientierung meint die Kunst, sich auf das Wesentliche zu konzentrieren, prägnant zu formulieren und für konsistente Wiederholung zu sorgen – alles Prämissen für eine starke Marke. Darüber hinaus hilft die Anwendung der Prinzipien der systemischen Organisationsentwicklung dabei, Ideen aus der Organisation heraus zu entwickeln und bei allen Beteiligten anschlussfähig zu machen. Tabelle 6.1 veranschaulicht, was Markenorientierung und systemische Organisationsberatung zu einem erfolgreichen Leadership Branding Projekt beitragen. Auch bei DATEV machte die Kombination aus Markenorientierung und systemischer Organisationsentwicklung das Projekt erfolgreich.

Tab. 6.1 Leadership Branding verbindet Markenorientierung mit Organisationsentwicklung (eigene Darstellung)

Markenorientierung	Systemische Organisationsentwicklung
Ausführliche Bestandsanalyse bestimmt das IST und SOLL für die Passung von Marke und Führung bei DATEV	Voraussetzung für Projektstart: Commitment des Top-Managements und der beteiligten Bereiche, sich mit dem sensiblen Thema Führung zu beschäftigen
Transparente Ableitung von Optionen für ein markenspezifisches Führungsverständnis bei DATEV	Abteilungsübergreifendes Projektteam aus Personal und Marketing und Integration wichtiger Akteure im Unternehmen, die das Projekt und seine Ergebnisse im laufenden Prozess in das Unternehmen tragen
Strategische Richtungsentscheidung: Wie weit wollen wir uns vom IST zum SOLL bewegen?	Analyse durch Beobachtung der Kommunikation zwischen den Führungskräften und Kommunikation über Führung bei DATEV
Fokussierung auf eine zentrale Idee („Gestalten") und dabei die Marke durch Implikationen für das operative Führungsgeschäft greifbar machen	Stetige Validierungs- und Abstimmungsschleifen, um Zustimmung aller wichtigen Akteure zu den zentralen Ergebnissen zu erzeugen
Umsetzung der Idee in eine prägnante Formulierung	Blick auf die Kommunikation über das Projekt
Formulierung von Kernbotschaften und eines Kommunikationskonzepts	Permanentes Feedback von außen auf den Projektfortschritt und die wahrnehmbaren Dynamiken

Anhang

7.1 Alle Thesen und Definitionen zum Leadership Branding im Überblick

1. Führung und Marke stärken sich gegenseitig: Führung wird durch Orientierung an der Marke produktiv. Marke wird durch markenspezifische Führung stark.
2. Beim Leadership Branding geht es um alle Führungskräfte eines Unternehmens.
3. Die Passung zwischen der Positionierung des Unternehmens und dem Selbstverständnis einzelner Manager ist erfolgskritisch für ein Unternehmen.
4. Führungskräfte werden durch Leadership Branding zu Sinnstiftern.
5. Es wird von „Leadership Branding" statt „Leadership Brand" gesprochen, weil es sich hierbei nicht um den Aufbau einer eigenen Marke handelt, sondern um den Synchronisationsprozess zwischen der Corporate Brand und der Führung.
6. Beim Leadership Branding geht es nicht um die Entwicklung eines Leitbilds, sondern um die Fokussierung der Führungskräfte auf einen gemeinsamen Kern – so wie es eine gute Markenpositionierung vormacht.
7. Durch Leadership Branding wird ein innovativer Anspruch an Führungsqualität formuliert. Durch die Orientierung an der Marke bekommt Führung ein neues Qualitätskriterium und kann angstfrei hinterfragt werden.
8. Unternehmen, die Marke und Führung in Einklang bringen, fallen positiv auf.
9. Leadership Branding ist ein Querschnittsthema und sollte in Unternehmen interdisziplinär angepackt werden.
10. Leadership Branding stützt sich auf den identitätsbasierten Ansatz der Markenentwicklung.
11. Leadership Branding schließt die Lücke zwischen Marke und Führung durch die Entwicklung eines markenspezifischen Führungsverständnisses.
12. Leadership Branding geht über Internal Branding und markenorientierte Führung hinaus, da es ein normativ-strategischer Prozess ist.

C. Grubendorfer, *Leadership Branding*, DOI 10.1007/978-3-8349-3706-3_7,
© Gabler Verlag | Springer Fachmedien Wiesbaden GmbH 2012

13. Leadership Branding unterstützt Führungskräfte dabei, authentisch zu sein.
14. Marke ist eine Intervention in ein System und damit eine Maßnahme zur Aufmerksamkeitsfokussierung.
15. Organisationen werden im Leadership Branding systemisch-markenorientiert betrachtet.
16. Leadership Branding folgt dem Gedanken des postheroischen Managements und will Führungskräften ein Instrument an die Hand geben, das ihnen hilft, Aufmerksamkeit zu fokussieren – die Marke.
17. Leadership Branding macht Führungskräfte zu Aufmerksamkeitsbeeinflussern.
18. Beim Leadership Branding geht es darum, gemeinsame Haltung zu zeigen. Deshalb sprechen wir von Führungsverständnis und nicht von Führungsstil.
19. Leadership Branding ist ein ungenutzter Werttreiber.
20. Leadership Branding möchte Führungskräften einen gemeinsamen Orientierungspunkt geben und dabei die Vielzahl an Botschaften verdichten und reduzieren.
21. Leadership Branding erweist sich als Weg, Führung zum Wertschöpfungsfaktor zu machen.
22. Arbeitgeberattraktivität entscheidet sich mit der Führung.

7.2 Standortbestimmung: Wie kann Ihr Unternehmen von Leadership Branding profitieren?

Durch Leadership Branding stärken sich Marke und Führung gegenseitig. Das kann viele Vorteile haben und mehrfachen Nutzen stiften. Welches Potenzial könnte Leadership Branding in Ihrem Unternehmen entfalten? Sie finden im folgenden Wirksamkeits-Barometer Fragen zu mehreren Bereichen, in denen Leadership Branding wirkt. Beantworten Sie diese Fragen für Ihre Organisation und erkennen Sie, was Leadership Branding in Ihrem Unternehmen bewirken könnte. Die Suchfelder des barometers werden in Kap. 4 ausführlich als Business Cases für Leadership Branding beschrieben.

1. Unternehmensstrategie umsetzen

	Ja	teilweise	Nein
Die Unternehmensstrategie wird von den Führungskräften noch nicht optimal umgesetzt.			
In unserem Unternehmen kursieren diverse Strategiepapiere, Handlungsleitlinien, Wertekataloge, Compliance Richtlinien etc.			
Diese „Leitlinien" haben effektiv jedoch nur geringe Relevanz für unser Handeln im operativen Geschäft.			
Wir haben keine definierte Unternehmensmarke, die als Instrument der strategischen Geschäftsführung eingesetzt wird.			
Für viele Führungskräfte der mittleren Ebene sind vor allem kurzfristige Zielvorgaben maßgeblich.			
Ein Zusammenhang zwischen der Unternehmensstrategie und dem allgemeinen Führungsverständnis in unserem Unternehmen ist mir nicht bewusst.			
Viele Führungskräfte vermitteln ihren Mitarbeitern nicht, was die Strategie des Unternehmens für ihre tagtägliche Arbeit bedeutet.			

2. Produktivität von Führung steigern

	Ja	teilweise	Nein
Führung ist bei uns eine „heilige Kuh". Über die Qualität von Führung wird bei uns wenig gesprochen.			
Unsere Führungskräfte haben kein gemeinsames Führungsverständnis. Alle machen mehr oder weniger ihr „eigenes Ding".			
Unseren Führungskräften ist nicht bewusst, wie wichtig ihre Rolle für die Vermittlung unserer Marke ist. Sie verstehen sich nicht als Markenbotschafter.			
In unserem Unternehmen werden Ressourcen verschwendet, weil die Führungskräfte verschiedener Bereiche auf unterschiedliche Dinge Wert legen.			
Unsere Führungskräfte vermitteln den Mitarbeitern nicht, worauf es in ihrer Arbeit wirklich ankommt und worauf sie sich konzentrieren sollen.			
Führungskräfte sind wahrscheinlich selber unsicher, wie sie ihre Ressourcen im Sinne des Unternehmens am produktivsten einsetzen.			

3. Markenkraft stärken (Corporate Branding)

	Ja	teilweise	Nein
Unser Unternehmen wurde bisher nicht als Marke positioniert.			
Unser Top-Management steht dem Thema Marke eher skeptisch gegenüber.			
Wir haben zwar eine Markenpositionierung, aber unsere Führungskultur ist nicht in deren Entwicklung eingeflossen.			
Zwischen unserer Marke und unserem Führungsverständnis gibt es keine direkte Verbindung.			
Wenn unsere Führungskräfte erläutern sollten, wofür unsere Marke steht, so könnten sie das wahrscheinlich nicht sagen.			
Je nachdem mit welcher Führungskraft man spricht, bekommt man ein anderes Bild davon, wofür unsere Marke steht.			
Marke spielt bei uns eine wichtige Rolle, doch unsere Führungskräfte stehen immer wieder vor Zielkonflikten, in denen sie sich zwischen Markenwerten und anderen Zielen, z. B. Absatzzielen, entscheiden müssen.			
Die Marke spielt bei uns höchstens eine untergeordnete Rolle. Das Top-Management orientiert sich in seinem Verhalten nicht an unserer Marke.			

4. Mitarbeiter zu Markenbotschaftern entwickeln

	Ja	teilweise	Nein
Mitarbeiter als Markenbotschafter? Es ist in unserem Unternehmen noch nicht angekommen, was das sein soll.			
Unsere Mitarbeiter mögen wohl rational verinnerlicht haben, wofür unsere Marke steht, aber so richtig emotional dafür „brennen"? – sicher nicht.			
Viele Mitarbeiter wissen zwar ungefähr, wofür unsere Marke steht, doch sie erkennen nicht, was das für ihr tägliches Handeln konkret bedeutet.			
Die direkten Vorgesetzten geben ihren Mitarbeitern wenig Orientierung, worauf es wirklich ankommt, wenn man für unsere Marke arbeitet.			
Vielen Mitarbeitern fällt es schwer, im Sinne unserer Marke aufzutreten, da ihre Vorgesetzten das auch nicht tun.			
In der Regel wird Verhalten im Sinne der Marke durch die direkten Vorgesetzten nicht gezielt gefördert oder belohnt.			

5. Krisen bewältigen

	Ja	teilweise	Nein
Natürlich haben wir auch eine Unternehmenskultur, aber die ist sicherlich in vielen Teilen unserer Organisation ganz verschieden.			
Wir haben eher eine schwache Unternehmenskultur.			
Selbst in Krisenzeiten schafft es unsere Organisation kaum, dass wir alle gemeinsam an einem Strang zu ziehen.			
Ich habe Zweifel, ob es unsere Führungskräfte in einer echten Krise schaffen würden, schnell und entschieden gemeinsam zu handeln.			
Bei größeren Veränderungen oder Krisen wissen viele Führungskräfte nicht, woran sie sich halten sollen und welche Wahrheiten dauerhaft gelten.			
Viele Führungskräfte schaffen es nicht, ihren Mitarbeitern in Zeiten von Veränderung, Unruhe oder Krisen eine klare Orientierung zu vermitteln.			

6. Reputation erhöhen

	Ja	teilweise	Nein
In unserem Unternehmen passiert vieles, das besser nicht nach außen dringen sollte.			
Unser Management sagt oft das Eine und macht dann etwas Anderes.			
Die Botschaften verschiedener Vertreter des Managements widersprechen sich.			
Unsere Markenwerte und Führungsleitlinien werden von unserem Management nicht glaubwürdig vorgelebt.			
Die Art und Weise, wie geführt wird, ist in unserem Unternehmen kein explizites Thema.			
Unser Top-Management macht nicht transparent, wofür es in seiner Führung steht.			
Wir nutzen unser Führungsverständnis noch nicht strategisch, um positive Reputation aufzubauen.			
Auf unserer Website steht nichts über das Führungsverständnis in unserem Unternehmen.			

7. Attraktiv als Arbeitgeber sein (Employer Branding)

	Ja	teilweise	Nein
Neue Mitarbeiter werden mit Versprechen ins Unternehmen geholt, die dann im Arbeitsalltag von ihren Vorgesetzen nicht eingehalten werden.			
Unsere Führungskräfte haben gar keine Chance, Arbeitgeberversprechen zu halten, da sie wahrscheinlich gar nicht wissen, was wir im Arbeitgeberauftritt, z. B. in Anzeigen, versprechen.			
Das Führungsverständnis in unserem Unternehmen wurde nicht mit dem Employer Branding synchronisiert.			
In unserem Arbeitgeberauftritt sagen wir nichts über das Führungsverständnis in unserem Unternehmen.			
Wir wissen eigentlich nicht so richtig, welche Führungskräfte in ihren Werten und Einstellungen zu uns passen und welche nicht.			
Führungskräfte werden nicht danach beurteilt, ob sie die Versprechen halten, die wir als Arbeitgeber abgeben.			
Mitarbeiter verlassen unser Unternehmen, weil sie mit ihren direkten Vorgesetzen unzufrieden sind.			
Manche Führungskräfte stellen Hürden dar und verhindern, dass unser Unternehmen ein rundum attraktiver Arbeitgeber ist.			

8. Führungskräfte markenspezifisch entwickeln

	Ja	teilweise	Nein
Unsere Führungskräfteentwicklung stellt keinen expliziten Bezug zu unserer Marke her.			
Von „markenorientierter Organisationsentwicklung" sind wir weit entfernt.			
Unsere Führungskräfte wissen nicht, was von ihnen langfristig im Sinne der Markenstrategie erwartet wird.			
Für viele Führungskräfte macht es wahrscheinlich keinen Unterschied, ob sie bei uns oder in einem anderen Unternehmen arbeiten.			
Unsere Führungskräfteentwicklung orientiert sich eher an allgemeinen Management-Standards als an den Besonderheiten unseres Unternehmens.			
Unserer Führungskräfteentwicklung gelingt es selten, genau die Fähigkeiten zu fördern, die Führungskräfte brauchen, um im Sinne unserer Unternehmensstrategie zu führen.			
Wenn man unsere Führungskräfte fragen würde, was das Führungsverständnis in unserem Unternehmen ausmacht, so würden sie alle unterschiedliche Antworten geben.			

9. Corporate Responsibility umsetzen

	Ja	teilweise	Nein
Eine Diskussion um ökologische, soziale und ökonomische Nachhaltigkeit findet in unserem Unternehmen nicht statt.			
Bei der Frage, wie unser Unternehmen nachhaltiger werden kann, spielt unsere Marke bisher keine explizite Rolle.			
Unser Unternehmen will nachhaltiger werden, doch die Frage, wie jede einzelne Führungskraft dazu beitragen kann und sollte, wurde bisher nicht beantwortet.			
Die drei Themen Nachhaltigkeit, Marke und Führung werden bei uns bisher nicht zusammen diskutiert.			

Auswertung und Interpretation der Standortbestimmung

Jedes „Ja" oder „teilweise" zeigt, dass Ihr Unternehmen von Leadership Branding profitieren könnte. Denn Leadership Branding bietet vielfältigen Nutzen (siehe auch Kap. 4):

1. Leadership Branding übersetzt die langfristige Unternehmensstrategie, die sich in der Positionierung der Marke niederschlägt, direkt in ein Führungsverständnis und Führungshandeln. So wird die Unternehmensstrategie für Führungskräfte und ihre Teams greifbarer als durch eine Vielzahl generischer Werte und Leitbilder.

2. Leadership Branding hilft der Führungsmannschaft, sich gemeinsam zu fokussieren und ihre Kräfte zu bündeln. So wird Führung produktiv.

3. Leadership Branding stärkt die Marke, da es bewirkt, dass die Führungskräfte konsistent im Sinne der Marke handeln. Das fördert den Erfolg des Unternehmens.

4. Leadership Branding sorgt dafür, dass Führungskräfte ihren Mitarbeitern vorleben, wofür ihre Marke steht. Das überzeugt und macht Mitarbeiter zu Markenbotschaftern.

5. Leadership Branding stärkt die Unternehmenskultur, sodass in einer Krisensituation alle an einem Strang ziehen und die Organisation handlungsfähig bleibt.

6. Leadership Branding macht das Management glaubwürdiger, da es die konsistente Orientierung aller Führungskräfte an der Marke fördert und das gemeinsame Verständnis von Führung zum Thema macht. Das schafft Vertrauen und stärkt die positive Reputation des Unternehmens.

7. Leadership Branding entwickelt ein gemeinsames Führungsverständnis aller Führungskräfte, das im Einklang mit den Versprechen des Employer Branding steht. So wird die Arbeitgebermarke glaubwürdig.

8. Leadership Branding richtet die Führungskräfteentwicklung an der Marke aus und damit an der ganz spezifischen Kultur des Unternehmens. Das steigert die Wirksamkeit der Führungskräfteentwicklung, verstärkt die Identifikation mit der Organisation und bindet Führungskräfte.

9. Leadership Branding hilft Unternehmen, die Transformation zu mehr Nachhaltigkeit zu realisieren, indem die Rolle von Führung für nachhaltiges Wirtschaften im Sinne Marke diskutiert und definiert werden kann.

Literaturverzeichnis

Abati, V.S.: Sozialkompetenz von Führungskräften – Vergleich von Selbstbild und Fremdbild. Diplomarbeit an der Hochschule für Angewandte Psychologie HAP, Zürich (2001)

Bartels, O.: Management Development Programme: Entscheidung über die Grundfesten der Organisation. Zeitschrift Lernende Organisation **50**, 14–27 (2009)

Bass, B.M.: Leadership and Performance Beyond Expectations. New York (1985)

Bass, B.M.: Two Decades of Research and Development in Transformational Leadership. European Journal of Work & Organizational Psychology **8**(1), 9–26 (1999)

Baecker, D.: Postheroisches Management. Ein Vademecum. Berlin (1994)

Bateson, G.: Die Kybernetik des „Selbst". In: Bateson, G. (Hrsg.) Ökologie des Geistes. Frankfurt a. M. (1971)

Bauer, J.: Warum ich fühle, was du fühlst. Intuitive Kommunikation und das Geheimnis der Spiegelneurone. Hamburg (2005)

Becker et al.: Individuelle Bewerberpräferenzen und „Job Pursuit Intention". Ergebnisbericht einer experimentellen Untersuchung. Bamberger Betriebswirtschaftliche Beiträge. Band 151. Bamberg (2008)

Berliner Morgenpost: Wie dm zum Wohlfühl-Drogeriemarkt wurde. http://www.morgenpost.de/wirtschaft/article1800688/Wie-dm-zum-Wohlfuehl-Drogeriemarkt-wurde.html (2011)

Bleicher, K.: Leitbilder. Orientierungsrahmen für eine Integrative Managementphilosophie. Stuttgart (1993)

Bleicher, K.: Das Konzept Integriertes Management: Visionen, Missionen, Programme. Frankfurt/M. (1996)

The Boston Consulting Group et al. Organisation 2015. Designed to Win. bcg.com (2009)

Brandtner, M.: Das Leitbild-Syndrom erfasst die Markenwelt. Warum „mehr" weniger ist. Absatzwirtschaft-biznet.de, 06.04.2009 (2009)

Brodbeck, F.: Führen im Wandel. Erfolgsfaktor Menschlichkeit. Unveröffentlichtes Vortragsmanuskript (2010)

Bucksteeg, M., Hattendorf, K.: Führungskräftebefragung 2009. Wertekommission (2009)

Bullmore, J.: Was There Life before Mission Statements? Marketing Magazine **1997** (10. Juli), 5 (1997)

Burckhardt, R.: Verbesserung des Reputation Managements. b2b-social-media-marketing.de (2011)

Burmann, C., Meffert, H.: Managementkonzept der identitätsorientierten Markenführung. In: Meffert, H., Burmann, C., Koers, M. (Hrsg.) Markenmanagement: Grundfragen der identitätsorientierten Markenführung. S. 37–72. Wiesbaden (2005)

C. Grubendorfer, *Leadership Branding*, DOI 10.1007/978-3-8349-3706-3,
© Gabler Verlag | Springer Fachmedien Wiesbaden GmbH 2012

Burmann, C., Meffert, H., Feddersen, C.: Identitätsbasierte Markenführung. In: Florack, A., Scarabis, M., Primosch, E. (Hrsg.) Psychologie der Markenführung. S. 3–30. München (2007)

Burmann, C., Feddersen, C.: Identitätsbasierte Markenführung in der Lebensmittelindustrie: der Fall FRoSTA. Hamburg (2007)

Business-wissen.de. http://www.business-wissen.de/handbuch/krisenmanagement/gruende-fuer-krisen-im-unternehmen/

DM: Interview mit dm-Gründer Götz W. Werner vom 18.04.2011 „Wir dürfen nie von uns ausgehen". dm-drogeriemarkt.de (2011)

Dovidio, J.F. et al.: Implicit and explicit prejudice and interracial interaction. Journal of Personality and Social Psychology **82**, 62–68 (2002)

Ehren, H.: Wenn Moral-Apostel mogeln. Financial Times Deutschland, 18.03.05 (2005)

Ehrmeier, F.: Projektive und Assoziative Verfahren in der qualitativen Marktforschung. Saarbrücken (2008)

Einwiller, S., Will, M.: Towards an Integrated Approach to Corporate Branding – Findings from an Empirical Study. Corporate Communications: An International Journal 7(2), 100–109 (2002)

Einwiller, S.: Corporate Branding – Das Management der Unternehmensmarke. In: Florack, A., Scarabis, M., Primosch, E. (Hrsg.) Psychologie der Markenführung. S. 114–135. München (2007)

Esch, F.R., Tomczak, T., Kernstock, J., Langner, T.: Corporate Brand Management. Wiesbaden (2006)

Esch, F.R.: Strategie und Technik der Markenführung, 4. Aufl. Stuttgart (2007)

Esch, F.R., Knörle, C.: Führungskräfte als Markenbotschafter. In: Tomczak, T., Esch, F.R., Kernstock, J., Herrmann, A. (Hrsg.) Behavioral Branding. Wiesbaden (2008)

Esch, F.R., Tomczak, T., Kernstock, J., Langner, T.: Corporate Brand Management. Marken als Anker strategischer Führung im Unternehmen. Wiesbaden (2006)

Fields, B., Blake, C., Travers, E.S.: Edge! A leadership story, Buffalo Grove, Il. (2008)

Forum nachhaltige Geldanlagen. (Hrsg.): Statusbericht Nachhaltiger Anlagemarkt 2008. (2008)

Frankfurter Allgemeine Zeitung: Schlecker will wie DM und Rossmann sein. http://www.faz.net/aktuell/rheinmain/wirtschaft (2009)

Fraunhofer IAO: Leitbilder – gelebte Werte oder nur Worte? Ergebnisse einer Befragung des Fraunhofer-Instituts für Arbeitswirtschaft und Organisation IAO und der Synesis GmbH. Stuttgart (2006)

Frey, D., Kaminski, S., Greitemeyer, T.: Ethikorientierte Führung und Center-of-Excellence-Kulturen als Voraussetzung starker Marken. In: Florack, A., Scarabis, M., Primosch, E. (Hrsg.) Psychologie der Markenführung. München (2007)

Fuente Sabate, J.M., Quevedo Puente, E.: Empirical Analysis of the Relationship between Corporate Reputation and Financial Performance – A Survey of the Literature. Corporate Review 6(2), 161–177 (2003)

Furkel, D.: Die Unternehmensführung als Marke gestalten. personalmagazin, Ausgabe 10/2007 (2007)

Gad, T.: Leadership branding. In: Ind, N. (Hrsg.) Beyond branding. London (2003)

Gallup Organization Deutschland: Engagement-Index 2010: Studie zur emotionalen Bindung von ArbeitnehmerInnen in Deutschland. The Gallup Organization, Potsdam (2011)

Geißler, C.: Was ist … eine Arbeitgebermarke? Harvard Business manager, Heft 10/2007: Spezial, 07.05.2009 (2007)

Gladwell, M.: Blink! Die Macht des Moments. Frankfurt/M. (2005)

Gloger, A.: Leadership Branding – gute Führung als Markenwert. Corporate Learning im Post-Krisen-Zeitalter. In: Graf, J. (Hrsg.) Seminare 2010. Das Jahrbuch der Management-Weiterbildung. S. 84–86. (2010)

Gloger, A.: Marken auf zwei Beinen, Leadership Branding: Außen hui, innen pfui – das klappt nicht mehr. managerSeminare H.160, S. 62–66 (2011)

Groth, T.: Wie systemtheoretisch ist „Systemische Organisationsberatung"? Neue Beratungskonzepte für Organisationen im Kontext der Luhmannschen Systemtheorie. Münster (1999)

Grubendorfer, C.: Leadership Branding & Sustainability. Wir brauchen eine Redefinition von Leadership. Ernst & Young SAAS News, Ausgabe 11, (2009)

Grubendorfer, C.: Leadership Branding. In: DPWK Jahrbuch. Wirtschaftskommunikation 2009–2010: Abenteuer Botschaft. DPWK, Berlin (2009)

Grubendorfer, C.: Leadership Branding. Wie Führungskräfte Marken leben und kommunizieren. Personalführung, 03/2010 (2010)

Grubendorfer, C., Kilian, K.: Führungskräfte als Vorbilder. Acquisa 9/2010 (2010)

Harris, T.A.: Ich bin o.k. Du bist o.k. Wie wir uns selbst besser verstehen und unsere Einstellung zu anderen verändern können. Eine Einführung in die Transaktionsanalyse. Hamburg (1975)

Harvard Business Publisher. Leadership Brand. An interview with Dave Ulrich and Norm Smallwood. (http://www.youtube.com/watch?v=ytMnD853cTs&feature=youtube_gdata_player)

Haufschild, M.: Internal Branding. Mitarbeiter machen den Unterschied. LEA Leadership Equity Association. Berlin (2011)

Haufschild, M.: Die Branding Family. Marke hat viele Gesichter. LEA Leadership Equity Association. Berlin (2011)

Hersey, P., Blanchard, K.H.: Management of Organizational Behavior: Utilizing Human Resources. Englewood Cliffs (1987)

Hochschule Osnabrück: Schlechte Führung wird toleriert, wenn die Zahlen stimmen. Pressemitteilung 21.07.11 (2011)

Hossiep, R., Schardien, P.: Ist Ihr Vorgesetzter ein Motivator oder verdirbt er Ihnen die Freude an der Arbeit? Wie führt Ihr Chef? Finden Sie es heraus! testentwicklung.de. Bochum (2010)

Hüllemann, N.M.O.: Vertrauen ist gut – Marke ist besser. Eine Einführung in die Systemtheorie der Marke. Heidelberg (2007)

Identitat. Kongress in Wien (2009)

Ind, N.: Living the brand. London (2001)

Interbrand: Best Global Brands 2011. http://interbrand.com/en/knowledge/best-global-brands/best-global-brands-2008/best-global-brands-2011.aspx (2011)

Judge, T.A., Bono, J.I., Ilies, R., Gerhard, M.W.: Personality and leadership: A qualitative and quantitative review. Journal of Applied Psychology **87**, 765–780 (2002)

Judge, T.A., Colbert, A.I., Ilies, R.: Intelligence and leadership: A quantitative review and test of theoretical propositions. Journal of Applied Psychology **89**, 542–552 (2004)

Judge, T.A., Piccolo, R.F., Ilies, R.: The forgotten ones? The validity of consideration and initiating structure in leadership research. Journal of Applied Psychology **89**, 36–51 (2004)

Judge, T.A., Piccolo, R.F.: Transformational and transactional leadership: A meta-analytic test of their relative validity. Journal of Applied Psychology **89**, 755–768 (2004)

Kearney, A.T.: Sicher durch die Krise durch „Nachhaltige Restrukturierung". Zusammenfassung der wesentlichen Studienergebnisse. A.T. Kearney (2009)

Kernis, M.H., Goldman, B.M.: Authenticity, social motivation, and wellbeing. In: Forgas, J.P., Williams, K.D., Laham, S.M. (Hrsg.) Social motivation: Conscious and unconscious processes. S. 210–227. Cambridge (2004)

Kernis, M.H., Goldman, B.M.: A Multicomponent Conceptualization of Authenticity: Theory and Research. Advances in Experimental Social Psychology **38**, 283–357 (2006)

Kernstock, J., Esch, F.R., Tomczak, T., Langner, T.: Zugang zum Corporate Brand Management. In: Esch, F.R., Tomczak, T., Kernstock, J., Langner, T. (Hrsg.) Corporate Brand Management. Marken als Anker strategischer Führung im Unternehmen. Wiesbaden (2006)

Kolbe, M.: Explizite Prozesskoordination von Entscheidungsfindungsgruppen. Dissertation zur Erlangung des Doktorgrades der Mathematisch-Naturwissenschaftlichen Fakultäten der Georg-August-Universität zu Göttingen, 2006 (2006)

Krusche, B.: Im Sturzflug? Überlegungen zur Aerodynamik (post-)moderner Organisationen. Zfo **79**(03/2010), 172–179 (2010)

Kruse, P.: Redefinition Leadership. Livestream-Aufzeichnung eines Gesprächs, das Digital Natives am 15. Jan. 2009 mit Prof. Peter Kruse führten. YouTube (2009)

Kruse, P.: Führungskräfte sind in Zukunft Sinnstifter und Vernetzer. Podcast www.nextpractice.de, Bremen (2010). http://www.nextpractice.de/leistungen/change-day/produkt/information

Larkin, S., Larkin, S.: Reaching and Changing Frontline Employees. Harvard Business Review **74**(3), 95–104 (1996)

LEA (Leadership Equity Association): Studie Leadership Branding. Führung schafft Mehrwert. Wenn sie zur Marke passt. Berlin (2009)

LEA (Leadership Equity Association): Expertise. Führungshaltung & Leadership im Web: Nachholbedarf für DAX 30 in der Unternehmenskommunikation. Berlin (2010)

LZ: http://www.lebensmittelzeitung.net/business/handel/rankings/pages/Top-5-Drogeriemaerkte-Deutschland-2011_198.html (2011)

Lensker, P.: Kommunikation macht noch keine Marke. Absatzwirtschaft **47**(11), 108–111 (2004)

Luft, J., Ingham, H.: The Johari Window, a graphic model for interpersonal relations. Western Training Laboratory in Group Development, August 1955; University of California at Los Angeles, Extension Office (1955)

Luhmann, N.: Soziale Systeme. System Familie **1**, 75–91 (1984)

Maturana, H.: Repräsentation und Kommunikation. In: ders. (1982): Erkennen: Die Organisation und Verkörperung von Wirklichkeit, S. 272–296. Braunschweig (1978)

Mayrshofer, D., Kröger, H.A.: Prozesskompetenz in der Projektarbeit. Hamburg (2011)

metaHR Human Resource-Blog: Interne Markenbildung in Unternehmen. Wettbewerbsfaktor oder Modeerscheinung? Christoph Athanas im Gespräch mit Christina Grubendorfer (2011)

Brown, M.: BrandZ Top 100. Most valuable global brands. (2011)

Morhart, F.: Brand-specific Leadership. On it's Effects and Trainability. Südwestdeutscher Verlag für Hochschulschriften, Karlsruhe (2009)

Morhart, F.: Fan oder Funktionär. Wie Sie aus Mitarbeitern Markenbotschafter machen. Unveröffentlichtes Vortragsmanuskript zur Praxiskonferenz brand inside 2011, Berlin (2011)

Morhart, F., Jenewein, W., Tomczak, T.: Mit transformationaler Führung das Brand Behavior stärken. In: Tomczak, T., Esch, F.R., Kernstock, J., Herrmann, A. (Hrsg.) Behavioral Branding: wie Mitarbeiterverhalten die Marke stärkt. S. 367–384. Wiesbaden (2008)

Mowday, R.T., Porter, L.W., Steers, R.M.: Employee-Organization linkages: The Psychology of Commitment, Absenteeism, and Turnover. Academic Press, New York (1982)

Neuberger, O.: Führen und führen lassen. Stuttgart (2002)

Pirker, H.: Vorschriften als Herausforderung. Wie Compliance-Richtlinien eingehalten werden können. W&S **2008**(11), 18–19 (2008)

Berger, R.: Sozial verantwortliches Management und Nachhaltigkeit – Potenzial für Hersteller und Händler? München (2009)

Rolke, L.: Wie das Image von Geschäftsführern und Vorständen den Unternehmenswert beeinflusst. Unveröffentlichtes Vortragsmanuskript (2004)

Rolke, L., Freda, M.: Chef-Kommunikation in Deutschland 2006/7. Unveröffentlichtes Vortragsmanuskript, Fachhochschule Mainz (2006)

Sackmann, S.A.: Unternehmenskultur: Erkennen; Entwickeln; Verändern. Neuwied/Kriftel (2002)

Sackmann, S.A.: Markenorientierte Führung und Personalmanagement. In: Krobath, K., Schmidt, H.J. (Hrsg.) Innen beginnen. Wiesbaden (2010)

Schein, E.H.: Organizational Culture and Leadership. A Dynamic View. San Francisco (1985)

Schmidt, H.J.: Internal Branding. Wie Sie Ihre Mitarbeiter zu Markenbotschaftern machen. Wiesbaden (2007)

Schmidt, H.J., Krobath, K.: Innen beginnen. Von der internen Kommunikation zum Internal Branding. In: Krobath, K., Schmidt, H.J. (Hrsg.) Innen beginnen. Wiesbaden (2010)

Schmidt, G.: Hypnosystemische Überlegungen zu Trance in Organisationen. Vortrag von Dr. Gunther Schmidt am 22.6.07 in Wiesloch im Rahmen der Auftaktveranstaltung des forum humanum (2007)

Schmitz, H., Grubendorfer, C.: Leadership Branding macht Sinn. Berlin (2010)

Schmitz, H., Grubendorfer, C.: Corporate Responsibility und Leadership Branding. Von der „Passion to perform" zu einer „Passion to transform". Berlin, LEA Leadership Equity Association (2010a)

Schreyögg, G., Joch, J.: Grundlagen des Managements. Businesswissen für Studium und Praxis. Wiesbaden (2007)

Simon, F.B. (Hrsg.): Gemeinsam sind wir blöd? Die Intelligenz von Unternehmen, Managern und Märkten. Carl Auer, Heidelberg (2004)

Simon, F.B.: Einführung in die systemische Organisationstheorie. Heidelberg (2007)

Sprenger, R.K.: Wer schlecht führt, fliegt. manager magazin 8/2008 (2008)

Stehr, C.: Mehr als Politur fürs Image. Employer Branding soll Unternehmen bei der Mitarbeitergewinnung voranbringen. Personalführung 7/2007 (2007)

Steinkellner, P.: Systemische Intervention in der Mitarbeiterführung. Heidelberg (2005)

Steyrer, J., Meyer, M.: Welcher Führungsstil führt zum Erfolg? 60 Jahre Führungsstilforschung – Einsichten und Aussichten. Zfo **79**(03), 148–155 (2010)

Tometschek, R.: Internal Branding – Mitarbeiter als Markenbotschafter. http://www.markenlexikon.com/texte/tometschek_internal_branding_mai2008.pdf (2008)

von Oelsnitz, D., Busch, M.W.: Narzisstische Manager – falsche Götter am Unternehmenshimmel? Zfo **78**(03), 186–188 (2010)

Ulrich, D., Smallwood, N.: Leadership brand, Boston. Harvard Business School Press (2007)

Ulrich, D., Smallwood, N.: Building a Leadership Brand. Harvard Business Review, July-August, S. 1–11 (Reprint) (2007a)

Unseld, A.: Wirtschaftspsychologie vom Feinsten – Unbekannte Kosten einer Fehlbesetzung. Newsletter der Unseld Consulting AG vom 04.10.10 (2010)

Van Bahren, B., Bajic, V.: Intuition. Die Stimme unserer Seele. Happinez **2011**(6), 36–39 (2011)

Wimmer, R.: Was kann Beratung leisten? Zum Interventionsrepertoire und Interventionsverständnis der systemischen Organisationsberatung. In: Burmann, C., Zeplin, S. (Hrsg.) Organisationsberatung – Neue Wege und Konzepte. S. 59–111. (1992)

Zeplin, S.: Innengerichtetes identitätsbasiertes Markenmanagement. In: Burmann, C., Zeplin, S. (Hrsg.) Innengerichtetes Markenmanagement. Wiesbaden (2006)

Zfo. Zeitschrift Führung + Organisation: Führen heißt erst einmal „Hören". Gespräch mit dem Abtprimas der Benediktiner. Zfo 03/2010 (79. Jg.) 180–182 (2010)

Danksagung

Mein liebevoller Dank geht an meinen Mann, der es mir möglich gemacht hat, dieses Buch in demselben Jahr zu schreiben, in dem unsere Tochter geboren wurde. Es mag sich jeder selbst ausmalen, was das heißt. Ich bin stolz und glücklich, mit einem so wunderbaren Menschen verheiratet zu sein. Auch danke ich ganz herzlich allen, mit denen ich in den letzten drei Jahren über Leadership Branding diskutieren konnte, sodass ich nun die Ergebnisse auch mit vielen Menschen teilen kann. Danken möchte ich meinem Kollegen Holger Schmitz, dessen Lob mich ermutigt hat und mir geholfen hat, mich auf das Wesentliche zu beschränken. Meinen Kolleginnen Claudia Salowski, Elisabeth Brosowski und Mareen Haufschild danke ich für die wertvollen Kommentare beim Verfassen des Manuskriptes. Auch danke ich Dr. Dorothea Mey für das Korrekturlesen.

Ohne die Inspiration wunderbarer Lehrer wäre ich zudem wohl nie in der Lage gewesen, Leadership Branding in andere Konzepte einzuordnen, eigene Gedanken hierzu zu entwickeln und quer zu denken. Hier möchte ich mich besonders bei Prof. Dr. Fritz B. Simon bedanken. Es ist mir zudem eine große Ehre, dass ich in den 90er-Jahren als Studentin schon an zahlreichen Seminaren von Bernhard Trenkle, Leiter des Milton Erickson Instituts Rottweil, und Dr. Gunther Schmidt, Leiter des Milton Erickson Instituts Heidelberg, teilnehmen durfte. Beiden habe ich meinen systemischen, ressourcen- und lösungsorientierten Gedankenansatz zu verdanken. Darüber hinaus danke ich all meinen Beratungsmandanten, Kollegen und Studierenden, die mir durch ihre Anliegen, Fragen und Auskünfte wertvolle Gedanken und Erfahrungen beschert haben, die ich in diesem Buch verarbeiten konnte. Gesche Hugger bin ich sehr dankbar für die offenen Worte über die Zeit bei Orthomol nach dem überraschenden Tod ihres Vaters, und Christian Kaiser möchte ich ganz besonders für die wertschätzende und bereichernde Zusammenarbeit bei DATEV danken.

Stimmen zum Buch

„Authentische glaubhafte Marken entstehen nur, wenn Markenwerte und internes Führungsverständnis im Einklang sind. Dieses Buch ist eine aufschlussreiche und lehrreiche Lektüre für alle, die Einfluss auf Markenführung, Unternehmensführung und Mitarbeiterführung haben."
Andreas Ronken, Geschäftsführer, Ritter-Sport (Alfred Ritter GmbH & Co. KG)

„Mit jedem Monat der praktischen Umsetzung des Leadership Branding Konzepts bin ich noch mehr davon überzeugt. Das Fragezeichen hinter der ‚neuen Symbiose' zwischen Marke und Führung gibt es für mich nicht mehr. Es ist ein dickes Ausrufezeichen geworden."
Christian Kaiser, Leiter Personalstrategie, DATEV eG

„Ich gratuliere zu diesem Buch, das zum richtigen Zeitpunkt das Thema Leadership in den richtigen Kontext rückt und das Wesentliche herausfiltert. Führungskräfte wollen und müssen Sinn stiften, der bei den Kunden als Marke wahrgenommen wird. Ein Buch aus der Praxis für die Praxis."
Alexander Rehm, Vice President, Swarovski Academy

„Die Verantwortung der Marke liegt heutzutage bei jedem einzelnen Mitarbeiter und nicht mehr allein in der Marketing-Abteilung. Christina Grubendorfer greift mit ihrem Buch ein Thema unserer Zeit auf: Ein markenspezifisches Führungsverständnis ist der Schlüssel für einen langfristigen Unternehmenserfolg!"
Jens Monsees, Industry Leader, Consumer Goods & Healthcare, Google Germany GmbH

„Marke und Führung ist wie Social und Media. Das eine kann zukünftig nicht mehr ohne das andere. Durch Leadership Branding wird Führung unternehmensspezifischer und produktiver. Aus Leadern werden Ambassadore, die die Authentizität der Marke verkörpern – nach innen und nach außen."
Stephan Grabmeier, Head of Culture Initiatives, Deutsche Telekom AG

„Eine Arbeitgebermarke kann ihre Kraft nur entfalten, wenn Führungskräfte die Marken-versprechen in ihrem Führungsverständnis verinnerlichen und sichtbar vorleben."
Susanne Siebrecht, Employer Branding, Media-Saturn-Holding GmbH

„Nachhaltige Unternehmensführung kann die Marke eines Unternehmens nur stärken, wenn alle Entscheidungsträger sich ihrer Verantwortung bewusst werden und dieser Ver-pflichtung auch nachkommen."
Rudolf X. Ruter, Leiter des Arbeitskreises "Nachhaltige Unternehmensführung" in der Schmalenbach-Gesellschaft für Betriebswirtschaft e.V.

Die Autorin

Christina Grubendorfer ist Gründerin und Geschäftsführerin der LEA Leadership Equity Association GmbH in Berlin, einer Unternehmensberatung für Führung und Marke. Beide Themen entfalten ihre Kraft als Leadership Branding. Seit 2009 setzt sie Leadership Branding gemeinsam mit ihrem Team praxisnah um.

Zuvor war Christina Grubendorfer Geschäftsführerin der Deutschen Employer Branding Akademie, die sie 2006 zusammen mit einem Geschäftspartner gegründet hatte. Sie begleitete dort Unternehmen auf ihrem Weg zu einer Arbeitgebermarke. Zudem hat sie ihre Kompetenz als Trainerin und Coach von Führungskräften unter Beweis gestellt. In beiden Welten, Marke und Führung, fühlt sie sich beruflich zu Hause, so dass es ein konsequenter Schritt für sie war, beides in einem Unternehmen wie LEA zu verbinden.

Die Diplompsychologin und Kauffrau berät seit 15 Jahren Unternehmen verschiedenster Größen und Branchen. Dabei hat sie sich einen Namen als Vor- und Querdenkerin auf den Gebieten der Marken-, Führungs- und Organisationsentwicklung gemacht. Schon während ihres Psychologie-Studiums nahm sie an zahlreichen Fortbildungen der Milton Erickson Gesellschaft teil und arbeitet seitdem mit einer systemischen und ressourcenorientierten Grundhaltung. Weitere Ausbildungen folgten in systemischer Organisationsbera-

tung, Coaching, Großgruppenmoderation, Aufstellungsarbeit, Hypnotherapie, Gesprächs-
therapie u. v. m. Abgerundet hat sie ihre umfassende Ausbildung mit einem Schauspiel-
studium an der Theaterakademie Köln. Neben ihrer Tätigkeit als Beraterin ist Christina
Grubendorfer als Sprecherin für Konferenzen und Tagungen sowie als Autorin und Gut-
achterin für verschiedene Hochschulen tätig.